◎高校建筑类专业"互联网+"创新教材

建筑识图与制图

国赛建筑识图与制图配套（1+X证书）教材

主编　林敏　速云中

副主编　邱燕红　戴永平　朱溢镕　张伟　方辉

哈尔滨工业大学出版社
HITP HARBIN INSTITUTE OF TECHNOLOGY PRESS

U0181245

内 容 简 介

本书共分 9 章,主要内容包括制图基本知识和技能、二维绘图命令及其应用、二维图形编辑、投影基本原理、立体的投影、形体的表达方法、轴测投影、建筑施工图、结构施工图。本书打破传统,克服过往 AutoCAD 2018 相关教材要么呆板教条的纯理论练习教学,要么实操复杂难记忆的缺点,寓教于乐,把软件教学分解成碎片化知识点融入建筑识图与制图同样碎片化的理论练习教学中。让学生学中做、做中学、乐趣与知识并行;将新科技与传统知识融合,并为国、省级建筑识图与制图技能竞赛打好坚实基础。

本书可作为高职高专院校及成人职业教育建筑工程类各专业教材用书,也可以作为相关工程技术人员的参考用书。

图书在版编目(CIP)数据

建筑识图与制图/林敏,速云中主编. —哈尔滨:
哈尔滨工业大学出版社,2023.8
国赛建筑识图与制图配套(1＋X 证书)教材
ISBN 978 - 7 - 5603 - 9858 - 7

Ⅰ.①建⋯ Ⅱ.①林⋯ ②速⋯ Ⅲ.①建筑制图－识
图－高等学校－教材 Ⅳ.①TU204

中国版本图书馆 CIP 数据核字(2021)第 258546 号

策划编辑　王桂芝
责任编辑　张　荣　林均豫
出版发行　哈尔滨工业大学出版社
社　　址　哈尔滨市南岗区复华四道街 10 号　邮编 150006
传　　真　0451 - 86414749
网　　址　http://hitpress. hit. edu. cn
印　　刷　廊坊市鸿煊印刷有限公司
开　　本　787 mm×1 092 mm　1/16　印张 19.5　字数 450 千字
版　　次　2023 年 8 月第 1 版　2023 年 8 月第 1 次印刷
书　　号　ISBN 978 - 7 - 5603 - 9858 - 7
定　　价　68. 00 元

编 写 人 员

主　编　林　敏　广东省高等学校领军人才 工学博士 副教授

广东工贸职业技术学院测绘遥感信息学院专业带头人

速云中　广东省高等学校领军人才 副教授

广东工贸职业技术学院测绘遥感信息学院院长

副主编　戴永平　高级工程师 广东工贸职业技术学院测绘遥感信息学院

邱燕红　高级工程师 广东工贸职业技术学院测绘遥感信息学院

张　伟　高级工程师 广东工贸职业技术学院测绘遥感信息学院

方　辉　高级工程师 广东工贸职业技术学院测绘遥感信息学院

朱溢镕　高级工程师 广联达软件股份有限公司

前　言

识图与制图是大学工科类专业的核心基础专业课程,被誉为工科专业贯彻始终的"血液纽带",可以说每一门工科专业都离不开识图与制图,建筑识图与制图更是建筑类专业"一图读懂建筑"的灵魂。随着时间推移,建筑识图与制图和现代科技发展"云物大智"的主趋势渐行渐远,究其原因,主要是大部分教材设计思路过于陈腐僵化,把原本丰富多彩的三维空间构思逻辑思维局限在乏味刻板的纯理论教学中,让学生望而生畏。

本书按新规范、新标准编写,与新技术建筑信息模型(Building Information Modeling,BIM)同步;实现学生对基础理论和软件实操的同步学习,以必要和够用为准则,突出实训、实例教学;图文并重,深入浅出,符合学生的认知规律;强化实践与应用,引用的专业例图全部来自实际工程,有助于培养学生识读成套施工图的能力,最终落实到以赛促教、以赛促学、以赛促研、以赛促创的目标。本书立足职业教育扩展高技术技能人才的"不改初心",把活页式教学的灵活多变与富于思辨思维的教学理念相融合,把基础建筑识图与计算机云计算制图相结合,把碎片化教学知识点与云制图有机衔接,开阔师生视野,提高其运用能力。本书从基础技能开始教授,逐步将学生引导至国、省赛建筑识图与制图技能竞赛水平,教师和学生可以针对不同学习阶段,进阶拆分和组合本书,使之成为适合自身教学目标和应用场景的组合式活页式教材。例如,基础部分可以包括制图基本知识和技能、二维绘图命令及其应用、二维图形编辑、投影基本原理、立体的投影、形体的表达方式、轴测投影的内容;深入国、省赛以及设计高级应用部分可以包括建筑施工图、结构施工图的内容。本书配套有电子课件、原理动画、视频等信息化资源,可联系邮箱 linmin3000@163.com 获取。

感谢中达安股份有限公司、广州智迅诚地理信息科技有限公司、广东省国土资源测绘院,以及国、省赛各级专家、老师在本书编写过程中的鼎力支持与悉心指导,为本书的顺利出版奠定了坚实基础。

由于编者水平有限,书中疏漏及不足之处在所难免,恳请广大读者批评指正。

编　者
中国广州
2023 年 6 月

目　　录

第 0 章 绪论

0.1 本课程的地位、性质和任务

工程图样被喻为"工程技术界的语言",是表达、交流技术思想的重要工具,是工程技术部门的一项重要技术文件,也是指导生产、施工管理等必不可少的技术资料。每个建筑工程技术人员都必须能够绘制和阅读建筑工程图样。

建筑物是人类生产、生活的场所,是社会科技水平、经济实力、物质文明的象征之一。表达建筑物形状、大小、构造以及各组成部分相互关系的图纸称为建筑工程图样。

在建筑工程的实践活动中,无论设计、预算,还是施工、管理、维修,任何环节都离不开图纸,设计师把人们对建筑物的使用要求、空间想象和结构关系绘制成图样,施工人员根据图样把建筑物建造出来。常见的建筑工程图样有建筑施工图、结构施工图和设备施工图。进行建筑设计,确定建筑物形状大小、内部布置、细部构造、内外装饰等的图样称为建筑施工图(简称"建施");进行结构设计,确定建筑物的承重结构、梁/板/柱的粗细大小、钢筋配置等的图样称为结构施工图(简称"结施");进行设备设计,确定建筑物给水排水、电气照明、采暖通风等的图样称为设备施工图(简称"设施")。

本课程研究绘制和阅读建筑工程图样的原理和方法,培养学生的空间想象能力、空间构形能力和建筑工程图样的阅读与绘制能力,是一门既有系统理论又有较强实践性的核心技术基础课程,为学生学习后续课程和完成课程设计、毕业设计打下必要的基础。

本课程的主要任务:

(1)学习、贯彻国家制图标准及其他有关规定。

(2)学习投影法(主要是正投影法)的基本理论及其应用。

(3)培养绘制和阅读本专业建筑工程图样的基本能力。

(4)培养空间想象能力。

(5)培养熟练应用计算机绘图的能力。

(6)培养认真负责的工作态度和严谨细致的工作作风。

此外还必须有意识地培养学生的审美能力、实际动手能力、现场分析问题的能力和解决问题的能力,全面提高学生作为工程技术人员的综合素质。

0.2 本课程的内容

本课程包括制图基本知识和技能、正投影原理和投影图、建筑工程专业图和计算机绘图 4 部分。制图基本知识和技能部分介绍制图的基础知识和基本规定,培养绘图的操作技能;正投影原理和投影图部分研究用正投影法表达空间几何形体的基本理论和作图的基本方法,培养用投影图表达物体内外形状、大小的绘图能力,以及根据投影图想象出物体内外形状的识图能力;建筑工程专业图部分培养绘制和阅读建筑工程图样的基本能力;计算机绘图部分培养学生熟练应用 AutoCAD 专业软件绘制建筑图的能力。

0.3　本课程的学习方法

(1)理论联系实际。在理解基本概念的基础上不断地由物画图,由图想物,分析和想象空间形体与图纸上图形之间的对应关系,逐步提高空间想象能力和空间分析能力。

(2)专心听讲,适当记笔记。本课程图形较多,教材中图文并重,自学稍显麻烦,易顾此失彼,故课堂上应专心听讲,跟着教师循序渐进,捕捉要点,记下重点。

(3)及时复习,及时完成作业。本课程系统性、实践性较强,特别是投影制图部分,不但作业量大,且前后联系紧密,一环扣一环,因此务必做到每一次听课及复习之后及时完成相应的练习和作业,完不成作业将直接影响下次的听课效果。

(4)遵守国家标准的有关规定,按照正确的方法和步骤作图,养成正确使用绘图工具和仪器的习惯。

(5)重视上机实践的教学环节,熟练掌握 AutoCAD 专业软件绘图命令和编辑命令的综合应用。

(6)认真负责,严谨细致。建筑图纸是施工的根据,图纸上一根线条的疏忽或一个数字的差错均会造成严重的返工浪费,因此应严格要求自己,养成认真负责的工作态度和严谨细致的工作作风。

0.4　本课程的发展状况

几千年来,工程图样在人类认识自然、创造文明的过程中发挥着不可替代的重要作用。建筑制图作为工程制图的一个分支,具有自己完整的理论体系已有 200 多年历史,近几十年来随着科学技术的突飞猛进和计算机技术的广泛应用,很多传统理论和方法都受到了不同程度的冲击。在建筑制图课程中,一方面由于学生所学课程门数增加导致各门课程总学时不断减少,导致了教学矛盾;另一方面计算机绘图技术的发展在很大程度上改变了传统作图方法,提高了绘图质量和效率,降低了劳动强度,引起了传统理论和现代技术孰优孰劣的争论。经过多年的教学实践和多方的考察研究,我们认为该课程中投影制图理论的成功之处在于用二维的方法,可以准确、充分地表示任意复杂程度的三维形体,用此理论绘制的工程图样是工程信息的有效载体,计算机绘图只是一种绘图手段,它不应该也不可能取代传统工程制图的内容;但随着制图技术的现代化以及施工现场对技术人员计算机应用能力需求的增强,计算机绘图同样不可忽视。所以本课程既强调投影理论的教学,学生空间思维、构形能力的培养和阅读工程图样能力的训练,又把手工制图部分与计算机制图部分有机结合,以便培养更多、更优秀的毕业生,满足建筑行业发展的需要。

第1章 制图基本知识和技能

❖ 学习目标

(1)了解《房屋建筑制图统一标准》(GB/T 50001—2017)的部分内容。

(2)掌握常用绘图工具的使用方法。

(3)掌握绘图的一般步骤、方法和技能。

(4)掌握 AutoCAD 2018 的安装方法、基本操作技巧,以及直角坐标和极坐标的概念。

(5)了解 AutoCAD 2018 绘图设置方法。

❖ 本章重点

制图标准的规定,绘图工具的应用,绘图技能、AutoCAD 2018 界面基本操作,直角坐标和极坐标的使用,图层的设置和特征点的捕捉。

❖ 本章难点

绘图工具与仪器的区分,相对直角坐标和相对极坐标的应用,图层的概念与格式设置及特征点的捕捉设定。

1.1 国家标准基本规定

工程图样是工程界的技术语言。为了统一图样画法,便于技术交流,就必须在图的格式、内容和表达方法等方面有统一的标准。我国住房和城乡建设部于 2017 年 9 月 27 日发布《房屋建筑制图统一标准》(GB/T 50001—2017),并于 2018 年 5 月 1 日正式实施。从开始学习建筑制图技术起,我们就要严格执行国家制图标准的有关规定。

本节参照《房屋建筑制图统一标准》(GB/T 50001—2017),主要介绍图纸幅面、标题栏、会签栏、字体、比例、尺寸标注等基本规定。

1.1.1 图纸幅面、标题栏及会签栏

图纸幅面(简称图幅)是指图纸本身的大小规格,图框是指图纸上绘图范围的界限。绘制图样时,图纸应采用表 1.1 中规定的幅面尺寸。图纸以短边作为垂直边称为横式,以短边作为水平边称为立式。一般 A0~A3 图纸宜采用横式,必要时也可立式使用。

表 1.1　图纸幅面尺寸　　　　　　　　　　　mm

尺寸代号	幅面代号				
	A0	A1	A2	A3	A4
$B \times L$	841×1 189	594×841	420×594	297×420	210×297
c	10			5	
a	25				

注:表中 B 为幅面短边尺寸,L 为幅面长边尺寸,c 为图框线与幅面线间宽度,a 为图框线与装订边间宽度。

图纸的短边不得加长,长边可加长,但应符合表 1.2 的规定。

表 1.2　图纸长边加长尺寸　　　　　　　　　　　mm

幅面尺寸	长边尺寸	长边加长后尺寸
A0	1 189	1 486,1 635,1 783,1 932,2 080,2 230,2 378
A1	841	1 051,1 261,1 471,1 682,1 892,2 102
A2	594	743,891,1 041,1 189,1 338,1 486,1 635,1 783,1 932,2 080
A3	420	630,841,1 051,1 261,1 471,1 682,1 892

注:有特殊需要的图纸,可采用 $B \times L$ 为 841 mm×891 mm 与 1 189 mm×1 261 mm 的幅面。

图纸标题栏用来填写设计单位的签名和日期、工程名称、图名等内容,必须放置在图框的右下角,标题栏中文字的方向与看图的方向一致。会签栏用于图纸会审时各专业负责人签字,应画在图纸(横式)左上方的图框线以外。

图纸的标题栏、会签栏及装订边的位置,应符合下列规定:

(1)横式幅面的图纸,应按图 1.1(a)的形式布置。立式幅面的图纸按图 1.1(b)(c)的形式布置。

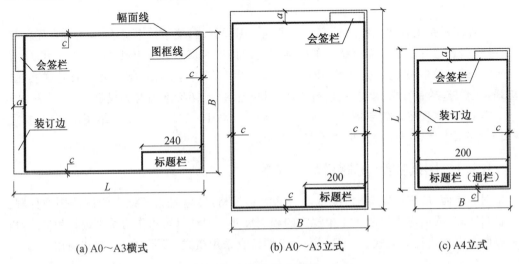

(a) A0～A3横式　　　　(b) A0～A3立式　　　　(c) A4立式

图 1.1　图纸幅面及格式(单位:mm)

(2)标题栏没有严格的国家标准规定,根据图样内容的要求,学生用标题栏形式参考

图 1.2。工程实际中根据需要选择其尺寸、格式及分区。

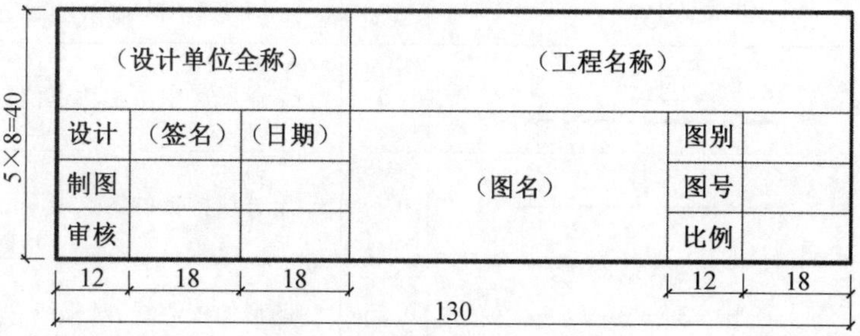

图 1.2　标题栏(单位:mm)

(3)会签栏应按图 1.3 的格式绘制,其尺寸为 100 mm×20 mm。

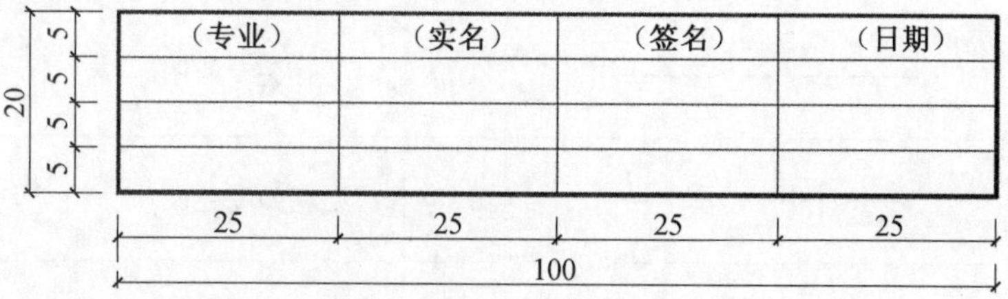

图 1.3　会签栏(单位:mm)

1.1.2　图线

绘制工程图样时,为了突出重点,分清层次,区别不同内容,需要采用不同的线型和线宽。国标规定的线型与线宽见表 1.3。

表 1.3　线型与线宽

名称		线型	线宽	应用举例
实线	粗	———————	b	形体的主要可见轮廓线、图纸边框线,线宽 b 常取 1 mm 或 0.7 mm
	中	———————	$0.5b$	形体的次要可见轮廓线
	细	———————	$0.25b$	图样中的尺寸界线、尺寸线
虚线	粗	3~5 ~1 ━ ━ ━ ━ ━ ━	b	结构图中的不可见梁位置示意;给排水工程图表示污水管道
	中	— — — — —	$0.5b$	形体中不可见的轮廓线
	细	— — — — —	$0.25b$	图例线

续表 1.3

名称		线型	线宽	应用举例
单点长划线	粗	～15～3	b	工业厂房中吊车轨道位置线
	中		$0.5b$	土方填挖区的零点线
	细		$0.25b$	图形的中心线、对称线
双点长划线	粗		b	见有关专业图
	中		$0.5b$	见有关专业图
	细		$0.25b$	见有关专业图
折断线			$0.25b$	局部图形的断开界限
波浪线			$0.25b$	局部形体的假想断裂线

每个图样,应根据复杂程度与比例大小,选定基本线宽 b,再选用表 1.4 中相应的线宽组。

表 1.4　线宽组　　　　　　　　　　　　　　　　　　　mm

线宽	线　宽　组					
b	2.0	1.4	1.0	0.7	0.5	0.35
$0.5b$	1.0	0.7	0.5	0.35	0.25	0.18
$0.25b$	0.5	0.35	0.25	0.18	—	—

注:同一张图纸内,各不同线宽中的线可统一采用较细的线宽组。

图框线和标题栏的线宽见表 1.5。

表 1.5　图框线和标题栏的线宽　　　　　　　　　　mm

图纸幅面	图框线	标题栏外框线	标题栏分格线、会签栏线
A1,A0	1.4	0.7	0.25
A2,A3,A4	1.0	0.7	0.25

画图时要注意:

(1)根据图样复杂程度及图形特点选用适当的线宽。

（2）在同一张图纸中,各相同比例的图样,要选用相同的线宽组。

（3）相互平行的图线,其间隔不得小于其中粗线的宽度,且不宜小于 0.7 mm。间隙过小时可适当夸大画出。

（4）单点长划线、双点长划线、虚线的线段长度和间隔宜各自相等。

（5）单点长划线、双点长划线的首末两端是线段;单(双)点长划线与单(双)点长划线交接或单(双)点长划线与其他图线交接时,应以线段交接。

（6）在较小图形中绘制单点长划线或双点长划线有困难时,可用实线代替。

（7）虚线与虚线交接或虚线与其他图线交接时,应以线段交接。虚线为实线的延长线时,不得与实线连接。

（8）图线不得与文字、数字或符号重叠、混淆,不可避免时,可将图线断开,以保证文字等的清晰。

1.1.3　字体

建筑工程图所需的汉字、拉丁字母、数字以及代号、符号等,均应笔划清晰、字体端正、排列整齐、间隔均匀。图纸上的文字如果潦草或有错误,不但影响图面质量,而且会影响施工,造成损失。因此,平时应细心观察,勤奋练习各种有关字体。

1. 汉字

字体的号数即为字体的高度,应从如下系列中选用:3.5 mm、5 mm、7 mm、10 mm、14 mm、20 mm。如需书写更大的字,其高度应按 $\sqrt{2}$ 的倍数递增。字体的高宽比为 $\sqrt{2}:1$,字距为字高的1/4。

图样及说明中的汉字,宜采用长仿宋体,高度与宽度的关系应符合表 1.6 的规定。

表 1.6　长仿宋体字高度与宽度的关系　　　　　　　　　　　　　　　mm

字高	20	14	10	7	5	3.5
字宽	14	10	7	5	3.5	2.5

汉字的基本笔划为横、竖、撇、捺、点、挑、钩、折。长仿宋体基本笔划的写法见表 1.7,长仿宋字的结构示范如图 1.4 所示。

表 1.7　长仿宋体基本笔划的写法

笔划	外形	运笔方法	写法要领	字例
横	一	一	稍向右上方斜,起笔露笔锋,收笔呈棱角,全划挺直	三　兰　万
竖	|	|	起笔露笔锋,收笔在左上方呈棱角,与横划等粗	山　川　中
撇	ノ	ノ	起笔露笔锋,收笔尖细,上半部弯小,下半部弯大	竖撇 厂　斜撇 义　平撇 千

续表 1.7

笔划	外形	运笔方法	写法要领	字例
捺	╲	╲	起笔微露笔锋,向右下方作一渐粗的线,捺脚近似一长三角形	斜捺 又　平捺 迁　顿捺 八
点	⁚	⁚	起笔尖细,落笔重,近似三角形	右斜点 心　左斜点 六　挑点 江
挑	╱	╱	起笔重顿露笔锋,笔划挺直向右上轻提,渐成尖端	拉　圩　红
钩	亅	亅	上部同竖划,末端向左上方作钩,其他方向钩的写法见字例	左弯钩 狂　右弯钩 戈　竖平钩 化
折	⎤	⎤	横竖两笔划的结合,转角露笔锋,呈三角形	图　乙　页

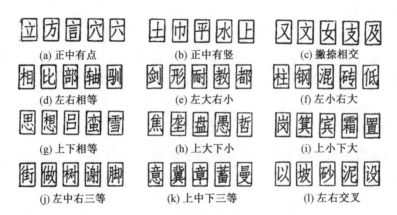

(a) 正中有点　　　　(b) 正中有竖　　　　(c) 撇捺相交

(d) 左右相等　　　　(e) 左大右小　　　　(f) 左小右大

(g) 上下相等　　　　(h) 上大下小　　　　(i) 上小下大

(j) 左中右三等　　　(k) 上中下三等　　　(l) 左右交叉

图 1.4　长仿宋字的结构示范

2. 拉丁字母及数字

拉丁字母、阿拉伯数字及罗马数字的写法可分为直体字和斜体字两种。一般在图样中写成斜体字,其斜度应从字的底线逆时针向上倾斜 75°,字的高度与宽度应与相应的直体字相等。小写字母应为大写字母高的 7/10。拉丁字母、阿拉伯数字及罗马数字的书写规则应符合表 1.8 的规定,窄字体拉丁字母、阿拉伯数字及罗马数字的写法如图 1.5 所示。

表 1.8　拉丁字母、阿拉伯数字及罗马数字的书写规则

书写格式	一般字体	窄字体
大写字母高度	h	h
小写字母高度(上下均无延伸)	$(7/10)h$	$(10/14)h$
小写字母伸出的头部或尾部	$(3/14)h$	$(4/14)h$
笔划宽度	$(1/14)h$	$(1/14)h$
字母间距	$(2/14)h$	$(2/14)h$
上下行基准线最小间距	$(15/14)h$	$(21/14)h$
字间距	$(6/14)h$	$(6/14)h$

ABCDEFGHIJKLMNOPQRSTUVWXYZ

abcdefghijklmnopqrstuvwxyz

1234567890 I V X Ø

ABCabc123 I V X Ø

图 1.5　窄字体拉丁字母、阿拉伯数字及罗马数字的写法

制图标准规定字母和数字分为 A 型和 B 型两种。其中 A 型字体的笔划宽度应为字高的 1/10,B 型字体的笔划宽度应为字高的 1/14。

拉丁字母、阿拉伯数字及罗马数字的字高,应不小于 2.5 mm。

1.1.4　比例

图样的比例应为图形与实物相对应的线性尺寸之比。比例的大小,是指比值的大小,如 1∶50 大于 1∶100。比例用阿拉伯数字表示,如 1∶1、1∶2、1∶100 等。比例宜注写在图名的右侧,字的底线应取平齐,比例的字高宜比图名的字高小一号或二号,如图1.6 所示。

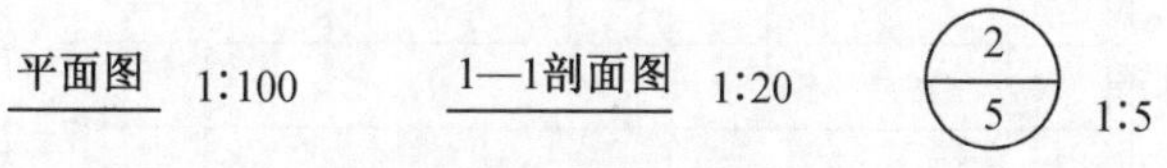

平面图　1:100　　　1—1剖面图　1:20　　　$\dfrac{2}{5}$　1:5

图 1.6　比例注写方式

建筑工程图中所用的比例,应根据图样的用途与被绘对象的复杂程度,从表 1.9 中选用,并优先采用表中的常用比例。一般情况下,一个图样仅选用一种比例。但根据专业制图的需要,同一图样可选用两种比例。

表 1.9　绘图所用的比例

常用比例	可用比例
1∶1,1∶2,1∶5,1∶10,1∶20,1∶50,1∶100, 1∶150,1∶200,1∶500,1∶1 000,1∶2 000, 1∶5 000,1∶10 000,1∶20 000,1∶50 000, 1∶100 000,1∶200 000	1∶3,1∶4,1∶6,1∶15,1∶25,1∶30,1∶40, 1∶60,1∶80,1∶250,1∶300,1∶400,1∶600

1.1.5　尺寸标注

1. 标注尺寸的基本规则

图纸上的图形仅表达了物体的形状,在图上还必须标注物体的大小。图中的尺寸数值表明物体的真实大小,与绘图时所采用的比例和绘图准确度无关。尺寸是施工建造的重要依据,应注写完整准确,清晰整齐。

建筑工程图中标注尺寸时,除标高及总平面图以米为单位外,其他均以毫米为单位。

标注尺寸时不用在数字后注明单位。

图样上的尺寸由尺寸界线、尺寸线、尺寸起止符号、尺寸数字组成,如图 1.7 所示。

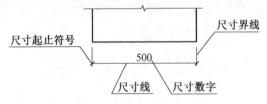

图 1.7　尺寸的组成

2. 尺寸的标注方法

(1)尺寸线应与所要标注的线段平行,且垂直于尺寸界线。当有两条以上互相平行的尺寸线时,尺寸线间距应一致,约为 7~10 mm,尺寸线与图样最外轮廓线之间的距离不宜小于 10 mm,如图 1.8 所示。尺寸线应单独绘制,所有图线均不得作为尺寸线,但可作为尺寸界线。

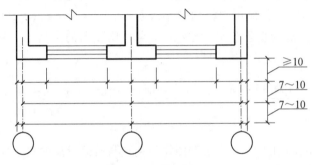

图 1.8　尺寸的排列

(2)尺寸线应绘至尺寸界线处,不得超过尺寸界线。尺寸界线一端应离开图样轮廓线不小于 2 mm,另一端超出尺寸线 2~3 mm,排列尺寸线时,应从图样轮廓线向外排列,先是较小尺寸或分尺寸的尺寸线,后是较大尺寸或总尺寸的尺寸线,如图 1.9 所示。

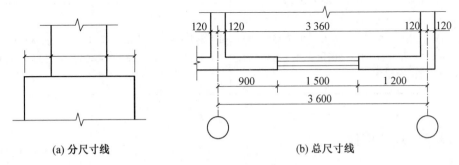

(a) 分尺寸线　　　　　　　　　　　　(b) 总尺寸线

图 1.9　尺寸的标注

(3)尺寸线及所标注的尺寸数字,应尽量标注在图形的轮廓线以外,当必须标注在图形轮廓线以内时,在尺寸数字处的图线应断开,以避免尺寸数字与图线混淆,如图 1.10 所示。

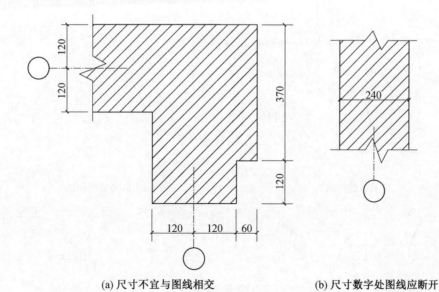

(a) 尺寸不宜与图线相交　　　　　　(b) 尺寸数字处图线应断开

图 1.10　尺寸与图线的关系

(4)尺寸数字应尽量写在尺寸线上方的中部,数字与尺寸线应有适当的距离。当尺寸界线间的距离较小时,尺寸数字可以在尺寸线上下错开注写,必要时也可以用引出线引出后再标注。同一张图纸内尺寸数字大小应一致,如图 1.11 所示。

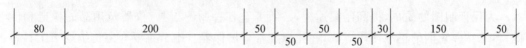

图 1.11　尺寸数字的注法

(5)当尺寸线不在水平位置时尺寸数字应按图 1.12 规定的方向注写。

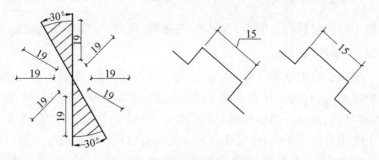

图 1.12　各种方向数字的注法

一般情况下,在竖直线逆时针旋转 30°的阴影范围内不标注尺寸数字;特殊情况需进行标注时,须用引出线方式进行。

(6)圆的直径、半径及角度标注按图 1.13 规定标注。半圆和小于半圆的圆弧在半径数字前加注半径符号"R",圆的直径数字前加注直径符号"ϕ"。球体的半径或直径尺寸数字前加注符号"SR"或"$S\phi$"。

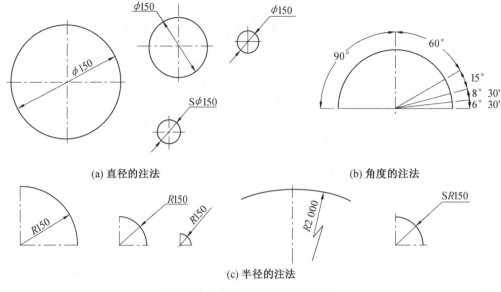

(a) 直径的注法　　　　　　　　　　　　　　　　(b) 角度的注法

(c) 半径的注法

图 1.13　直径、角度和半径的注法

1.2　制图工具和仪器

为保证制图的质量,提高制图速度,必须了解各种制图工具、仪器及用品的构造和性能,熟练掌握它们的正确使用方法,并注意经常维护保养。本节主要介绍传统绘图工具和计算机绘图工具。

1.2.1　传统绘图工具

传统绘图工具和仪器有绘图板、丁字尺、三角板、圆规、分规、图纸、铅笔、擦图片等。

1. 绘图板、丁字尺、三角板

绘图板是用来固定图纸的。板面一般是用胶合板制作的,四周镶以较硬的木质边框。图板的板面要平整,左右两个工作边要平直,否则将影响画图的准确性。图板应防止受潮、暴晒和烘烤,以免变形。图板有不同大小规格,在学习中多用 A2 号或 A1 号图板。

丁字尺主要用来画水平线,由尺头和尺身两部分组成。使用时左手握尺头,使尺头内侧紧靠图板的左侧边,右手执笔,沿丁字尺的工作边自左至右即可画出水平线。丁字尺的工作边必须保持平直光滑,不用时最好挂起来,以防止变形。图板与丁字尺的使用如图1.14 所示。

三角板一般用透明的有机玻璃制成,上有刻度。三角板与丁字尺配合使用可画铅垂线及 15°、30°、45°、60°、75°的倾斜线和它们的平行线,如图 1.15 所示。也可以用两块三角板配合,画出任意倾斜直线的平行线或垂直线。

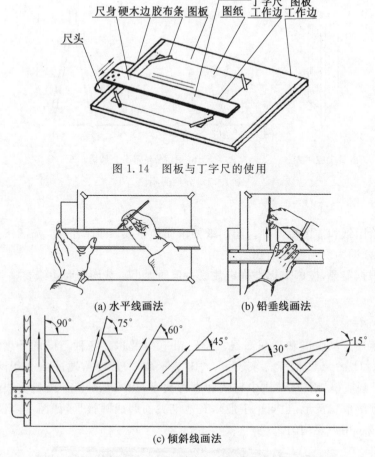

图 1.14　图板与丁字尺的使用

(a) 水平线画法　　　(b) 铅垂线画法

(c) 倾斜线画法

图 1.15　用丁字尺、三角板画线

2. 圆规、分规

圆规是画圆及圆弧的仪器。在使用前应先调整针脚,使针尖稍长于铅芯,调整后取好半径,以右手拇指和食指捏住圆规旋柄,左手食指协助将针尖对准圆心,钢针和插脚均垂直于纸面,如图 1.16 所示。作图时圆规应稍向前倾斜,从 270°方位开始画圆,如果圆的半径较大,可加延伸杆。

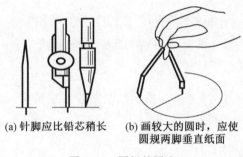

(a) 针脚应比铅芯稍长　　(b) 画较大的圆时,应使
圆规两脚垂直纸面

图 1.16　圆规的用法

分规是用来等分和量取线段的,分规两端的针尖在并拢后应能对齐,如图 1.17 所示。

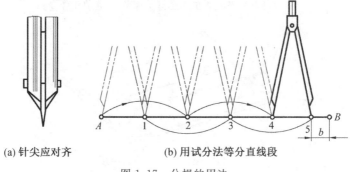

(a) 针尖应对齐　　　　　　　　(b) 用试分法等分直线段

图 1.17　分规的用法

3. 图纸

图纸有绘图纸和描图纸两种。绘图纸要求质地坚实,纸面洁白。描图纸用于描绘图样,描绘的图样即为复制蓝图的底图。

图纸应根据需要,按国家标准规定裁成一定的大小。裁图纸时边缘要整齐,邻边应相互垂直。

4. 绘图铅笔

绘图铅笔用于画底稿和描深图线。绘图铅笔的铅芯有各种不同的硬度,分别用 B、2B……及 H、2H……6H 的标志来表示。"B"表示软,"H"表示硬,HB 介于两者之间,画图时常用"H"画底稿,用"HB"描中粗线和书写文字,用"B"或"2B"描粗实线。用来画粗线的笔尖要削磨成扁铲形(也叫一字形),其他笔尖削磨成圆锥形,如图 1.18 所示。画线时,持笔要自然,用力要均匀。

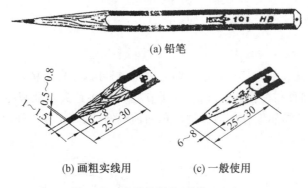

(a) 铅笔

(b) 画粗实线用　　　　　　　　(c) 一般使用

图 1.18　铅笔的削法(单位:mm)

5. 其他制图用品

其他制图用品包括擦图片(擦图片用于修改图线)、建筑模板、擦头、透明胶带、小刀、排笔、砂纸等,都是制图中不可缺少的用品。

1.2.2　计算机绘图工具

计算机绘图是应用绘图软件实现图形显示、辅助设计与绘图的一项技术。图形输入设备有键盘、鼠标、数字化仪、扫描仪、数码相机；输出设备有显示器、打印机、绘图机等。

目前应用型软件 AutoCAD 是 Autodesk 公司推出的最具代表性的工程绘图软件。在经历多次升级和研制后，其绘图功能更加强大。它具有工作界面完善友好，便于掌握，可灵活设置，提供的数字交换功能可供用户十分方便地在 AutoCAD 和 Windows 其他应用软件之间进行文件数据的共享和交换，三维作图功能强大，可以作出形象逼真的渲染图等特点。因此 AutoCAD 将更大程度地为设计人员提供支持，在众多的设计领域中发挥不可替代的作用。

此外，有一种软件是在应用软件的基础之上开发研制的专业绘图软件，这类软件除了方便各专业设计之外，大多数把各专业的标准构配件和常用件用参数化设计成标准构配件库和常用件库，能极大地提高绘图的效率。国内常用的建筑软件有天正 CAD、PKPM、圆方等，有兴趣的同学可以在课外深入了解它们各自的特点和使用方法。

1.3　AutoCAD 2018 的安装与设置

AutoCAD 2018 是一个典型的运行于 PC 和 Windows 平台上的图形制作软件，本节将重点介绍 AutouCAD 2018 中文版的基本知识和基本操作技能。

1.3.1　AutoCAD 2018 的安装

1. AutoCAD 2018 对系统的需求

AutoCAD 2018 对系统的硬件和软件需求见表 1.10。

表 1.10　硬件和软件需求

硬件/软件	需　　求	注　　释
操作系统	Windows7 Professional Windows7 Home Windows10	建议在与 AutoCAD 语言版本相同的操作系统或英文版操作系统上安装和运行 AutoCAD。 安装 AutoCAD 必须具有管理员权限
Web 浏览器	Microsoft Internet Explorer 10	—
处理器	I5 以上	—
RAM	8 GB(最低)	—
显示器	具有真彩色的 1 920×1 080 VGA(最低)	要求支持 Windows 的显示适配器

2. 安装 AutoCAD 2018

在 Windows 环境下，应用软件的安装方式基本上是相同的，基本上是一路点击"下一步"选项或进行简单选择即可。这里简单介绍 AutoCAD 2018 中文版的安装过程。

AutoCAD 2018 中文版的安装过程如下：

(1)将 AutoCAD 2018 中文版的光盘插入光驱。

（2）打开光盘，找到"Setup. exe"安装文件，双击后打开它。

（3）在"欢迎使用"的屏幕显示中单击"下一步"选项。

（4）在"软件许可协议"对话框中单击"我接受"选项。

（5）在"序列号"对话框中输入 AutoCAD 2018 中文版光盘中提供的序列号，然后选"下一步"。

（6）在个人信息对话框中输入姓名、单位、经销商及电话号码，然后选"下一步"。

（7）在安装目的位置对话框中为 AutoCAD 2018 指定安装路径，然后选"下一步"。

（8）在设置安装类型对话框中选择一种安装方式，然后选"下一步"。

AutoCAD 2018 安装完毕后，将自动建立相应的任务栏和桌面图标。

1.3.2　AutoCAD 2018 基本操作

1. AutoCAD 2018 的启动

启动 AutoCAD 2018 系统有 4 种途径：

（1）从任务栏中选取 AutoCAD 2018 程序项。

（2）从桌面上双击 AutoCAD 2018 图标 。

（3）选择"开始"→"程序"→"AutoCAD 2018"。

（4）在"我的电脑"中找到欲打开的 AutoCAD 文件后双击其文件名。

前 3 种方法启动 AutoCAD 后有可能出现"AutoCAD 2018 启动"对话框，最后一种直接进入图形编辑状态。

出现"AutoCAD 2018 启动"对话框后，有如下几种方式供选择：

（1）打开图形。在文件名预览框中选择需要打开的文件名，单击确定即可。

（2）默认设置。选择"默认设置"建立一张新图，即选择一种默认的图形测量单位制式，直接进入绘图界面。单位有两种制式：英制（ft）和公制（mm）。

（3）使用样板。选择"样板"，可使用预先定制好的模板建立一幅新图。AutoCAD 本身提供了较多的图形样板文件，用户可以通过单击"样板"选择合适的样板文件，选好后就可以在所选的样板图形的基础上生成新的图形。除了系统本身提供的样板，用户还可以根据绘图任务的要求自己设置样板。方法是将准备作为样板的文件存储为". dwt"文件格式，保存在 AutoCAD 目录下的"Template"子目录下。使用图形样板文件绘图的优点是在完成绘图任务时，不但可以保持图形设置的一致性，而且可以大大提高工作效率。

（4）使用向导。选择"使用向导"建立一张新图，它具有"快速设置"和"高级设置"两种方式来自动设置一些图形环境。

注意：第一次使用时应首选第 3 种方法建立自己的模板，以后使用时则采用第 4 种方法建立新图。

2. AutoCAD 2018 的工作界面

新建或打开文件后，就可进入 AutoCAD 2018 的绘图环境。此时，屏幕上出现 AutoCAD 2018 的工作界面，如图 1.19 所示。工作界面包括标题栏、下拉菜单、工具栏、绘图区、命令窗口、文本窗口、状态栏等。下面介绍它们的功能和使用方法。

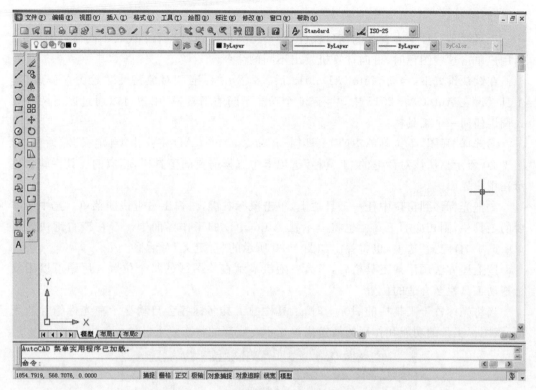

图 1.19　AutoCAD 2018 中文版用户界面

（1）标题栏。

标题栏包括程序标题栏和图形文件标题栏两个。程序标题栏位于窗口最顶部，用于显示当前运行的程序为 AutoCAD 2018。图形文件标题栏则显示当前正在编辑的图形文件名，如果单击位于该栏右上方的最大化按钮，则图形文件标题栏合并到程序标题栏中。

（2）菜单栏。

AutoCAD 2018 与其他 Windows 应用程序一样，具有下拉菜单。菜单栏位于标题栏正下方，它提供了一种执行命令的方法。菜单栏共包括 11 个下拉菜单，分别为文件、编辑、视图、插入、格式、工具、绘图、标注、修改、窗口和帮助。通过选择相应的下拉菜单，可实现大部分的 AutoCAD 2018 功能。在一般情况下，AutoCAD 2018 下拉菜单中的菜单项包括以下 3 种形式：

①直接执行操作的菜单命令。

这类菜单项无任何其他子菜单项，选择这样的菜单命令后，AutoCAD 将直接进行相应的绘图或操作。

②带有子菜单的菜单项。

这类菜单项的后面有一个黑色的下三角符号。选择这种类型的菜单项，屏幕上将弹出对应该菜单项的子菜单。

③激活相应对话框的菜单命令。

这类菜单项的后面有一个省略号。选择这种类型的菜单项，屏幕将弹出相应的对话框，用户在该对话框中可设置有关选项或通过该对话框执行相应的操作。

（3）工具栏。

工具栏是一种更为直观的窗口控件，每个工具栏排列着若干个代表不同命令的图标。当用户单击这些图标时，可向计算机发出不同的命令。

在默认设置下，启动 AutoCAD 2018 后，将显示"标准""对象特性""绘图""修改"等工具栏。在 AutoCAD 2018 中，共有 26 个功能不同的工具栏，用户可以通过以下两种方式调用任何一个工具栏：

①选择"视图"下拉菜单中的"工具栏…"命令，AutoCAD 将弹出"自定义"对话框，如图 1.20 所示。从该对话框的"工具栏"选项卡中选择需要的工具栏，相应的工具栏就会显示在用户界面中。

②把光标移到窗口中任一工具栏上，单击鼠标右键，将弹出右键快捷菜单。选中所需要的工具栏，则相应的工具栏也将显示在 AutoCAD 的工作界面中。若在该右键快捷菜单中选中"自定义"选项，也将弹出如图 1.20 所示的"自定义"对话框。

按上述方法调用某工具栏后，工具栏随机显示在绘图区的某个位置。用户可以用鼠标拖动工具栏至合适的位置。

当将光标置于工具栏的图标上时，工具栏的工具名标签会自动显示在光标指针的底部，该图标工具的功能和作用的简短描述显示在底部的状态栏上。

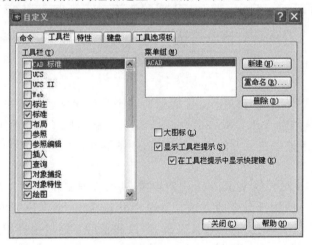

图 1.20　"自定义"对话框

（4）绘图区。

绘图区又称为工作区，是显示、绘制和编辑图形的区域。绘图区实际上无限大，可以通过视图控制命令进行平移、缩放，改变视图区的大小和位置。

绘图区中的十字光标由鼠标等定点设备来控制，可以使用十字光标定位点，选择和绘制图形对象等。

绘图区左下角显示的是用户坐标系（UCS）图标，用于显示图形的坐标方向。

在绘图区的右侧和右下方是滑块和滚动条。可以通过在滚动条上移动滑块改变显示区域。

绘图区的左下方显示的是模型和布局选项卡，用于模型空间和图纸空间之间的切换。

（5）命令窗口。

命令窗口用于输入命令，显示命令的提示信息以及 AutoCAD 的反馈信息，如图 1.21 所示。

若要改变命令窗口的大小，可将光标置于窗口的上部边界，当光标变成双箭头时，按住左键并上下拖动，即可改变窗口的大小。

图 1.21　命令窗口

注意：在执行 AutoCAD 命令时，命令窗口中会实时显示相应的操作提示，这对初学者完成操作十分有用。

（6）文本窗口。

文本窗口用于显示命令的输入和执行过程或列表显示对象特征，如图 1.22 所示。按功能键"F2"可打开或关闭文本窗口。

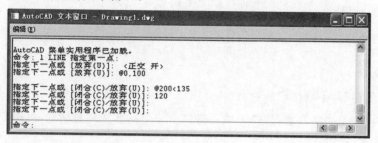

图 1.22　文本窗口

（7）状态栏。

状态栏位于 AutoCAD 窗口的底部，如图 1.23 所示。状态栏左侧用于显示光标的坐标，状态栏右侧是各种辅助绘图的工具按钮，单击这些按钮可以打开或关闭这些绘图辅助工具。

图 1.23　状态栏

3. 文件操作

保存文件是非常重要的操作环节。AutoCAD 在编辑过程中并不将图形数据存入计算机的硬盘中，而是存在内存中。因此在操作过程中，如果不养成经常存盘的习惯，一旦遇到断电或病毒入侵等异常情况，就会丢失数据，造成不可挽回的损失。

（1）正常情况下的文件保存方法。

正常情况下的文件保存，可单击"文件"菜单，并选取"保存"或"另存为…"命令即可，如图 1.24 所示。

其中，"保存"为快速存盘，系统直接用当前文件名存盘。但如果是第一次存盘，该命令等同于"另存为…"命令。在绘图过程中，应经常使用此项保存编辑中的图形，以免

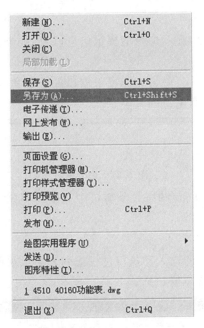

图 1.24　保存文件

丢失。

注意："保存"命令的键盘热键为"Ctrl+S"，图标为标准工具栏中的 🖫。

"另存为…"是换名存盘，选择该项后将打开一个标准文件对话框，由用户自行填写文件名，如图 1.25 所示。

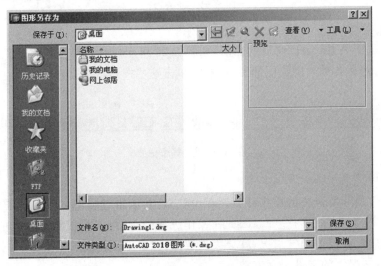

图 1.25　"图形另存为"对话框

（2）异常情况下的文件恢复方法。

在编辑图形的过程中，不可能步步进行存盘，为使由于断电或病毒入侵等异常情况造成的损失减少到最小，可以利用 AutoCAD 的"自动存盘"功能。使用此功能后，AutoCAD 可以每隔一段时间自动存盘一次，系统缺省的间隔时间是 120 min，存盘的文件名为

"Auto. sv $"。该文件不能直接使用,需将其后缀改为". dwg"后才能使用。

如要修改系统自动存盘时间,可以按以下步骤进行设置:选择"工具"→"选项…",打开"选项…"对话框并选择对话框中的"打开和保存"选项卡。在"文件安全措施"选项区中,选择自动保存项,并修改"保存间隔分钟数"输入框中的数值,如图1.26所示。

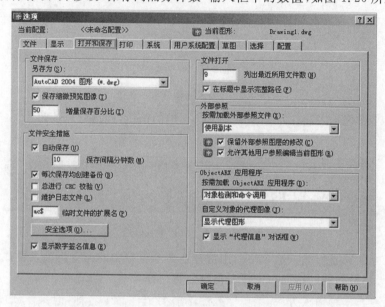

图 1.26   自动保存间隔时间设置

4. 退出 AutoCAD 2018

应养成正确退出 AutoCAD 系统的良好习惯。退出 AutoCAD 系统有以下两种方法:

(1)菜单:文件→退出。

(2)命令:Quit。

注意:使用 Quit 命令要特别小心,因为 Quit 命令不保存任何修改过的内容便退出AutoCAD 2018。

5. AutoCAD 2018 命令输入方法

(1)命令输入方式。

AutoCAD 绘图需要输入必要的命令和参数。常用的命令输入方式包括菜单输入法、工具栏按钮输入法和在命令窗口直接输入命令法3种。

①菜单输入法。用鼠标点取下拉菜单中的菜单项以执行命令,如图1.27所示。

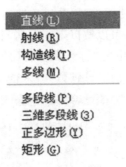

图1.27　从下拉菜单输入命令

②工具栏按钮输入法。用鼠标点击工具栏中的按钮，即执行该按钮所对应的命令，如图1.28所示。

图1.28　从工具栏输入命令

③在命令窗口直接输入命令法。用键盘在命令窗口中的命令行输入要执行的命令名称(不区分大小写)，然后按回车键或空格键执行命令。

一个命令有多种输入方法，菜单输入法不需要记住命令名称，但操作烦琐，适合输入不熟悉的命令；工具栏按钮输入法直观、迅速，但受显示屏幕限制，不能将所有的工具栏都排列到屏幕上，适用于输入最常用的命令；在命令窗口直接输入命令法迅速、快捷，但要求熟记命令名称，适于输入常用的命令和菜单中不易选取的命令。在实际操作中，往往将3种输入法结合使用。

(2)命令的重复、中断、撤销与重做。

①重复调用命令。

AutoCAD可以重复调用刚刚使用过的命令，而无须重新选择该命令。重复调用刚执行命令的方法如下：

a.按回车键或空格键。

b.在绘图区单击鼠标右键，在快捷菜单中选择"重复××命令"。

②命令的中断。

在命令执行的过程中，欲中断当前命令的运行，可以按键盘上的"Esc"键。

③命令的撤销。

AutoCAD可以记录所有执行过的命令和所做的修改。如果要改变主意或修改错误，可以撤销上一个或前几个操作。要撤销最近执行的命令有以下几种方法：

a.命令：Undo(简写：U)。

b.菜单："编辑"→"放弃"。

c.按钮：标准工具栏中的  。

d.快捷键：Ctrl+Z。

注意：撤销命令可以撤销执行过的所有命令，即使用没有次数限制，可以沿着操作顺序一步一步后退，直至返回图形打开时的状态。

④命令的重做。

要恢复上一步的撤销操作，可以使用以下任何一种方法：

a. 命令：Redo。

b. 菜单：“编辑”→“重做”。

c. 按钮：标准工具栏中的 。

d. 快捷键：Ctrl＋Y。

注意：Redo 命令只能恢复最后一次执行 Undo 命令所撤销的操作。要恢复某一操作，必须在对该操作执行 Undo 命令后立即执行 Redo 命令才能恢复。同时要慎重使用 Undo 命令，否则会带来无可挽回的后果。

1.3.3　AutoCAD 2018 坐标系使用

AutoCAD 2018 是一个标准的 Windows 程序，Windows 许多标准的操作方式也适用于 AutoCAD。但是作为图形设计软件，它与其他的 Windows 软件又有很大的区别，在操作上有它自己的特殊之处。下面介绍 AutoCAD 2018 的基本操作方法。

1. 坐标系统

坐标系统的作用是在绘图时确定图形对象的位置和方向。AutoCAD 有一个固定的世界坐标系（WCS）和一个活动的用户坐标系（UCS）。在默认情况下，绘图区左下角有一个用户坐标系（UCS）图标。要取消坐标系图标的显示，可以采用以下两种方法：

（1）在命令行输入“Ucsicon”，按回车键，然后再输入“OFF”，按回车键。

（2）选择下拉菜单“视图”→“显示”→“UCS 图标”→“开”。

2. 点坐标

点坐标的常用表示方法有以下几种：

绝对直角坐标：绝对直角坐标是相对于世界坐标系原点的直角坐标。输入点的 X 轴、Y 轴（3D 空间还有 Z 轴）的坐标值分别为该点从原点开始计算的沿 X 轴和 Y 轴方向的位移，沿 X 轴向右及沿 Y 轴向上的位移为正值，反之则为负值，表示为“(x,y)”（在二维图形中，z 坐标可以省略），x 坐标和 y 坐标之间用半角英文状态的逗号“，”隔开，如图 1.29 所示。

绝对极坐标：绝对极坐标是相对于世界坐标系原点的极坐标。通过输入点到当前坐标系原点的距离，以及该点与原点连线和 X 轴之间的夹角来指定点的位置，距离与角度之间用“＜”符号分隔。如图 1.30 所示，点 P 的坐标表示为“$(d<\alpha)$”。

相对直角坐标：相对直角坐标是相对于上一个输入点的直角坐标。是指用输入点和上一个输入点之间的水平距离和垂直距离来表示这个输入点相对于上一个输入点的直角坐标，表示为“$(@x,y)$”。如图 1.31 所示，点 P_2 相对于 P_1，其坐标可表示为“$(@x_2,y_2)$”。

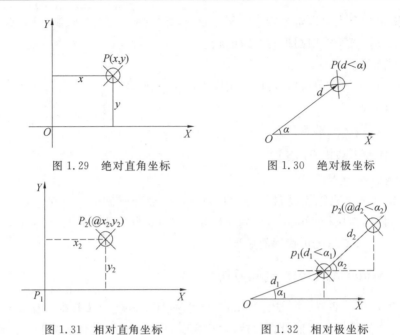

图 1.29　绝对直角坐标　　　　　　图 1.30　绝对极坐标

图 1.31　相对直角坐标　　　　　　图 1.32　相对极坐标

相对极坐标：相对极坐标是相对于上一个输入点的极坐标。是指用输入点和上一个输入点之间的距离和两点之间连线与水平方向的夹角来表示这个输入点相对于上一个输入点的极坐标，表示为"（@$d<\alpha$）"。如图 1.32 所示，点 P_2 相对于 P_1，其坐标可表示为"（@$d_2<\alpha_2$）"。

相对极坐标的简化方式：在绘图过程中，光标常常会拉出一条"橡筋线"，并提示输入下一点坐标，此时可以用光标控制方向，在键盘上输入距离值，得到下一点的坐标。

3. 点的输入

点是图形对象的基本元素，点的输入是制图的关键，我们可以用以下 5 种方法输入点：

（1）用鼠标直接在屏幕选取点。

（2）通过键盘输入点的坐标。

（3）在指定方向上通过给定距离确定点（即相对极坐标的简化方式）。

（4）在已存在的几何图形上用目标捕捉方式取特殊点（具体参见 3.1 节）。

（5）通过追踪得到一些点（具体参见 3.1 节）。

1.3.4　AutoCAD 2018 绘图设置

1. 设置图形单位

在传统的手工绘图中，图形都有一定的比例。而在 AutoCAD 中，可以采用 1∶1 的比例绘图，所有图形和对象都可以真实大小绘制。在打印时，可以根据实际图纸的大小进行缩放。AutoCAD 2018 中图形单位的设置可以通过选择"格式"菜单的"单位"项或输入"Units"命令来调用"图形单位"对话框进行设置，也可以在命令提示符下键入"Units"，采用"Units"命令的命令行版本进行设置。

通过"单位"命令可以进行以下内容设置:长度单位的类型(Length Type)、长度单位的精度(Length Precision)、角度单位的类型(Angle Type)、角度单位的精度(Angle Precision)、角度基准(Base Angle)、角度方位(Direction)。

(1)用对话框设置图形单位。

激活对话框的方法主要有两种:

在"格式"下拉菜单项中选择"单位"菜单命令;

在命令提示符下键入"Units"后按"空格"或"Enter"键。

以上两种方法均可打开"图形单位"对话框(图 1.33)。

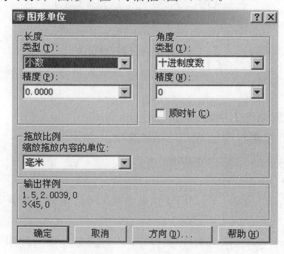

图 1.33　"图形单位"对话框

①单位设置。

"图形单位"对话框中"长度"选项区要求确定长度单位及其显示精度。长度单位提供了 5 个选择项:建筑单位制、十进制(即小数)、工程单位制、分数、科学记数法。缺省的单位类型是十进制,精度是小数点后四位。

建筑单位制、十进制、工程单位制之间的区别主要在于对应的进制不同,而在绘图时都是一个图形单位对应一个进制单位。

②角度设置。

"图形单位"对话框中"角度"选项区用于确定图形角度的单位类型以及角度单位的显示精度。

③方向设置。

选择对话框中的"方向…"按钮可以设置图形起始角度的方向。选择后,弹出一个"方向控制"对话框(图 1.34),缺省设置 0°为正东方(或 3 点钟方向),而逆时针方向为角度增加方向。如果对话框中给出的几个系统定义方向均不能满足要求,可以选择对话框中最后一个单选项"其他"来定义 0°的方向及角度测量方向。

2. 设置图形界限

AutoCAD 中图形界限的设置相当于传统手工绘图时纸张大小的选择。与传统手工绘图不同的是,在 AutoCAD 中能以 1∶1 的比例来作图,在开始绘图后根据需要可以对

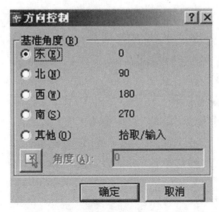

图 1.34 "方向控制"对话框

设置的区域进行移动或改变其大小,打印时图形大小不受设置界限的大小限制,从而为用户绘图提供了方便。

激活图形界限设置命令有两种方法:

(1)选择"格式"下拉菜单中的"图形界限"选项。

(2)直接在命令提示符下键入"Limits":

命令:limits↙

指定左下脚点或[开(ON)/关(OFF)]〈当前值〉:(指定图形界限左下角位置或选择开/关选项)↙

提示中的另外两个选项"开(ON)/关(OFF)"为图形界限的控制开关,决定了能否在图形界限之外指定一点。设置为"ON"时,则打开界限检查,用户不可以在图形界限之外指定一点,此时若绘制线段,则线段的起点和终点均不可以在图形界限外;设置为"OFF"时,系统不进行界限检查,可以在界限之外绘制或指定点。

指定界限左下角位置后,系统继续提示:

指定右上角点〈当前值〉:(指定图形界限右上角点位置)↙

注意:图形界限设置完毕后,必须执行 Zoom 命令中的"全部(A)"选项,设置功能才能生效,才能使当前图形窗口符合用户设置的图形界限的大小。否则,屏幕上将不会发生任何变化。图形界限的设置如图 1.35 所示。

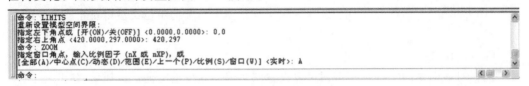

图 1.35 图形界限的设置

3. 图层的使用

图层是 AutoCAD 中引入的一个重要概念,类似于手工绘图时使用的透明纸,一张完整的图纸由多个图层叠加而成,使用图层的目的是对图形进行合理的组织和管理。在一张图纸中包含了图框、标题栏、图形、尺寸、实线、虚线、中心线、剖面线等众多信息,在绘图过程中,我们可以利用图层工具对图形中的相关对象进行分组,把图形中具有某一特征的所有对象放在同一个图层上,这样就可以对一个图层上所有对象的可见性、颜色、线型和打印样式等属性进行统一控制。

启动 AutoCAD 后,系统自动为新文件创建一个默认的图层(0 层),根据需要,还可以增加任意多的其他图层。但是在绘图过程中只能选择一个图层作为当前层,在创建一个对象时,该对象将放在当前层上。

创建及设置图层的方法有以下几种:

(1)按钮:对象特性工具栏中的 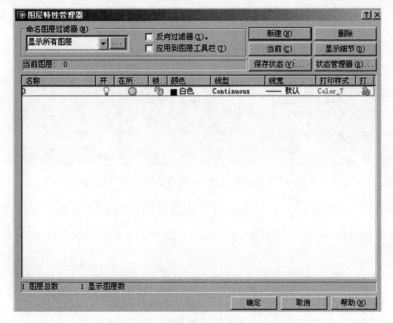 。

(2)菜单:"格式"→"图层…"。

(3)命令:Layer。

通过以上任一方式启动图层命令后,将弹出如图 1.36 所示的"图层特性管理器"对话框。在该对话框中,包含了"命名图层过滤器""图层列表"和"详细信息"3 个选项区。

图 1.36　"图层特性管理器"对话框

"图层特性管理器"对话框中各选项说明如下:

(1)新建:单击该按钮,则新建一个图层。新建的图层自动增加在被选中的图层下面,并且继承该图层的特性,如颜色、线型等。图层的名称可以修改为反映本图层内容的名称。

(2)删除:单击该按钮,可以将选中的图层删除。但需要注意删除的层上必须无实体,否则将不能删除。另外,0 层是不可删除的。

(3)当前:单击该按钮,可以将所选图层设为当前图层。

(4)显示细节:单击该按钮,可以控制在对话框中显示的图层的详细信息,此时对话框如图 1.37 所示,且该按钮切换为"隐藏细节"按钮。

(5)命名图层过滤器:图层特性管理器支持使用快速过滤器,用户可以用过滤的方式查看自己想看到的部分,取消当前不需要图层的列表显示。在对话框中,从图层过滤器列表中可以选择3个选项,即:"显示所有使用的图层""显示所有图层"和"显示所有依赖于外部参照的图层"。配合这3个选项,还提供了两个开关,即"反向过滤器"和"应用到对象特性工具栏"。反向过滤器选项配合列表中的过滤条件,产生列表中过滤条件的否定条件。

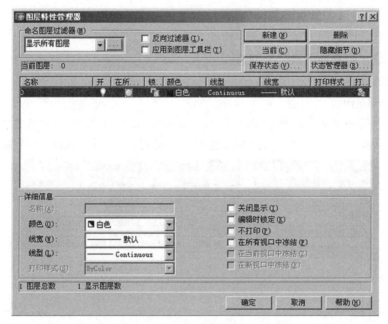

图1.37　显示细节的"图层特性管理器"对话框

(6)开/关:单击对话框中的 💡 表示打开或者关闭该图层。当图层打开时,该图层中的实体对象是可见的,并且可以打印。当图层关闭时,该图层中的实体对象是不可见的,并且不能打印。

(7)在所有视口冻结/解冻:单击对话框中的 ◯ 表示冻结或者解冻该图层。被冻结的图层是不可见的,且不能打印,更新时不进行重生成。

(8)锁定/解锁:单击对话框中的 表示锁定或者解锁该图层。被锁定图层中的对象可见但不能编辑。

(9)颜色:用于设定所选图层的颜色。单击"颜色"名称将打开"选择颜色"对话框,从中选取所需颜色。

(10)线型:改变与选定图层相关联的线型。单击"线型"名称将打开"选择线型"对话框。

(11)线宽:改变与选定图层相关联的线宽。单击"线宽"名称将显示"线宽"对话框。

(12)打印/不打印:用于控制选定图层是否可打印。

(13)打印样式:打印样式的设置可以不考虑对象的颜色、线型和线宽,改变一个打印文件的观察效果。打印样式可以指定输出效果,如抖动、灰度比、笔指定和淡显;也可以指定端点、连接点和填充样式。如果想要相同图形打印成不同效果,可以用指定打印样式的方法。

此外,可以借助"Shift"键或"Ctrl"键一次选择多个图层进行修改。

4. 栅格与捕捉

(1)栅格。

栅格(Gird)是由一系列排列规则的点组成,就像手工绘图时使用的坐标纸一样,帮助用户定位对象。双击"栅格"或按下"F7"键可控制栅格的开启或关闭。栅格只充填在矩形绘图界限内,标出了当前工作的绘图区域,在绘图时能直观防止所绘图形超出绘图界限。实际上栅格是一种视觉辅助工具,绘图时并不能输出栅格点。图 1.38 为栅格打开状态的绘图区。

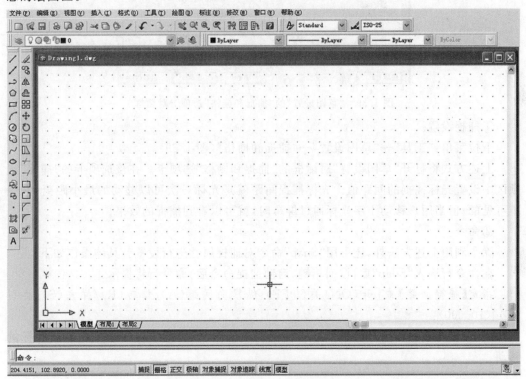

图 1.38　栅格打开状态的绘图区

用户可通过选择下拉菜单"工具"→"草图设置"对话框中的"捕捉和栅格"选项卡设置栅格的间距。如图 1.39 所示,在"栅格 X 轴间距:"输入 X 轴方向栅格间距,在"栅格 Y 轴间距:"输入 Y 轴方向栅格间距。一般情况下常将栅格间距和光标捕捉间距设为相同或倍数,以便于作图。需注意的是,栅格间距过小或过大都可能产生不能正常显示栅格点的情况。

(2)捕捉。

当鼠标移动时,有时很难精确定位到绘图区的一个点,这时可以使用"捕捉"功能定位栅格上的特殊点。"捕捉"命令强制十字光标按规定的增量移动,从而使用户可以精确地在绘图区域拾取点。"捕捉"关闭后,光标可以任意移动,不受光标捕捉间距的限制。另外,用户还可以改变 X 方向与 Y 方向的捕捉间距,重新设置捕捉与栅格的基点。

图 1.39 "草图设置"的"捕捉和栅格"选项卡对话框

①捕捉设置。

下拉菜单:"工具"→"草图设置"→"捕捉和栅格"(图 1.39)。

上述方式将打开"草图设置"对话框的"捕捉和栅格"选项卡。在该选项卡的"捕捉"选项区中设置光标捕捉的间距值。光标捕捉间距就是光标一次可以移动的最小距离,它是不可见的;但当用户移动十字光标通过屏幕时,就可以看到捕捉的效果。

②命令。

除了利用上述方法外,还可用"Snap"命令对捕捉属性进行设置。具体操作如下:

在命令行输入"Snap"后,按回车键,启动捕捉命令后,命令行将提示:

指定【捕捉间距】或[开(ON)关(OFF)/纵横向间距(A)/旋转(R)/样式(S)/类型(T)]〈10.000〉:

注意:键盘输入的坐标值不受光标捕捉间距的限制,光标捕捉间距只能限制光标的移动。

5.正交

正交模式在绘制水平线和垂直线时非常有用。

打开正交模式后,用户在不使用对象捕捉的情况下,只能画出水平线或垂直线。

用户可以单击窗口状态栏上的"正交"选项、按"F8"键或者在命令栏的命令提示符下键入"Ortho"命令,来控制正交模式的开启和关闭。

1.4 几何作图简介

建筑物的构件轮廓都是由直线、圆弧、曲线等几何图形组成的,因此,掌握基本几何图形正确的作图方法,对提高绘图的速度和精确度是很重要的。

1.4.1　平行线、垂线及等分线

(1)过已知点作已知直线的平行线,如图 1.40 所示。

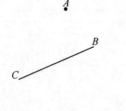

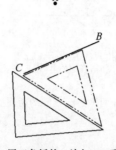

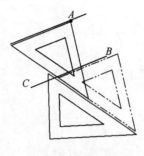

(a) 已知点 A 和直线 BC

(b)用三角板的一边与 BC 重合,
另一三角板的一边与前一个
三角板的另一边紧靠

(c) 推动前一块三角板至点 A
画出直线即为所求

图 1.40　过已知点作已知直线的平行线

(2)过已知点作已知直线的垂线,如图 1.41 所示。

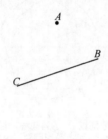

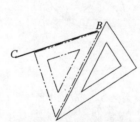

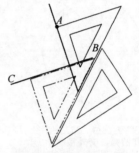

(a) 已知点 A 和直线 BC

(b)先用 45° 三角板的一直角边
与 BC 重合,再使它的斜边紧
靠另一块三角板

(c) 推动 45° 三角板另一直角边
至点 A,画出直线即为所求

图 1.41　过已知点作已知直线的垂线

(3)分已知线段为任意等分,如图 1.42 所示。

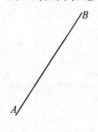

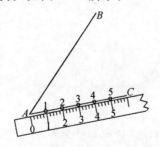

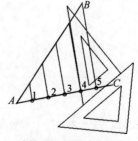

(a) 已知直线 AB

(b)过点 A 作任意直线 AC,用直
尺在 AC 上从 A 点取任意等分
长度(例五等分),得1、2、
3、4、5点

(c) 连接 B5,然后过其他点分
别作直线与 B5 平行,交 AB
于 4 个等分点

图 1.42　分已知线段为任意等分

(4)分两平行线之间的距离为已知等分,如图 1.43 所示。

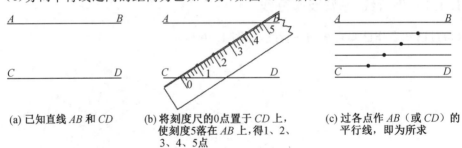

(a) 已知直线 AB 和 CD　　　(b) 将刻度尺的0点置于 CD 上,　　(c) 过各点作 AB (或 CD)的
　　　　　　　　　　　　　　 使刻度5落在 AB 上,得1、2、　　　 平行线,即为所求
　　　　　　　　　　　　　　 3、4、5点

图 1.43　分两平行线之间的距离为五等分

1.4.2　正多边形

圆内接正方形和圆内接正三角形,可采用三角板与丁字尺配套使用求出,本节不予说明。

(1)作圆内接正五边形,如图 1.44 所示。

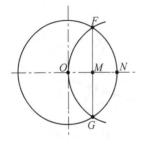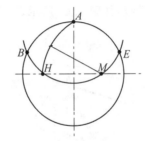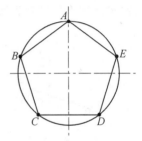

(a) 以 N 为圆心、NO 为半径　　(b) 以 M 为圆心、AM 为半径　　(c) 分别以 B、E 为圆心,以弦
　　 作圆弧,交外接圆于 F、　　　　 作圆弧,交水平直径于 H;　　　 长 BA 为半径作圆弧,交得 、
　　 G;连 F、G,与 ON 相　　　　 再以 A 为圆心、AH 为半径　　　 CD;连 A、B、C、D、E 即
　　 交得点 M　　　　　　　　　　 作圆弧,交外接圆于 B、E　　　　 为正五边形

图 1.44　圆内接正五边形作法

(2)作圆内接正六边形,如图 1.45 所示。

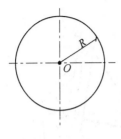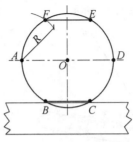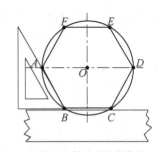

(a) 已知圆的半径为 R　　　(b) 用圆的半径 R 六等分圆周　　(c) 顺序将各等分点连接起来,
　　　　　　　　　　　　　　　　　　　　　　　　　　　　　　即为所求

图 1.45　圆内接正六边形作法

(3)作圆内接任意正多边形,如图 1.46 所示。

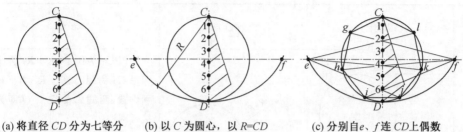

(a)将直径 CD 分为七等分　　(b)以 C 为圆心,以 R=CD　　(c)分别自 e、f 连 CD 上偶数
　　(作正七边形),等分　　　　为半径画弧交中心线于　　　　等分点,与圆周交得 g、
　　法见前述　　　　　　　　　e、f 两点　　　　　　　　　h、i、j、k、l,连接各点
　　　　　　　　　　　　　　　　　　　　　　　　　　　　　即可

图 1.46　圆内接任意正多边形作法

1.4.3　斜度与坡度

斜度是指直线或平面相对另一直线或平面的倾斜度。坡度是一直线或平面相对水平面的倾斜度。坡度的画法详见 8.6.2 节。

1.4.4　圆弧连接

在设计平面图形时,有时需要从一条直线(或圆弧)经圆弧光滑地过渡到另一条直线(或圆弧),我们称这种作图为圆弧连接。在中间起连接作用的圆弧称为连接弧。连接弧与直线(或圆弧)的光滑过渡实质是直线(或圆弧)与圆弧相切,切点就是连接点。

为实现圆弧连接,必须根据已知条件和连接弧的半径 R,求出连接弧的圆心和连接点(切点),才可保证光滑连接。作图方法和步骤见表 1.11。

表 1.11　圆弧连接的基本作图

作图要求	已知条件	几何作图	步骤
用圆弧连接两直线(外切)	连接弧半径 R,直线 l_1 和 l_2		①过直线 l_1 上任一点 a 作该直线的垂线 ab,在 ab 上截取 $ab=R$,过点 b 作直线 $n_1 /\!/ l_1$。②同上方法作直线 $n_2 /\!/ l_2$。③过直线 n_1 与 n_2 的交点 O(连接弧圆心)分别向直线 l_1、l_2 作垂线,得 M_1、M_2(连接点)。④以 O 为圆心,R 为半径,作 $\overset{\frown}{M_1 M_2}$,即完成作图

续表 1.11

作图要求	已知条件	几何作图	步骤
用圆弧连接两圆弧（外切）	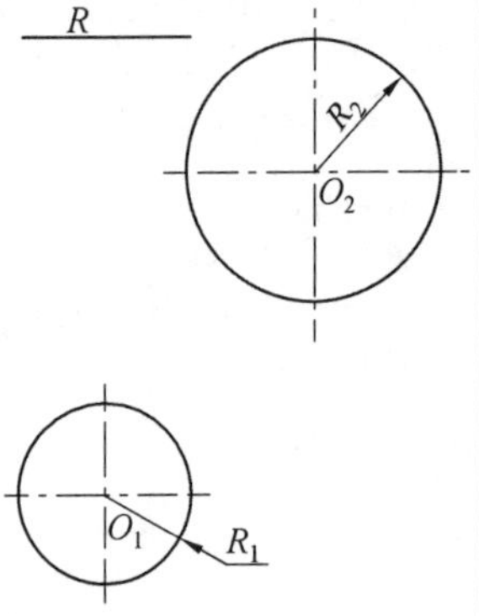 R （连接弧半径 R，被连接的两个圆 O_1、O_2 的半径为 R_1、R_2）	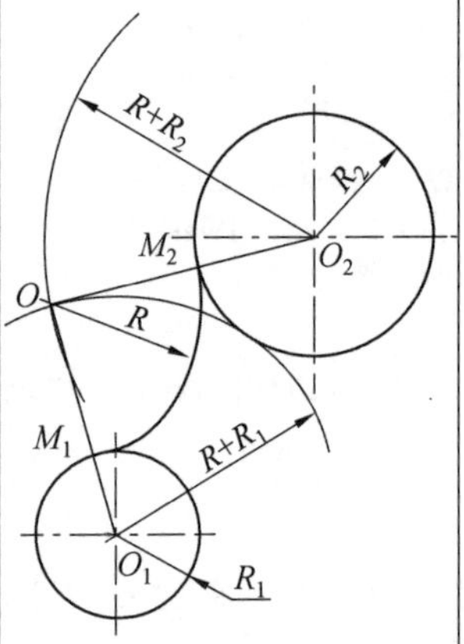	①以 O_1 为圆心、$R+R_1$ 为半径和以 O_2 为圆心、$R+R_2$ 为半径分别作圆，两圆弧的交点 O 即为连接弧圆心。 ②作连心线 OO_1、OO_2，分别与圆 O_1、O_2 相交于点 M_1、M_2，此即为连接点。 ③以点 O 为圆心、R 为半径，作弧 $\overset{\frown}{M_1 M_2}$，即完成作图
用圆弧连接两圆弧（内切）	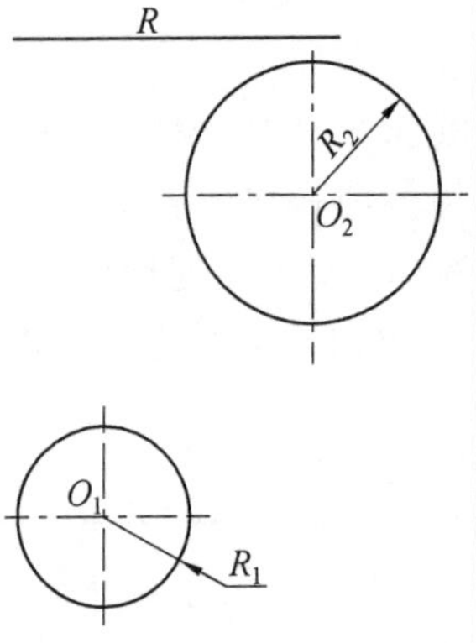 R （连接弧半径 R，被连接的两个圆 O_1、O_2 的半径为 R_1、R_2）	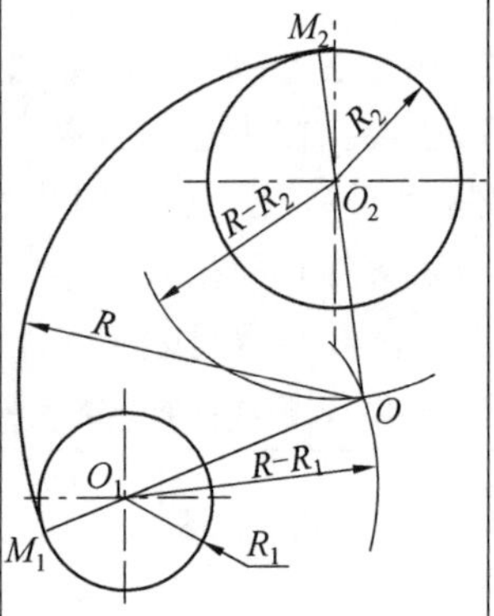	①以 O_1 为圆心、$R-R_1$ 为半径和以 O_2 为圆心、$R-R_2$ 为半径分别作圆，两圆弧的交点 O 即为连接弧圆心。 ②作连心线 OO_1、OO_2，分别与圆 O_1、O_2 相交于点 M_1、M_2，此即为连接点。 ③以点 O 为圆心、R 为半径，作弧 $\overset{\frown}{M_1 M_2}$，即完成作图

1.5　平面图形的绘图方法和步骤

1.5.1　平面图形的尺寸分析

通常平面图形的尺寸包括定形尺寸、定位尺寸和尺寸基准。

(1)定形尺寸。

定形尺寸是确定各组成部分大小的尺寸,如表示图形的长、宽、高、直径、半径等尺寸,如图 1.47(d)中的 $R1\ 500$、$R750$、$1\ 000$、$3\ 200$ 等。

(2)定位尺寸。

定位尺寸是确定各部分相对位置的尺寸,如图 1.47(d)中的 600、3 500。

(3)尺寸基准。

尺寸基准即标注尺寸的起点。在标注尺寸时,必须在平面图形的长、宽两个方向分别选定尺寸基准,以便确定各部分左、右、上、下的相对位置。通常以平面图形的左端、下端、中心轴或重要的端面为尺寸基准。

1.5.2　平面图形的线段分析和画法

绘制平面图形时,首先要对组成图形的各个线段的形状进行分析,找出连接关系,确定哪些线段可以直接画出,哪些线段需要几何作图才能画出。通常定形定位尺寸都齐全,可根据已知尺寸直接画出的线段称为已知线段(已知圆弧);少两个定位尺寸,需两端相切并光滑连接的线段称为连接线段(连接弧);少一个定位尺寸,需一端相切的线段称为中间线段(中间弧)。图 1.47 中线段分析如下:$R1\ 500$、$R750$、$R500$ 的圆与长为 1 000、宽为 3 200 的矩形以及直线段长 2 000 和 4 400 的线段即为已知线段(已知圆弧);$R6\ 000$、$R3\ 500$ 的圆弧为中间线段(中间弧);将 $R750$ 和 $R500$ 连接起来的直线为连接线段(连接弧)。

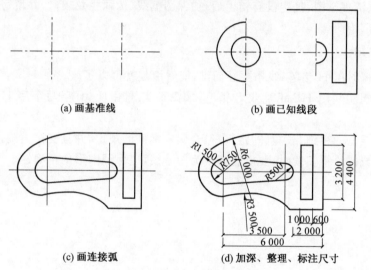

图 1.47　平面图形的画法

作图时先画已知圆弧和线段,再画中间线段和中间圆弧,后画连接线段和连接圆弧,如图 1.47 所示。

1.5.3　仪器绘图的一般步骤

为了保证绘图的质量,提高绘图的速度,除正确使用绘图仪器、熟练掌握几何作图的方法和严格遵守国家制图标准外,还应注意科学的绘图步骤,绘图一般按以下步骤进行。

1. 准备工作

(1)收集和阅读有关的文件资料,对所绘图样的内容及要求进行了解。在学习过程中,对作业的内容、目的、要求要了解清楚。

(2)准备好必要的工具、仪器、用品并放置在合理的位置。

(3)将图纸用胶带纸固定在图板上的适当位置。绘图过程中注意保持图纸清洁。

2. 画底稿

(1)按制图标准的要求,先画图框线及标题栏。

(2)根据图样的大小、数量及复杂程度选择比例,安排好图位,定好图形的中心线。

(3)画图形的主要轮廓线,再由大到小,由整体到局部,直到画出所有的轮廓。

(4)画尺寸线、尺寸界线以及其他符号等。

(5)最后仔细检查,擦去多余的底稿线。

3. 用铅笔加深图线

(1)当直线与曲线相连时,先画曲线后画直线。加深同类图线,要按照水平线从上到下、垂直线从左到右的顺序一次完成,而且用力要均匀,其粗细和深浅要保持一致。

(2)各类线型加深的顺序是:中心线→细实线→虚线→粗实线。

(3)标注尺寸时,应先画尺寸界线、尺寸线和尺寸起止符号,再注写尺寸数字。要保持尺寸数字的清晰和正确。

(4)检查、清理全图,确定没有错误后,加深图框线、标题栏及表格,并填写有关内容及说明,完成全部绘图。

4. 注意事项

(1)画底稿时用 H 铅笔,线条要轻而细,能看清楚就可以了。

(2)加深粗实线用 HB 铅笔或 B 铅笔,加深细实线用 H 铅笔,写字用 H 铅笔或 HB 铅笔。

(3)各类线型的粗细、长短、间距,应符合国家标准的规定,并且交接正确。

(4)加深或描绘粗实线时,要以底稿线为中心线,以保证图形的正确性。

第 2 章　二维绘图命令及其应用

❖ 学习目标

(1)掌握点、直线、曲线图形的参数化绘制方法。

(2)掌握图案填充的基本方法。

(3)结合建筑工程制图方法,掌握利用图形捕捉功能实现几何的技巧画法。

❖ 本章重点

点、直线、曲线图形的参数化绘制方法,图案填充的样式及步骤,图形绘制与捕捉命令的综合应用。

❖ 本章难点

结合专业图形知识,利用图形绘制命令与 AutoCAD 软件的图形捕捉功能实现画法几何中作平行线、垂线、切线、公切圆等的技巧。

复杂的图形都是由一系列基本的图形元素组成,所以掌握各种基本图形对象的绘制方法是利用 AutoCAD 进行绘图的前提。AutoCAD 2018 的基本图形包括点、直线、圆、圆弧、多段线、矩形、正多边形、椭圆、椭圆弧、圆环、样条曲线、参照线等基本对象,这些基本对象均可通过相应的绘图命令来绘制。本章将介绍这些绘图命令的使用方法。

要使用某个绘图命令时,可从"绘图"下拉菜单、"绘图"工具栏(图 2.1)或在命令行直接输入 3 种方法中选择一种执行。

图 2.1　"绘图"工具栏

2.1　点、直线及折线图形的绘制

2.1.1　绘制点

在绘图过程中,可以将点对象作为要捕捉或要偏移对象的节点或参考点。同时,用户可以根据需要设置点的样式及大小。

1.点样式的设置

(1)功能。

点的外观和大小可以通过点样式来控制。在使用 AutoCAD 绘制点对象之前,应先设置好点的样式,如果不进行设置,系统会选用默认的样式。

(2)命令调用方式。

①菜单:"格式"→"点样式"。

②命令:Ddptype。

(3)操作。

采用上述任一方式调用"Ddptype"命令,将弹出"点样式"对话框,如图 2.2 所示。

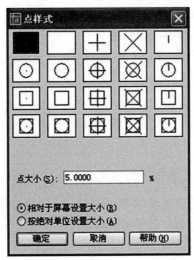

图 2.2 "点样式"对话框

从"点样式"对话框中,可以选择所需的当前点样式,还可以在该对话框中设置点的大小。

设置完成后,单击"确定"按钮,关闭"点样式"对话框。

2. 点

(1)功能。

创建点对象。

(2)命令调用方式。

①按钮:绘图工具栏中的 ▪ 。

②菜单:"绘图"→"点"。

③命令:Point(简写:Po)。

(3)操作。

在点的样式设置好后,就可以开始画点了,操作步骤如下:

①采用上述任一方式调用"Point"命令后,命令行提示:

指定点:

②此时可以在绘图区域单击,则在单击处将画出一个指定样式的点。命令行接着提示:

指定点:

③如果想继续画点,则可以在绘图区域继续单击,如果想结束点的绘制,则可以按"Esc"键或"Enter"键结束。

2.1.2　绘制直线

(1)功能。

创建直线段。

(2)命令调用方式。

①按钮:绘图工具栏中的　。

②菜单:"绘图"→"直线"。

③命令:Line(简写:L)。

(3)操作。

①采用上述任一方式调用"Line"命令后,命令行提示:

指定第一点:

②这时要确定所画直线段的起点。可以直接用鼠标左键在绘图区域指定一点,也可以在命令行直接输入点的坐标。按回车键后,命令行接着提示:

指定下一点或[放弃(U)]:

③在绘图区指定第2点,这时在绘图区域将显示一条通过以上指定两端点的直线段。命令行接着提示:

指定下一点或[闭合(C)/放弃(U)]:

这时若指定一点,则通过该点和前一点将画出另一直线段。依此类推,可以画出多段连续的折线段。

④单击"Enter"键,结束画线命令。

各选项说明如下:

a.放弃(U):如果在命令行输入"U",按回车键,则将放弃刚进行的最后一步操作。如果在画线的过程中发现画错了,则可输入参数"U"或"Undo"表示放弃此步操作,退回到上一步,然后重新输入正确的点。每输入一次"U"退回一步,直到退回第一点为止。

b.闭合(C):如果在命令行输入"C",按回车键,AutoCAD 便将用户输入的最后一点和第一点连成一条直线,形成封闭图形,并结束直线绘制。

2.1.3　绘制多段线

多段线是 AutoCAD 中一种特殊的线条,它是由一系列首尾相接的直线或圆弧组成的单个图形对象,其中,每段线段都是整体的一部分。多段线的一个显著特点是可以控制线宽。

(1)功能。

创建多段线。

(2)命令调用方式。

①按钮:绘图工具栏中的　。

②菜单:"绘图"→"多段线"。

③命令：Pline(简写：P)。

（3）操作及选项说明。

采用上述任一方式调用"Pline"命令后，命令行提示：

指定起点：

在绘图区域内指定一点后，命令行接着提示：

指定下一点或［圆弧(A)/闭合(C)/半宽(H)/长度(L)/放弃(U)/宽度(W)］：

各选项说明如下：

①指定下一点：指定直线段的下一点。

②圆弧(A)：在多段线中画圆弧段。选择此参数，进入圆弧绘制状态，出现绘制圆弧的一系列参数，这些参数不同于"Arc"(圆弧)命令，其含义如下：

a.圆弧的端点：圆弧的端点为默认选项，用于指定绘制圆弧的端点。要生成的圆弧与多段线的上一直线段或圆弧相切，用户指定圆弧的另一个端点或输入数值，系统根据指定的端点或把输入的数值作为弦长，自动计算圆弧的圆心。

b.角度(A)：输入角度值，指定从起点开始的弧线段包含的圆心角。

c.圆心(CE)：指定圆弧的圆心。

d.闭合(C)：用圆弧段将多段线首尾相连成封闭图形。

e.方向(D)：指定圆弧段的起点方向。

f.半宽(H)：设置多段线、圆弧的宽度，但输入的数值只作为实际宽度值的一半。

g.直线(L)：转换成直线绘制模式。

h.半径(R)：设定圆弧的半径。

i.第2点(S)：确定第2点和第3点，用来画三点圆弧。

j.放弃(U)：取消刚画的一段圆弧。

k.宽度(W)：指定多段线中圆弧线的起点和终点宽度。

③闭合(C)：把起点和终点相连，绘制封闭的多段线。

④半宽(H)：用于设定多段线的半宽度值。

⑤长度(L)：画一条指定长度的直线。在命令执行过程中，输入参数"L"，如果多段线中上一段是直线，则所画直线从此直线段伸出，方向、角度均与此直线段一样；如果多段线中上一段是圆弧，则所画直线与圆弧相切。

⑥放弃(U)：取消最后画的一段。

⑦宽度(W)：用于设定多段线的宽度。选择该选项后，这时系统首先提示输入起点宽度，接着提示输入终点宽度。

2.1.4　绘制矩形

1.功能

创建矩形。

2.命令调用方式

①按钮：绘图工具栏中的▭。

②菜单:"绘图"→"矩形"。

③命令:Rectang(简写:Rec)。

3. 操作及选项说明

AutoCAD 是通过指定矩形的两个对角点来确定矩形的位置和大小的。

采用上述任一方式调用"Rectang"命令后,命令行提示:

指定第一个角点或[倒角(C)/标高(E)/圆角(F)/厚度(T)/宽度(W)]:

指定第一个角点:(默认选项)

①在绘图区单击鼠标,指定一角点 P_1,命令行接着提示:

指定另一个角点[尺寸(D)]:

②在绘图区单击鼠标或在命令行输入另一对角点的相对坐标值(如:@200,100)指定对角点 P_2,按回车键,如图 2.3 所示。

(1)倒角(C)。

①若在命令行输入"C",则可设置倒角长度。命令行提示:

指定矩形的第一个倒角距离〈0.0000〉:

②在命令行输入第 1 个倒角距离值 d_1 后,按回车键。命令行接着提示:

指定矩形的第二个倒角距离:

③在命令行输入第 2 个倒角距离值 d_2 后,按回车键。命令行接着提示:

指定第一个角点或[倒角(C)/标高(E)/圆角(F)/厚度(T)/宽度(W)]:

④在绘图区单击鼠标,指定一角点 P_1,命令行接着提示:

指定另一个角点[尺寸(D)]:

⑤在绘图区单击鼠标或在命令行输入另一对角点的相对坐标值指定对角点 P_2,如图 2.4 所示。

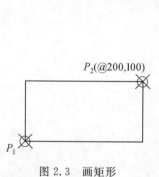

图 2.3　画矩形

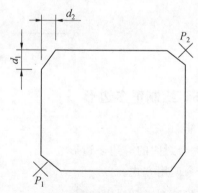

图 2.4　画倒角矩形

(2)圆角(F)。

①若在命令行输入"F",则可设置圆角半径。命令行提示:

指定矩形的圆角半径〈0.0000〉:

②在命令行输入圆角半径值 R 后,按回车键。命令行接着提示:

指定第一个角点或[倒角(C)/标高(E)/圆角(F)/厚度(T)/宽度(W)]:

③在绘图区单击鼠标,指定一角点 P_1,命令行接着提示:

指定另一个角点［尺寸(D)］：

④在绘图区单击鼠标或在命令行输入另一对角点的相对坐标值指定对角点 P_2，如图
2.5 所示。

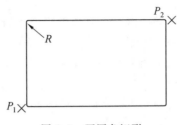

圆 2.5　画圆角矩形

(3)宽度(W)。

①若在命令行输入"W"，则可设置矩形边框线的宽度。命令行提示：

指定矩形的线宽〈0.0000〉：

②在命令行输入矩形的线宽后，按回车键。命令行接着提示：

指定第一个角点或［倒角(C)/标高(E)/圆角(F)/厚度(T)/宽度(W)］：

③在绘图区单击鼠标，指定一角点 P_1，命令行接着提示：

指定另一个角点［尺寸(D)］：

④在绘图区单击鼠标或在命令行输入另一对角点的相对坐标值指定对角点 P_2，如图
2.6 所示。

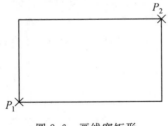

圆 2.6　画线宽矩形

2.1.5　绘制正多边形

(1)功能。

绘制一个封闭的等边多边形。

(2)命令调用方式。

①按钮：绘图工具栏中的 ⬠。

②菜单："绘图"→"正多边形"。

③命令：Polygon(简写：Pol)。

(3)操作及选项说明。

正多边形的绘制方法共有 3 种，即"内接于圆"法、"外切于圆"法和"定边"法，绘制时
要根据所给的已知条件进行选择。

采用上述任一方式调用"Polygon"命令后，命令行提示：

输入边的数目〈4〉：

在命令行输入边数后，按回车键，命令行接着提示：

指定多边形的中心点或［边（E）］：

若已知正多边形的假想外接圆或内切圆的圆心和半径，则按以下步骤进行绘制：

①在绘图区指定正多边形的中心点 O_1，命令行接着提示：

输入选项［内接于圆（I）/外切于圆（C）］〈I〉：

②若正多边形内接于圆，则输入参数"I"后按回车键或直接按回车键接受默认选项；若正多边形外切于圆，则输入参数"C"后按回车键。命令行接着提示：

指定圆的半径：

③在命令行输入半径值后，按回车键。结果如图 2.7（a）（b）所示。

若已知正多边形的边长或某一边的两个端点，则按以下步骤进行绘制：

①在命令行输入"E"，按回车键。命令行接着提示：

指定边的第一个端点：

②在绘图区指定点 P_1，命令行接着提示：

指定边的第二个端点：

③在绘图区指定点 P_2 或用光标拉出一边的方向并输入边长值后按回车键，结果如图 2.7（c）所示。

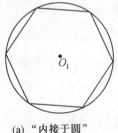
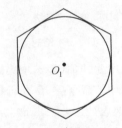
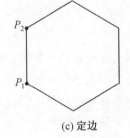

（a）"内接于圆"　　　　　　（b）"外切于圆"　　　　　　（c）定边

图 2.7　绘制正多边形

2.2　曲线图形的绘制

2.2.1　绘制圆

（1）功能。

创建圆。

（2）命令调用方式。

①按钮：绘图工具栏中的⊘。

②菜单："绘图"→"圆"（"圆"子菜单如图 2.8 所示）。

③命令：Circle（简写：C）。

（4）操作和选项说明。

| 圆心、半径（R） |
| 圆心、直径（D） |
| 两点（2） |
| 三点（3） |
| 相切、相切、半径（T） |
| 相切、相切、相切（A） |

图 2.8　"圆"子菜单

根据已知条件不同,可以有 6 种不同的绘制圆的方法:圆心、半径法;圆心、直径法;两点法;三点法;相切、相切、半径法;相切、相切、相切法。

注意:当以按钮或输入命令方式调用"Circle"命令时,只有上述前 5 种绘圆方法可供选择。

①圆心、半径法(图 2.9(a))。

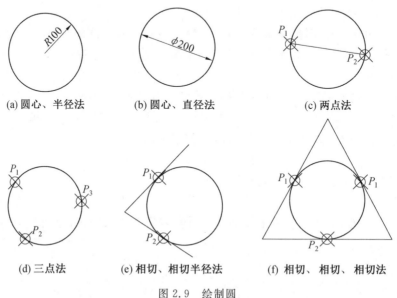

(a) 圆心、半径法   (b) 圆心、直径法   (c) 两点法

(d) 三点法   (e) 相切、相切半径法   (f) 相切、相切、相切法

图 2.9 绘制圆

当已知圆的圆心和半径时,采用此选项(该选项为默认选项),按以下步骤进行绘制:

a.采用上述任一方式调用"Circle"命令后,命令行提示:

指定圆的圆心或[三点(3P)/两点(2P)/相切、相切、半径(T)]:

b.用鼠标左键单击绘图区域中的合适位置或直接输入圆心点的坐标,命令行接着提示:

指定圆的半径或[直径(D)]:

在命令行输入半径值后,按回车键。

②圆心、直径法(图 2.9(b))。

当已知圆的圆心和直径时,采用此选项。

a.采用上述任一方式调用"Circle"命令后,命令行提示:

指定圆的圆心或[三点(3P)/两点(2P)/相切、相切、半径(T)]:

b.用鼠标左键单击绘图区域中的合适位置或直接输入圆心点的坐标,命令行接着提示:

指定圆的半径或[直径(D)]:

c.在命令行输入"D"后,按回车键。命令行接着提示:

指定圆的直径:

d.在命令行输入直径后,按回车键。

③两点法(图 2.9(c))。

当已知直径的两端点时,可采用此选项。

a. 采用上述任一方式调用"Circle"命令后,命令行提示:

指定圆的圆心或[三点(3P)/两点(2P)/相切、相切、半径(T)]:

b. 在命令行输入"2P"后,按回车键。命令行接着提示:

指定圆直径的第一个端点:

c. 打开对象捕捉,将光标移动到直径的第一个端点附近,当光标显示已捕捉到 P_1 时,单击鼠标,命令行接着提示:

指定圆直径的第二个端点:

d. 用光标捕捉直径的第 2 个端点 P_2。

④三点法(图 2.9(d))。

当已知圆上的三点时,可采用此选项。

a. 采用上述任一方式调用"Circle"命令后,命令行提示:

指定圆的圆心或[三点(3P)/两点(2P)/相切、相切、半径(T)]:

b. 在命令行输入"3P"后,按回车键。命令行接着提示:

指定圆上的第一个点:

c. 用鼠标指定第 1 点 P_1,命令行接着提示:

指定圆上的第二个点:

d. 用鼠标指定第 2 点 P_2,命令行接着提示:

指定圆上的第三个点:

e. 用鼠标指定第 3 点 P_3,命令结束。

⑤相切、相切、半径法(图 2.9(e))。

当圆与两已知对象相切,并且已知圆的半径时,可采用此选项画圆。

a. 采用上述任一方式调用"Circle"命令后,命令行提示:

指定圆的圆心或[三点(3P)/两点(2P)/相切、相切、半径(T)]:

b. 在命令行输入"T"后,按回车键。命令行接着提示:

指定对象与圆的第一个切点:

c. 用鼠标拾取一相切对象上一点 P_1,命令行接着提示:

指定对象与圆的第二个切点:

d. 用鼠标拾取另一相切对象上一点 P_2,命令行接着提示:

指定圆的半径:

e. 在命令行输入半径值后,按回车键。

⑥相切、相切、相切法(图 2.9(f))。

当圆同时和 3 个已知对象相切时,可采用此选项画圆。

a. 选择"绘图"→"圆"→"相切、相切、相切",命令行提示:

指定圆上的第一个点_tan 到:

b. 用鼠标拾取第 1 个相切对象上一点 P_1,命令行接着提示:

指定圆上的第二个点:_tan 到:

c. 用鼠标拾取第 2 个相切对象上一点 P_2,命令行接着提示:

指定圆上的第三个点:_tan 到:

d.用鼠标拾取第 3 个相切对象上一点 P_3 后,命令结束。

2.2.2　绘制圆弧

(1)功能。

绘制圆弧。

(2)命令调用方式。

①按钮:绘图工具栏中的 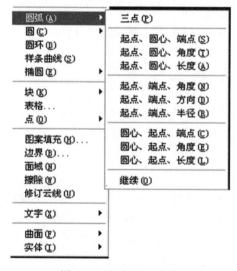 。

②菜单:"绘图"→"圆弧"。

③命令:Arc(简写:A)。

(3)操作及选项说明。

根据已知条件的不同,AutoCAD 有 11 种不同的绘制圆弧的方法,如图 2.10 所示。

图 2.10　"圆弧"子菜单

下面介绍绘制圆弧的前 10 种方法:

①三点法。

当已知圆弧的起点、端点和圆弧上的一点时,可采用此选项绘制圆弧(图 2.11)。具体步骤如下:

a.选择"绘图"→"圆弧"→"三点",命令行提示:

指定圆弧的起点或[圆心(C)]:

b.在绘图区捕捉点 P_1,命令行接着提示:

指定圆弧的第二点或[圆心(C)/端点(E)]:

c.在绘图区捕捉点 P_2,命令行接着提示:

指定圆弧的端点:

d.在绘图区捕捉点 P_3,命令结束。

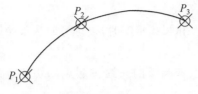

图 2.11　三点法

②起点、圆心、端点法和圆心、起点、端点法。

当已知圆弧的起点、圆心、端点时,可选择其中某个选项绘制圆弧。

这两个选项都是利用圆弧的起点、圆心和端点这 3 个条件来绘制圆弧的,区别在于确定起点和圆心的先后次序不同,前者先指定起点、再圆心、最后端点,后者是先指定圆心、再起点、最后端点,如图 2.12、2.13 所示。

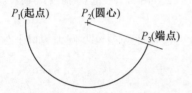　　　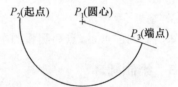

图 2.12　起点、圆心、端点法　　　　图 2.13　圆心、起点、端点法

③起点、圆心、角度法和圆心、起点、角度法。

当已知圆弧的起点、圆心和圆弧的角度时,可选择其中某个选项绘制圆弧。

这两个选项都是利用圆弧的起点、圆心和角度这 3 个条件来绘制圆弧的,区别在于确定起点和圆心的先后次序不同,如图 2.14、2.15 所示。

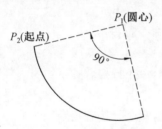　　　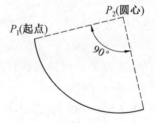

图 2.14　圆心、起点、角度法　　　　图 2.15　起点、圆心、角度法

④起点、圆心、长度法和圆心、起点、长度法。

当已知圆弧的起点、圆心和圆弧的弦长时,可选择其中某个选项绘制圆弧。

这两种方法都是利用圆弧的起点、圆心和圆弧的弦长这 3 个条件来绘制圆弧的,区别在于确定起点和圆心的先后次序不同,如图 2.16、2.17 所示。

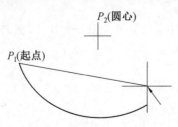　　　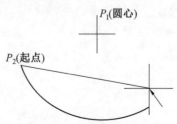

图 2.16　起点、圆心、长度法　　　　图 2.17　圆心、起点、长度法

⑤起点、端点、角度法。

当已知圆弧的起点、端点和圆弧角度时,可选择此选项绘制圆弧,如图 2.18 所示。

⑥起点、端点、方向法。

当已知圆弧的起点、端点和圆弧的一通过起点的切线方向时,可选择此选项绘制圆弧,如图 2.19 所示。

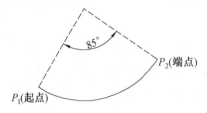

图 2.18 起点、端点、角度法

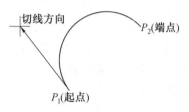

图 2.19 起点、端点、方向法

⑦起点、端点、半径法。

当已知圆弧的起点、端点和圆弧的半径时,可选择此选项绘制圆弧,如图 2.20 所示。

2.2.3 绘制圆环

(1)功能。

绘制用颜色进行填充的圆环或同心圆。

(2)命令调用方式。

①菜单:"绘图"→"圆环"。

②命令:Donut(简写:Do)。

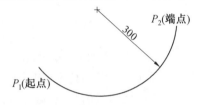

图 2.20 起点、端点、半径法

(3)操作。

①采用上述任一方式调用"Donut"命令后,命令行提示:

指定圆环的内径〈0.5000〉:

②在命令行输入圆环的内径值后,按回车键,命令行接着提示:

指定圆环的外径〈1.0000〉:

③在命令行输入圆环的外径值后,按回车键,命令行接着提示:

指定圆环的中心点〈退出〉:

④在绘图区域单击一点,则 AutoCAD 将以该点为中心画出一个已指定内、外径值的圆环。命令行接着提示:

指定圆环的中心点〈退出〉:

⑤在绘图区域单击另外一点,则以该点为中心又画出一个同样大小的圆环,按鼠标右键或回车键或空格键结束命令,如图 2.21 所示。

注意:系统变量 Fillmode＝1 时,圆环为填充状态;当 Fillmode＝0 时,圆环为非填充状态。

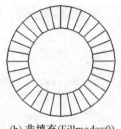

(a) 填充(Fillmode=1)　　　　　　(b) 非填充(Fillmode=0)

图 2.21　圆环

2.3　图案填充

2.3.1　图案填充的概念

在建筑绘图中,一般要使用不同的材料图例去填充图形中的某些区域,以表现剖面图或断面图中实体区域的表面纹理或材料等特性。例如:通常以点和三角形填充表示混凝土材料,以若干组垂直线表示土壤,以斜线表示普通砖砌体等。

2.3.2　图案填充的操作与说明

1.命令调用方式

①按钮:绘图工具栏中的 ▨。

②菜单:"绘图"→"图案填充"。

③命令:Bhatch(简写:Bh)。

2.操作

以上述任一方式调用"Bhatch"命令后,将弹出"边界图案填充"对话框,如图 2.22 所示。在该对话框中,包括"图案填充""高级"和"渐变色"3 个选项卡。

(1)"图案填充"选项卡。

在"边界图案填充"对话框的"图案填充"选项卡中,左边的选项主要用于设置图案类型、图案名称、图案方向、图案的比例及对齐方式等;右边的选项主要用于指定图案填充的区域,控制填充图案是否继承已有填充图案的特性,以及设置填充图案与区域边界是否关联等。

①"图案填充"选项卡中各项的意义如下:

a.类型。

在填充图案时,首先需要确定要填充图案的类型。在"类型"下拉列表中,可以选择填充图案类型,包括预定义、用户定义和自定义 3 类。选择图案类型后,就可以从"图案"下拉列表中选择一种适合该图案类型的填充图案。

预定义:指 AutoCAD 自带的图案类型,这些图案保存在 acad. pat 和 acadiso. pat 文件中,用户可以控制预定义图案的角度和比例。对于预定义 ISO 图案,用户也可以控制

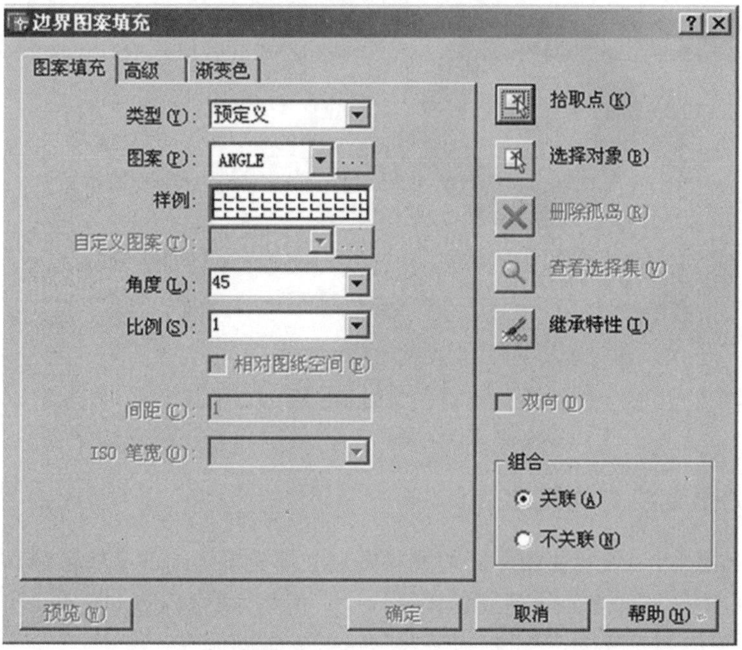

图 2.22 "边界图案填充"对话框"图案填充"选项卡

ISO 笔宽。此项为缺省类型。

用户定义：指基于当前线型创建的线图案，用户可以控制这些图案的角度和间距。在"类型"下拉列表中选择"用户定义"后，就可以使用用户定义的填充图案进行填充。

自定义：用来设定任何自定义.pat 格式文件，即用户使用文本编辑器按图案语句格式编写的.pat 格式文件中的图案，用户可以设置自定义图案的角度和比例。

b. 图案。

"图案"下拉列表的各选项列出了可以选择的预定义图案。列表的上部显示 6 个最近应用的预定义图案，用户已选择的图案被 AutoCAD 保存在系统变量 Hpname 中。"图案"选项仅在用户选择预定义类型时有效。

如果选择"图案"下拉列表右侧的··按钮，则弹出图 2.23 所示的"填充图案选项板"对话框，在该对话框中，用户可以在预览图案中选择自己所需要的填充图案。

在该对话框中，"ANSI""ISO""其他预定义"3 个选项卡都属于预定义类型的图案。

c. 样例。

"样例"显示所选填充图案的预览。点取图案样例，同样会弹出"填充图案选项板"。

d. 自定义图案。

该选项下拉列表列出了可选择的自定义图案。这类图案可以自己开发，也可以从其他开发商处购买。

e. 角度。

该选项用于设置填充图案的旋转角度。角度是相对于 UCS 的 X 轴计算的，在缺省设置下，各图案的初始旋转角度为 0°。设置好角度值之后，在填充时，填充图案将旋转所设置的角度值，如图 2.24 所示。

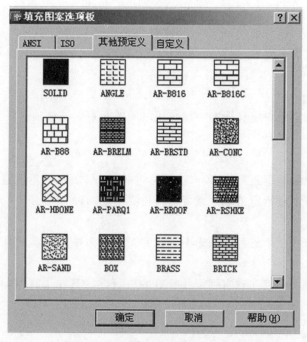

图 2.23　"填充图案选项板"对话框

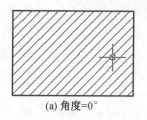
(a) 角度=0°

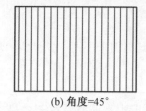
(b) 角度=45°

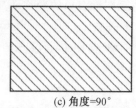
(c) 角度=90°

图 2.24　不同角度值的填充效果

f. 比例。

该选项用于设置填充图案的大小比例。数值小于 1 时得到较密的图案,数值大于 1 时得到较稀的图案,如图 2.25 所示。

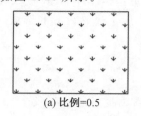
(a) 比例=0.5

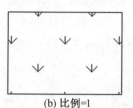
(b) 比例=1

图 2.25　不同比例值的填充效果

在绘制建筑图时,经常以填充的图案表示某一种材料,如剖面图中的混凝土等。在制图规范中,对图例的大小有严格要求,设置合适的比例值,对准确表示材料有很大的帮助。

要设置合适的填充比例,可按以下技巧进行:

首先利用视图缩放命令把填充的区域缩放到接近其打印出图后的大小,然后再执行 "Bhatch"命令进行填充。

　　填充时,设置比例值后,点击对话框中的"预览"按钮,从视图中观察所设置比例的填充效果,若觉得合适,则点击"确定"按钮,完成填充。

　　若觉得填充效果不满意,则重新调整比例值后再预览填充效果,这样多次调整、比较,直到满意为止。

　　g. 间距。

　　该选项用于指定用户定义图案中线与线之间的间距。该选项仅在选择用户定义图案类型时才有效。

　　h. ISO 笔宽。

　　该选项于设置基于选定的 ISO(国际标准化组织)图案的笔宽,决定图案中线的宽度。定义边界时可通过指定拾取点或者选择边界对象两种方式。

　　i. 继承特性。

　　该选项用于选择一个已经在图形中填充的图案作为现在的填充图案。

　　j. 双向。

　　该选项用于添加一组与现有平行线垂直的平行线。只在选择"用户定义"类型时,该选项才可选。

　　k. 关联。

　　选择该选项时,新填充的图案将与图形对象相关联。此时,一旦图形对象改变,填充图案将随图形对象的变化而变化。

　　l. 不关联。

　　选择该选项时,新填充的图案与图形不相关。此时,若图形对象改变,填充图案不会随之变化。

　　m. 预览。

　　该选项用于在应用填充到图形中之前查看填充效果。

　　②定义边界。

　　在选择了填充图案并对其外观进行了参数设置之后,接下来就是定义要填充区域的边界。定义边界的对象只能是直线、射线、圆、圆弧、椭圆、椭圆弧、多段线、曲线、面域等对象或者有这些对象定义的块等。需要注意的是,只有封闭边界的区域才能填充。

　　在"边界图案填充"对话框的右部,有 3 个用于边界设置的选项,它们分别是:拾取点按钮 ▧、选择对象按钮 ▧ 和删除孤岛按钮 ✕。

　　a. ▧ 拾取点。

　　单击拾取点按钮 ▧ 后,"边界图案填充"对话框将消失,命令行出现提示:

　　选择内部点:

　　将光标移到需要填充图案的封闭区域内部某一位置,单击鼠标左键,这时封闭区域边界将呈虚线显示,表示已选择一个封闭区域。然后把光标移至另一需要填充的封闭区域内部继续选择或按回车键结束边界选择,"边界图案填充"对话框重新出现。

b. 选择对象。

单击选择对象按钮 ，"边界图案填充"对话框将消失,命令行出现提示:

选择对象:

用鼠标依次在屏幕上选取构成所需边界的各个线条对象,按回车键结束边界对象选择,对话框重新出现。

注意:一般情况下,最好使用"拾取点"方式选择填充边界。因为当围成边界的各对象若不是严格首尾相连时,通过"选择对象"方式选择的填充区域,图案会填充到封闭边界处,如图 2.26 所示。

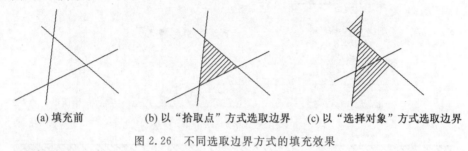

　　(a) 填充前　　　　　(b) 以"拾取点"方式选取边界　　(c) 以"选择对象"方式选取边界

图 2.26　不同选取边界方式的填充效果

c. 删除孤岛。

包含在封闭边界之内的区域被称为"孤岛"。填充图案时,孤岛内的部分一般不作填充,如图 2.27(a)所示。若想对孤岛内的部分也进行填充,可以采取删除"孤岛"的方法,如图 2.27(b)所示。

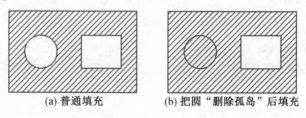

　　(a) 普通填充　　　　　(b) 把圆"删除孤岛"后填充

图 2.27　移去边界内的"孤岛"

(2)"高级"选项卡。

"高级"选项卡如图 2.28 所示,使用该选项卡可以精确设置对象进行图案填充时的边界,以及进行图案填充后是否保留边界等。对话框中各项含义如下:

①孤岛检测样式:用来指定系统处理孤岛的方式。AutoCAD 提供了 3 种不同的处理方式:普通、外部和忽略。

a. 普通样式:AutoCAD 缺省的填充样式。使用普通样式填充对象时,填充是由外向内进行的。从对象的最外部边界开始填充,遇到第 2 个边界时,停止填充,遇到第 3 个边界时,又开始进行填充,依此类推,直到最内部的边界,如图 2.29(a)所示。

b. 外部样式:使用外部样式填充对象时,填充也是由外向内进行的。从对象的最外部边界开始填充,只要遇到第 2 个边界,就停止填充,如图 2.29(b)所示。

c. 忽略样式:使用忽略样式填充对象时,AutoCAD 将忽略对象内部的边界,填充最外部边界内的所有区域,如图 2.29(c)所示。

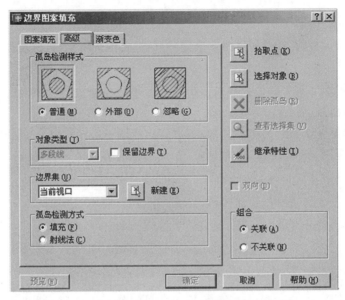

图 2.28 "边界图案填充"对话框的"高级"选项卡

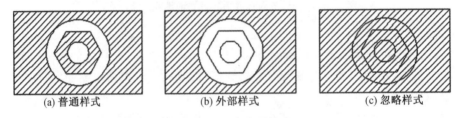

图 2.29 孤岛检测样式

②对象类型:控制新建边界对象的类型。同时还可以通过"保留边界"开关按钮确定是否对填充边界进行计算保存。打开此开关后,还可以通过"对象类型"项确定边界数据的保存类型。

③边界集:在该设置区中,可以通过下拉三角形来确定边界设置,也可以通过"新建"图标 🔀,选取新的边界。点击此选项,系统将会提示用户选择对象创建边界集。当选择新的边界集后,AutoCAD 将忽略任何已存在的边界集,仅由用户新选择的边界集确定填充边界,这样可加快系统检测边界的速度。

④孤岛检测方式:用于指定是否将包含在最外部边界内部的对象作为边界对象,即用于指定是否将孤岛作为边界对象。

a.填充:将孤岛作为边界对象。

b.射线法:不将孤岛作为边界对象。

(3)"渐变色"选项卡。

"渐变色"选项卡如图 2.30 所示,渐变色填充能实现从一种颜色到另一种颜色的平滑过渡。

AutoCAD 2018 提供了单色与双色两种方案,用户可以在左边单选框选择所需的方案。单击颜色框右边的"…"按钮,可打开图 2.31 所示的"选择颜色"对话框,从中可以选

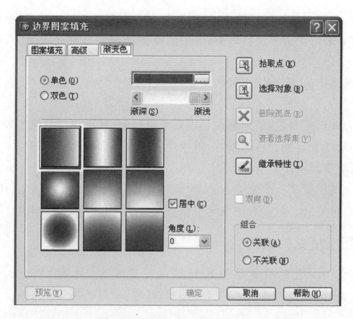

图 2.30　"边界图案填充"对话框的"渐变色"选项卡

择所需的颜色(包括真彩色)。如果是单色方案,选中颜色后还可以用颜色框下面的"渐深
…渐浅"滑动条来调整所选颜色的深浅。

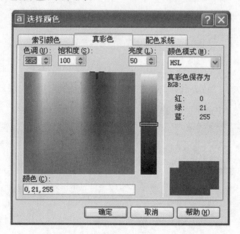

图 2.31　"选择颜色"对话框

　　"渐变色"选项卡左下部显示的是渐变图案,共显示了用于渐变填充的 9 种固定图案。
这些图案分别是线性、圆柱形、反向圆柱形、球形、半球形、曲线形、反向球形、反向半球形、
反向曲线形。

　　选项卡中的"居中"复选框用于指定对称的渐变配置。如果没有选定此选项,渐变填
充将朝左上方变化,创建出光源在对象左边的图案。

　　选项卡中的"角度"选项用于指定渐变填充的角度。相对当前 UCS 指定角度,此选项
与指定给图案填充的角度互不影响。

　　注意:进行图案填充时,需要注意以下几点:

①用"Bhatch"命令进行图案填充时,需要填充的边界应是封闭的,否则将不能正确填充。因此,若要对未闭合边界进行填充,应先加绘辅助线将填充区域闭合,填充完后再将辅助线删除。

②进行图案填充前,需将填充区域完整显示在绘图区内,否则可能会出现填充边界不正确的情况。

③以普通方式填充时,如果填充边界内有文字对象,且在选择填充边界时也选择了它们,图案填充到这些文字处会自动断开,就像用一个比文字略大且看不见的框保护起来一样,使得这些对象更加清晰。

④每次填充的图案是一个整体,如需对填充图案进行局部修改,则要用"Explode"命令将其分解后方可进行。但一般情况下不推荐此方法,因为这会大大增加文件的容量。

2.3.3　图案填充的编辑

在 AutoCAD 中,填充图案是一种特殊的复杂对象,称为"填充对象"。像其他AutoCAD 对象一样,填充对象也可以进行编辑、修改。"Hatchedit"命令是专门用于编辑已有填充对象的。

1. 命令调用方式

(1)按钮:"修改"工具栏中的 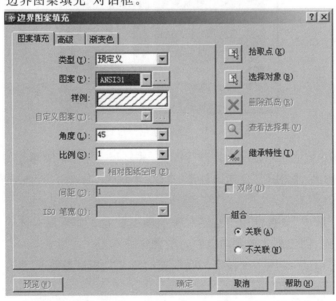。

(2)菜单:"修改"→"对象"→"图案填充"。

(3)命令:Bhatch(简写:HE)。

2. 操作

通过以上任一方式执行"Bhatch"命令后,系统提示选择要编辑的填充图案,随即弹出图 2.32 所示的"边界图案填充"对话框。

图 2.32　"边界图案填充"对话框

"图案填充"选项卡的内容包括类型、图案、角度、比例等,也可以使用继承特性来继承已有图案的特性。修改该对话框中的有关选项后,单击"确定"按钮,结束编辑。

2.4　画法几何与图形捕捉应用

2.4.1　使用对象捕捉

1. 概念

绘制工程图时要精确地找到已绘出图形上的特殊点,如直线的端点和中点,圆的圆心和切点等。要使光标精确地定位于这些点,就要利用"对象捕捉"的各种捕捉模式。AutoCAD 提供了"对象捕捉"功能,使用户可以准确地输入这些点,从而大大提高了作图的准确性和速度。

例如,打开对象捕捉,可以快速绘制一条通过圆心、多段线的中点或两条直线的外观交点等的线。

2. 对象捕捉的类型

AutoCAD 2018 提供了 16 种捕捉类型,其中 13 种有标记符号捕捉类型提示框,如图 2.33 所示。下面分别对 13 种捕捉类型加以介绍。

(1)端点捕捉(End)。

端点捕捉用来捕捉实体的端点,该实体可以是直线,也可以是一段圆弧等。捕捉时,将光标移至所需端点所在的一侧,当显示捕捉靶区(拾取框)时,单击左键即可。靶区总是捕捉它所靠近的那个端点。

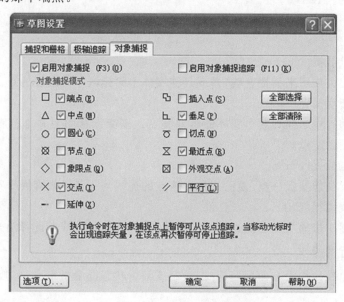

图 2.33　"草图设置"对话框中的"对象捕捉"选项卡

（2）中点捕捉（Mid）。

中点捕捉用来捕捉一条直线或圆弧的中点。捕捉时只需将靶区放在直线上即可,而不一定要放在中部。

（3）圆心捕捉（Cen）。

使用圆心捕捉方式,可以捕捉一个圆、圆弧或圆环的圆心。

注意:捕捉圆心时,应将光标移向圆或圆弧线附近而非直接选择圆心部位,此时光标拾取框便会自动在圆心闪烁。

（4）节点捕捉（Nod）。

节点捕捉用来捕捉点实体或节点。使用时需要将靶区放在节点上。

（5）象限点捕捉（Qua）。

象限点捕捉用于捕捉圆、圆环或圆弧在整个圆周上的四分点。一个圆四等分后,每一部分称为一个象限,象限在圆的连接部位即是象限点。靶区也总是捕捉离它最近的那个象限点。

（6）交点捕捉（Int）。

交点捕捉用来捕捉实体的交点,这种方式要求实体在空间内必须有一个真实的交点,无论交点目前是否存在,只要延长之后相交于一点即可。

（7）插入点捕捉（Ins）。

插入点捕捉用来捕捉一个文本或图块的插入点,对于文本来说即是其定位点。

（8）垂足捕捉（Per）。

垂足捕捉用于在一条直线、圆弧或圆上捕捉一个点,使从当前已选定的点到该捕捉点的连线与所选择的实体垂直。

（9）切点捕捉（Tan）。

切点捕捉用于在圆或圆弧上捕捉一点,使这一点和已确定的另外一点的连线与实体相切。

（10）最近点捕捉（Nea）。

最近点捕捉方法用来捕捉直线、弧或其他实体上离靶区中心最近的点。

（11）外观交点捕捉（App）。

外观交点捕捉用来捕捉两个实体的延伸交点。该交点在图上并不存在,而仅仅是同方向延伸后得到的交点。

（12）平行点捕捉（Par）。

平行点捕捉功能捕捉一点,使已知点与该点的连线与一条已知直线平行。

（13）延伸线捕捉（Ext）。

延伸线捕捉用来捕捉一已知直线延长线的点,即在该延长线上选择出合适的点。

3. 对象捕捉的操作

对象捕捉单独操作没有作用,只有在绘制或编辑状态提示指定点时,激活对象捕捉才起作用。

（1）使用方法。

①命令行键入相应的某种对象捕捉模式的至少前 3 个缩略字母。

②从"对象捕捉"工具栏(图 2.34)中选择一种捕捉模式,即用鼠标左键单击一个对象捕捉按钮。

图 2.34 "对象捕捉"工具栏

③按住"Shift"键并用鼠标右键单击绘图区,从弹出的快捷菜单中选择(图 2.35)。

图 2.35 "对象捕捉"快捷菜单

(2)操作步骤。

①启动需要指定点的命令(例如 Line、Circle、Arc、Copy 或 Move)。

②当命令提示指定点时,使用上述方法之一选择一种对象捕捉。

③将光标移动到捕捉位置上,然后单击鼠标左键。

4. 对象捕捉的方式

(1)单点对象捕捉。

单点对象捕捉也称为"一次性"用法,即在某个命令要求指定一个点时,临时用一次对象捕捉模式,捕捉到一个点后,对象捕捉就自动关闭了。

(2)运行对象捕捉。

在一段绘图期间对象捕捉功能一直有效的使用方式称为运行对象捕捉方式,即在该方式下对象捕捉由用户启动并由用户关闭。在同一时刻可以同时打开多种捕捉模式,当光标在图形对象上移动时,与其位置相适应的对象捕捉模式就会显示出来。对象不同,位置不同,显示的模式就不同,通过标记和提示可以很容易地区分是哪种模式。

运行对象捕捉模式的设置方法:

从命令行输入"Osnap"命令或选择下拉菜单"工具"→"草图设置",也可鼠标右键单击状态栏的"对象捕捉"按钮,从弹出的右键菜单选中"对象捕捉设置",都可打开"草图设置"对话框。选择其中的"对象捕捉"选项卡,如图 2.33 所示。在对话框中选择所需的对象捕捉模式,再选中"启用对象捕捉"复选框,然后单击"确定"按钮,即打开了"运行对象捕捉模式"。

2.4.2 使用自动对象捕捉

在以上捕捉方式中,都是明确知道点就在对象的几何特征点上。当需要知道确定的点位与一个已存在点位的相互关系时,就要采用自动捕捉方式。

自动捕捉是一种特殊的对象捕捉方式,它需要一个临时的参照点,而这个参照点通常用某种捕捉模式来决定,然后需要输入这个参照点的相对坐标,这样才能定出最后的位置,如图 2.36 所示。

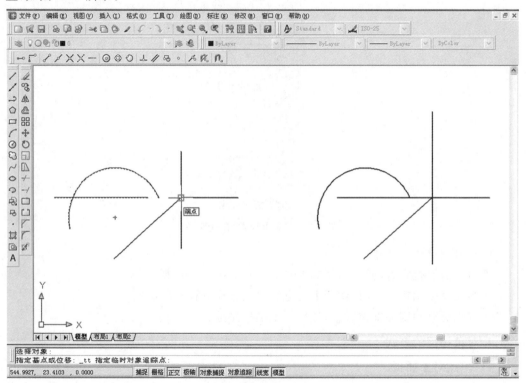

图 2.36　自动捕捉

第 3 章　二维图形编辑

❖ 学习目标

(1)掌握 AutoCAD 2018 中常用编辑命令和高级编辑命令的基本操作。

(2)结合第 2 章的图形绘制方法及建筑专业绘图知识,掌握选择恰当的编辑命令来提高图形绘制效率的技巧。

(3)了解编辑命令中的相互替代使用情况。

❖ 本章重点

复制、镜像、阵列、移动、旋转、比例缩放、修剪、延伸、倒角、圆角、偏移、分解等基本编辑命令的使用;多段线的编辑和图形属性的编辑修改。

❖ 本章难点

阵列、修剪、延伸、打断、拉长图形和编辑多段线、属性编辑修改、特性匹配命令的使用与操作。

图形编辑是对已有图形进行的删除、复制、移动等操作。灵活运用各种图形编辑方法,可以简化作图过程,减少重复操作,显著提高绘图效率。

3.1　对象的选取

在编辑对象时,需先选中待编辑的图形对象,被选中对象的边界轮廓将呈虚线显示。

AutoCAD 提供两种编辑方法:一种方法是先启动命令,然后选择要编辑的对象;另一种方法是先选择对象,然后执行编辑命令。其中前一种方法较常用。

当某一编辑命令启动后,命令行一般会提示"选择对象:",表示要求用户选取操作的图形对象。此时十字光标变成了一个小方框(称为拾取框),可以采用以下几种方法进行选择。

3.1.1　直接点选法

利用鼠标将拾取框移放到待选的对象上,点击左键即可选择对象。这种方式每次只能选择一个对象,当待选对象较多时,使用不太方便。

3.1.2　窗口选择法

当要选择一定范围内的多个对象时,可先把拾取框移至视图空白处,点击左键并从左往右移动,这样会拉出一实线的矩形框,当要选择的对象均在矩形框内时,再次点击左键,则完全落在矩形框内的对象将被选择,如图 3.1 所示。

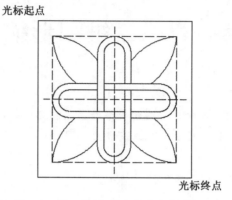

图 3.1　窗口选择(从左往右定义窗口)

3.1.3　交叉窗选法

交叉窗选法类似于窗口选择法,也是用窗口来选择对象,所不同的是交叉窗选法从右向左移动光标拉出矩形窗口,如图 3.2 所示,此时矩形窗口边框显示为虚线(此窗口称为交叉窗口)。这时不仅包含在窗口内部的对象被选中,而且与窗口边界相交的对象也被选中。

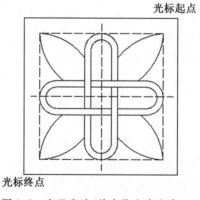

图 3.2　交叉窗选(从右往左定义窗口)

3.1.4　其他选择方法

除了以上 3 种常用的选取方法以外,我们也可以在命令行输入相应的参数来选取对象。下面将这些参数介绍如下:

(1)All:输入"All"后按"Enter",自动选择图中所有对象。

(2)Last:输入"L"后按"Enter",自动选择最后生成的对象。

(3)Wpolygon:输入"Wp"后按"Enter",进入圈围方式。通过多次点击左键圈出一多边形,则落在多边形内的所有对象被选择。

(4)Cpolygon:输入"Cp"后按"Enter",进入圈交方式。通过多次点击左键圈出一多边形,则落在多边形内及与多边形相交的所有对象将被选择。

(5)Fence:输入"F"后按"Enter",进入栏选方式,通过多次点击左键拉出一折线,则与折线相交的所有对象将被选择。

(6)Remove:输入"R"后按"Enter",进入栏选方式,提示变为"撤除对象:",再选择的对象就会从选择集中移出。此功能常用来在利用窗口或交叉方式选取的对象中排除多选的对象。

(7)Previous:输入"P"后按"Enter",选择上一次生成的选择集。

(8)Undo:输入"U"后按"Enter",放弃最近的一次选择操作。

3.2　常用编辑命令

3.2.1　复制

图形中的对象,不论其复杂程度如何,只要绘制完成一个后,便可以通过复制命令生成其他相同的对象。

(1)功能。

复制一个或多个选定的对象。

(2)命令调用方式。

①按钮:"修改"工具栏中的 。

②菜单:"修改"→"复制"。

③命令:Copy(简写:Co 或 Cp)。

(3)操作。

通过以上任一方式调用命令后,命令行提示:

选择对象:

利用各种选择方法选定需复制的对象后,单击鼠标右键或按回车键结束对象选择。命令行接着提示:

指定基点或位移,或者[重复(M)]:

把光标移至适当位置,单击鼠标左键指定基点,命令行接着提示:

指定位移的第二点或〈用第一点作位移〉:

在适当位置单击鼠标左键指定一点,这样 AutoCAD 将以基点和位移的第 2 点为参照复制图形对象,如图 3.3 所示。

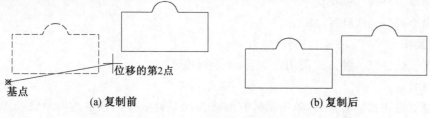

(a) 复制前　　　　　　　　　　　　　　　(b) 复制后

图 3.3　复制单个对象

　　如果在指定基点前先选择选项"M",则将进行多重复制,这样可以一次复制多个相同的图形,如图 3.4 所示。

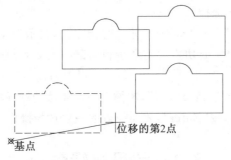

图 3.4　复制多个对象

3.2.2　复制到剪贴板

　　可以使用 Windows 剪贴板在一个图形文件与另一个图形文件之间、图纸空间与模型空间之间、AutoCAD 程序与其他程序之间复制对象。

　　要将对象复制到剪贴板上,可以按下列步骤进行:

　　(1)选择"编辑"→"复制"。

　　使用以下任一种方法,选择要复制的对象。

　　①单击标准工具栏的 按钮。

　　②在命令行输入"CopyClip"命令,并按回车键。

　　③按快捷键"Ctrl+C"。

　　(2)调用。

　　使用上述方法将图形对象复制到剪贴板后,就可以在别的程序中调用了。如果需要在 AutoCAD 中从剪贴板粘贴对象,则单击标准工具栏上的 按钮即可。

3.2.3　镜像

　　对于需要对称的图形,可以只绘制一半,然后采用镜像命令产生与其对称的另一半。

　　(1)功能。

　　生成一图形的对称图形。

　　(2)命令调用方式。

　　①按钮:修改工具栏中的 。

　　②菜单:"修改"→"镜像"。

　　③命令:Mirror(简写:Mi)。

　　(3)操作。

　　选择上述任意一种方式调用命令后,命令行提示:

　　选择对象:

　　选择好需镜像的对象后,单击鼠标右键或按回车键或按空格键结束对象选择。命令行接着提示:

指定镜像线的第一点：

单击鼠标左键指定镜像对称线的第 1 点，命令行接着提示：

指定镜像线的第二点：

单击鼠标左键指定镜像对称线的第 2 点，命令行接着提示：

是否删除源对象？［是(Y)/否(N)]〈N〉：

选择选项"Y"，则镜像后删除源对象；选择选项"N"，则镜像后保留源对象，如图 3.5
所示。

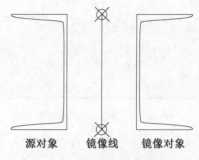

源对象　　　　镜像线　　　镜像对象

图 3.5　镜像图形对象

3.2.4　阵列

对于呈矩形或环形均匀分布的相同图形，可以通过阵列命令快速产生。

(1)功能。

生成按矩形或环形规则分布的相同图形。

(2)命令调用方式。

①按钮：修改工具栏中的 ⊞。

②菜单："修改"→"阵列"。

③命令：Array(简写：Ar)。

(3)操作。

阵列分为矩形阵列和环形阵列两种。

①矩形阵列。

在创建矩形阵列时，可以指定行、列的数量、间距以及图形是否旋转，具体操作步骤
如下：

a.选择上述任意一种方式调用命令后，将弹出"阵列"对话框，选择"矩形阵列"选项，
如图 3.6 所示。

b.指定阵列的行数、列数，以及行、列的偏移值和阵列角度。

c.单击对话框中的 ▨ 按钮，选择阵列的对象。

d.单击"确定"按钮，结束命令。

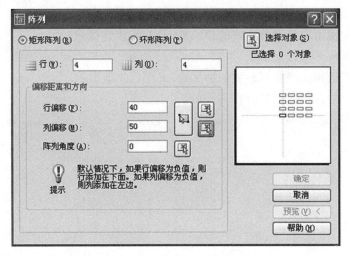

图 3.6 "矩形阵列"对话框

图 3.7 所示为一矩形阵列效果。设置参数：行偏移＝40，列偏移＝50，阵列角度＝0。

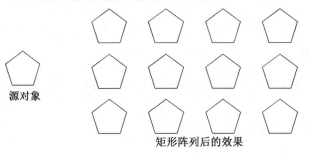

图 3.7 矩形阵列

②环形阵列。

环形阵列的具体操作步骤如下：

a.调用阵列命令后，弹出"阵列"对话框，选择"环形阵列"选项，如图 3.8 所示。

b.单击对话框右上角的![按钮图标]按钮，选择阵列的对象。

c.指定阵列中心点的位置，以及"项目总数""填充角度"和"项目间角度"3 项中的任意两项。

d.单击"确定"按钮，结束命令。

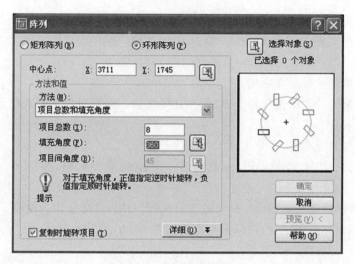

图 3.8　"环形阵列"对话框

图 3.9 所示为一环形阵列效果。设置参数：项目总数＝8，填充角度＝360，选中"复制时旋转项目"选项。

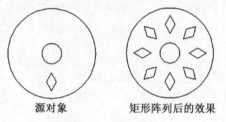

源对象　　　　　　　矩形阵列后的效果

图 3.9　环形阵列

3.2.5　偏移

(1)功能。

创建一个与选择对象形状相同，但有一定偏距的新对象。

(2)命令调用方式。

①按钮："修改"工具栏中的 。

②菜单："修改"→"偏移"。

③命令：Offset(简写：O)。

(3)操作。

选择上述任意一种方式调用命令后，命令行提示：

指定偏移距离或[通过(T)]〈当前值〉：

这时若在命令行输入偏移距离值后按回车键，则进行定距偏移；若输入"T"后按回车键，则进行定点偏移。

①定距偏移。

若在命令行输入偏移命令和距离值，将进行定距偏移。按回车键后，命令行接着提示：

选择要偏移的对象或〈退出〉：

把拾取框移至要偏移的对象上，单击鼠标左键，选择要偏移的对象。命令行接着提示：

指定点以确定偏移所在一侧：

在所选对象的一侧单击鼠标左键，则在此侧生成一距源对象为指定距离的相同线条。命令行接着提示：

选择要偏移的对象或〈退出〉：

通过重复执行以上步骤，可以复制出多个等距的偏移对象，按"Enter"键则结束此命令。

图3.10所示就是利用图3.10(a)的图形执行"Offset"命令向内偏移，得到一个偏移图形，然后利用偏移图形继续偏移，最终得到图3.10(b)的效果。

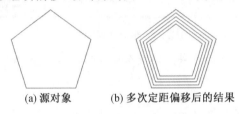

(a) 源对象　　　　(b) 多次定距偏移后的结果

图3.10　定距偏移图形对象

②定点偏移。

定点偏移是生成一通过指定点的源对象的副本。

调用"Offset"命令后，若在命令行输入"T"后铵回车键，则进行定点偏移。命令行接着提示：

选择要偏移的对象或〈退出〉：

把拾取框移至要偏移的对象上，单击鼠标左键，选择要偏移的对象（如图3.11中的椭圆1）。命令行接着提示：

指定通过点：

把光标移至合适位置后，单击鼠标左键，指定一点，则通过该点将生成一源对象的副本（如图3.11(b)中的指定一点P_1，则可得到椭圆2）。命令行接着提示：

指定通过点：

通过重复执行以上步骤，可以复制出多个通过指定点的偏移对象（如图3.11(b)中指定一点P_2，则可得到椭圆3）。按"Enter"键，则结束此命令。

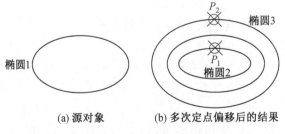

椭圆1　　　　　　　　　椭圆3

　　　　　　　　　　P_2

　　　　　　　　　　P_1

　　　　　　　　　　椭圆2

(a) 源对象　　　　(b) 多次定点偏移后的结果

图3.11　定点偏移

3.2.6　移动

(1)功能。

把一个或一组对象从一个位置移动到另一个位置。

(2)命令调用方式。

①按钮:"修改"工具栏中的 ✛ 。

②菜单:"修改"→"移动"。

③命令:Move(简写:M)。

(3)操作。

选择上述任意一种方式调用命令后,命令行提示:

选择对象:

选择好待移动的对象后,按回车键,结束对象选择。命令行接着提示:

指定基点或位移:

单击鼠标左键指定一点作为移动的基点。命令行接着提示:

指定位移的第二点或〈用第一点作位移〉:

单击鼠标左键指定另一点作为移动的第 2 点,被选图形将从原位置移到新位置(图 3.12),命令结束。

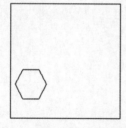 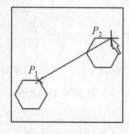 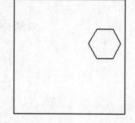

图 3.12　移动对象

在 AutoCAD 中,除了使用"Move"命令移动对象外,还可以利用 AutoCAD 的夹持功能实现对象的移动。具体操作方法是:先选中对象,把光标移到对象上后按住鼠标左键或右键不放,然后把对象移动到另一个位置。用鼠标右键拖动时,在屏幕上自动弹出一个如图 3.13 所示的右键菜单,从菜单中选择"移动到此处"选项,即把所选对象移动到当前位置。

移动到此处 (M)
复制到此处 (C)
粘贴为块 (P)
取消 (A)

图 3.13　右键移动菜单

3.2.7　旋转

(1)功能。

将某一对象旋转一定角度或参照一对象进行旋转。

（2）命令调用方式。

①按钮："修改"工具栏中的 ↻ 。

②菜单："修改"→"旋转"。

③命令：Rotate（简写：Ro）。

（3）操作。

①定角旋转。

当要把对象旋转一已知角度时，操作步骤如下（图 3.14）：

选择上述任意一种方式调用命令后，命令行提示：

选择对象：

选择好待旋转的对象（图 3.14（a）），按回车键或单击鼠标右键结束选择。命令行接着提示：

指定基点：

在图中捕捉点 P_1，该点就是对象的旋转点。命令行接着提示：

指定旋转角度或［参照（R）］：

在命令行输入"30"，按回车键或单击鼠标右键，则对象将绕基点 P_1 逆时针旋转 $30°$ （图 3.14（b））。

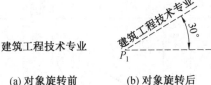

(a) 对象旋转前   (b) 对象旋转后

图 3.14　把图形旋转指定角度

②参照旋转。

当对象旋转后的方向是以某线段或某两点来确定时，可选择选项"R"，进行参照旋转。如图 3.15 所示，通过旋转，使文字底边由水平位置 AB 旋转到线段 AC 的位置。

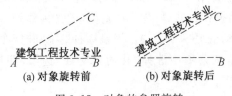

(a) 对象旋转前   (b) 对象旋转后

图 3.15　对象的参照旋转

调用"Rotate"命令后，命令行提示：

选择对象：

选择好待旋转的对象，按回车键结束选择。命令行接着提示：

指定基点：

在图中捕捉点 A，该点就是对象的旋转点。命令行接着提示：

指定旋转角度或［参照（R）］：

在命令行输入"R"后按回车键。命令行接着提示：

指定参考角〈0〉：

这时捕捉基点 A，按回车键。命令行接着提示：

指定第二点：

捕捉基准边 AB 的另一端点 B，按回车键。命令行接着提示：

指定新角度：

捕捉参考边线段 AC 的一端点 C，则文字旋转至底边位于 AC 线段上，如图3.15(b)所示。

3.2.8　比例缩放

(1)功能。

使图形对象按指定比例进行放大或缩小。

(2)命令调用方式。

①按钮："修改"工具栏中的 。

②菜单："修改"→"缩放"。

③命令：Scale(简写：Sc)。

(3)操作。

缩放时可以指定一定的比例，也可以参照绝对长度对对象进行缩放。

①定比缩放。

当已知对象要缩放的比例值时，操作步骤如下：

选择上述任意一种方式调用"Scale"命令后，命令行提示：

选择对象：

选好要进行缩放的图形，按回车键，结束选择。命令行接着提示：

指定基点：

捕捉点 A，按回车键，指定点 A 为对象缩放的基点。命令行接着提示：

指定比例因子或[参照(R)]：

在指定行输入需要缩放的倍数，按回车键。效果如图 3.16 所示。

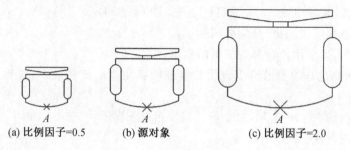

　　(a) 比例因子=0.5　　　(b) 源对象　　　　　　(c) 比例因子=2.0

图 3.16　比例因子缩放

②参照缩放。

若要参照一绝对长度对对象进行缩放，可按以下步骤进行：

前两步同定比缩放。当命令行提示：

指定比例因子或[参照(R)]：

在命令行输入"R",按回车键。命令行接着提示：

参照长度〈1〉：

捕捉图 3.17(a)中的 A、B 两点，这两点间的距离就是参照长度。（注意：若知道 A、B 两点间的实际距离，则可以直接在命令行输入此数值作为参照长度。）

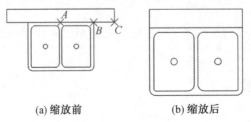

(a) 缩放前　　　　　　　　　(b) 缩放后

图 3.17　参照缩放

命令行接着提示：

新长度：

捕捉图 3.17(a)中的点 C，则 A、C 两点间的距离就是新长度即 AB 边要缩放到的绝对长度（图 3.17(b)）。

注意：也可以直接在命令行输入 A、C 两点的距离值作为绝对长度。

3.2.9　拉长

(1)功能。

修改线段的长度或圆弧的包含角。

(2)命令调用方式。

①按钮："修改"工具栏中的 ⚐ 。

②菜单："修改"→"拉长"。

③命令：Lengthen(简写：Len)。

(3)操作。

选择上述任意一种方式调用"Lengthen"命令后，命令行提示：

选择对象或[增量(De)/百分数(P)/全部(T)/动态(Dy)]：

共有 5 个选项可供选择，分别介绍如下：

①选择对象：要求用户选择被编辑的对象。

②增量(De)：此选项要求给出直线长度或圆弧角度的变化量，对编辑对象进行加长或缩短处理。

若在命令行输入"De"选项，命令行接着发出以下提示：

输入长度增量或[角度(A)]〈缺省〉：

输入增量值后按回车键（增量为正值表示增长，增量为负值表示缩短），命令结束，如图 3.18(a)所示。

③百分数(P)：此选项对选择对象按百分数进行长度、弧长伸缩。

若在命令行输入"P"选项，命令行接着发出以下提示：

输入长度百分数〈缺省〉：

输入一数值后按回车键。命令行接着提示：

选择要修改的对象或[放弃(U)]：

选择要修改的对象，则直线在选择一端发生增长或缩短，如图 3.18(b)所示。

④全部(T)：此选项要求给出对象修改后的直线长度或圆弧角度，根据这一数值对对象进行伸缩处理。

若在命令行输入"T"选项，命令行接着发出以下提示：

指定总长度或[角度(A)]〈缺省〉：

输入数值后按回车键，命令行接着下提示：

选择要修改的对象或[放弃(U)]：

选择要修改的对象，则直线伸缩到此数值长度，如图 3.18(c)所示。

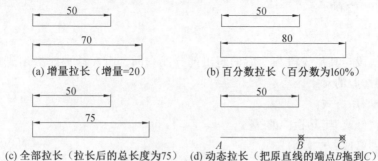

(a) 增量拉长（增量=20）　　　(b) 百分数拉长（百分数为160%）

(c) 全部拉长（拉长后的总长度为75）　(d) 动态拉长（把原直线的端点B拖到C）

图 3.18　直线的拉长

⑤动态(Dy)：此选项用来动态拖动所选对象的长度。

若在命令行输入"Dy"选项，命令行接着发出以下提示：

选择要修改的对象或[放弃(U)]：

选择要修改的对象后，按回车键，命令行接着提示：

指定新端点：

这时用鼠标指定一点。如图 3.18(d)所示，将端点 B 拖动到 C 处，单击鼠标左键，则线段 AB 拉长为 AC。

3.2.10　延伸

(1)功能。

把线段延伸到指定的边界。延伸对象时必须先指定边界，再指定要延伸的对象。

(2)命令调用方式。

①按钮："修改"工具栏中的 。

②菜单："修改"→"延伸"。

③命令：Extend(简写：Ex)。

(3)操作。

选择上述任意一种方式调用"Extend"命令后，命令行提示：

选择对象：

选择作为延伸边界的对象后按回车键，结束边界对象选择。命令行接着提示：

选择要延伸的对象或［投影（P）/边（E）/放弃（U）］：

选择要延伸的对象,则线段延伸到与边界对象相交,单击鼠标右键或按回车键结束命令,如图 3.19 所示。

(a) 延伸前　　　　　　　　　　(b) 延伸后

图 3.19　延伸

注意:在执行延伸命令时,一次可以选择多条边界对象,也可以选择多条线段进行延伸。

3.2.11　修剪

(1)功能。

剪切掉线段与其他线段相交后的超出部分或中间部分。修剪时必须先选择修剪边界,再确定要修剪的对象。

(2)命令调用方式。

①按钮:"修改"工具栏中的 。

②菜单:"修改"→"修剪"。

③命令:Trim(简写:Tr)。

(3)操作。

选择上述任意一种方式调用"Trim"命令后,命令行提示:

选择对象:

选择作为修剪边界的对象后,单击鼠标右键或按回车键,结束边界对象选择。命令行接着提示:

选择要修剪的对象或［投影（P）/边（E）/放弃（U）］:

选择要修剪的对象(可多次选取),则位于拾取端线段被修剪掉;单击鼠标右键或按回车键结束命令,结果如图 3.20 所示。

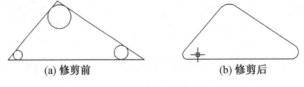

(a) 修剪前　　　　　　　　　　(b) 修剪后

图 3.20　修剪

3.2.12　倒角

倒角用于连续两个非平行的对象,通过延伸或修剪使它们相交或用斜线连接。可以为直线、多段线、参照线和射线加倒角。

(1)功能。

给对象的边加倒角。

(2)命令调用方式。

①按钮:"修改"工具栏中的 ![按钮] 。

②菜单:"修改"→"倒角"。

③命令:Chamfer(简写:Cha)。

(3)操作。

选择上述任意一种方式调用"Chamfer"命令后,命令行提示:

选择第一条直线或[多段线(P)/距离(D)/角度(A)/修剪(T)/方法(M)]:

共有 6 个选项可供选择,分别介绍如下:

①选择第 1 条直线:缺省选项,当给出所有倒角参数信息后,此选项要求选择倒角对象。

②距离(D):用来确定两个倒角端点距两倒角边交点的距离(图 3.21)。

③角度(A):此选项给出第一对象的剪切长度及第一对象与倒角线的夹角(图 3.22)。

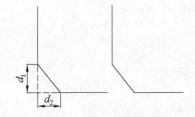

图 3.21　指定两个距离的倒角方式　　　图 3.22　指定一个距离和一个角度的倒角方式

d_1—第一个倒角距离;　　　　　　　　d_1—第一条直线的倒角长度;

d_2—第二个倒角距离　　　　　　　　　a—第一条直线的倒角角度

④修剪(T):设置剪切状态。缺省值为"修剪(T)",表示在倒角时对对象进行剪切,"不修剪(N)"表示在倒角时对象保持原状(图 3.23)。

⑤多段线(P):如果被编辑对象为多段线,那么选择这一选项,将使多段线上所有相交直线段被一次完成倒角操作(图 3.24)。

⑥方法(M):该选项用来设置是以"距离(D)"方式还是以"角度(A)"方式作为缺省倒角方式。

不修剪　　　　修剪　　　　　　　多段线　　　　　　倒角后的多段线

图 3.23　修剪模式的设定　　　　图 3.24　多段线的倒角

3.2.13　圆角

(1)功能。

用已知半径的拟合圆弧光滑连接两条直线、两圆弧、两个圆或任意两者组合。

(2)命令调用方式。

①按钮:"修改"工具栏中的 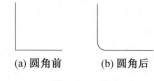 。

②菜单:"修改"→"圆角"。

③命令:Fillet(简写:F)。

(3)操作。

此命令使用方法与"倒角"相同,首先必须给出拟合圆弧半径,然后再执行"圆角"命令。

调用命令后,命令提示:

选择第一个对象或[多段线(P)/半径(R)/修剪(T)]:

输入"R"后,按回车键。命令行接着提示:

指定圆角半径〈缺省〉:

输入圆角半径值后按回车键。命令行接着提示:

选择第一个对象或[多段线(P)/半径(R)/修剪(T)]:

用拾取框选择第1个圆角对象后,命令行接着提示:

选择第二个对象:

选择第2个圆角对象后,命令结束,结果如图3.25(b)所示。

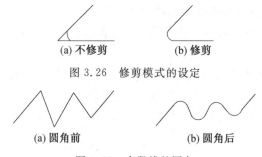

(a) 圆角前   (b) 圆角后

图 3.25   圆角

命令中"多段线(P)""修剪(T)"选项与"倒角"命令中的相同选项功能相同,如图3.26、3.27所示。

(a) 不修剪   (b) 修剪

图 3.26   修剪模式的设定

(a) 圆角前   (b) 圆角后

图 3.27   多段线的圆角

3.2.14   分解对象

(1)功能。

将一个组合对象分解成几个基本对象。

(2)命令调用方式。

①按钮:"修改"工具栏中的 。

②菜单:"修改"→"分解"。

③命令:Explore(简写:X)。

(3)操作。

矩形、多边形、圆环、多段线、多线、块、尺寸标注、填充图案等图形对象均为一个整体的组合对象,一般不能直接对其各组成部分进行单独编辑。这时应先使用"Explore"命令将组合对象分解,使之变成多个单独的对象,这样就可以采用普通的编辑命令对它们进行编辑修改了。操作步骤如下:

调用命令后,命令行提示:

选择对象:

单击待分解的组合对象后按回车键,结束命令。如图 3.28 所示。

(a) 源对象   (b) 分解前   (c) 分解后

图 3.28 矩形的分解

3.3 高级编辑命令

3.3.1 打断

(1)功能。

删除线、圆、弧或多段线的一部分。

(2)命令调用方式。

①按钮:"修改"工具栏中的 。

②菜单:"修改"→"打断"。

③命令:Break(简写:Br)。

(3)操作。

选择上述任意一种方式调用"Break"命令后,命令行提示:

选择对象:

这时把拾取框移动到需打断对象的适当位置上,单击鼠标左键拾取对象,此时拾取点即为对象上的第 1 个打断点 P_1(图 3.29(a))。命令行接着提示:

指定第二个打断点或[第一点(F)]:

指定第 2 个打断点 P_2,则 P_1、P_2 两点之间的线段被剪掉(图 3.29)。

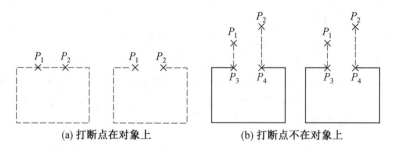

(a) 打断点在对象上   (b) 打断点不在对象上

图 3.29　打断

3.3.2　打断点

(1)功能。

从打断点处将对象分成两段。

(2)命令调用方式。

①按钮:"修改"工具栏中的▢。

②命令:Break(简写:Br)。

(3)操作。

①图标法。

点击▢图标,调用命令后,命令行提示:

选择对象:

移动拾取框至待断开对象上的适当位置(点 P_1)后,单击鼠标左键,则对象从拾取点处一分为二,如图 3.30 所示。

②命令法。

在命令行输入:"Break(或 Br)"后,按回车键,命令行提示:

选择对象:

这时移动拾取框至对象的适当位置后,单击鼠标左键,命令行接着提示:

指定第二个打断点或[第一点(F)]:

这时在命令行输入"@",按回车键,表示打断的第 1 点与第 2 点重合,对象从拾取点处一分为二。如图 3.30 所示。

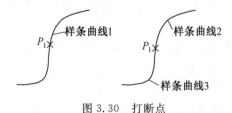

图 3.30　打断点

3.3.3　拉伸

拉伸是调整图形大小、位置的一种十分灵活的工具。

(1)功能。

拉长或缩短对象的一端。

(2)命令调用方式。

①按钮:"修改"工具栏中的 。

②菜单:"修改"→"拉伸"。

③命令:Stretch。

(3)操作。

选择上述任意一种方式调用"Stretch"命令后,命令行提示:

以交叉窗口或交叉多边形选择要拉伸的对象:

以交叉窗口或交叉多边形方式选择要拉伸的对象,如图 3.31(a)所示。命令行接着提示:

指定基点或位移:

移动鼠标至适当位置后,单击鼠标左键指定基点。命令行接着提示:

指定位移的第二点:

移动鼠标至适当位置后,单击左键指定第 2 点,拉伸结束,结果如图 3.31(b)所示。

注意:只有以交叉窗口或交叉多边形方式选择的对象才能进行拉伸。

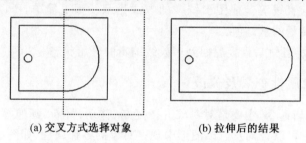

(a) 交叉方式选择对象　　　　　　(b) 拉伸后的结果

图 3.31　拉伸

3.3.4　多段线编辑

(1)功能。

对多段线进行修改、编辑。

(2)命令调用方式。

①按钮:"修改"工具栏中的 。

②菜单:"修改"→"对象"→"多段线"。

③命令:Pedit(简写:Pe)。

(3)操作。

多段线是一种复合对象,可以采用多段线专用编辑命令来编辑。编辑多段线,可以修改其宽度、进行开口或封闭、增减顶点数、样条化、直线化和拉直等。具体操作如下:

选择上述任意一种方式调用"Pedit"命令后,命令行提示:

选择多段线或[多条(M)]:

选择要编辑的多段线,这时如果选择了非多段线,该线条可以转换成多段线。命令行接着提示:

输入选项[闭合(C)/合并(J)/宽度(W)/编辑顶点(E)/拟合(F)/样条曲线(S)/非曲线化(D)/线形生成(L)/放弃(U)]:

各选项的意义如下:

①闭合(C):自动连接多段线的起点和终点,创建闭合的多段线。

如果该多段线本身是闭合的,则提示为"打开(O)"。如选择"打开(O)",则将多段线的起点和终点间的线条删除,形成不封口的多段线。

②合并(J):将与多段线端点精确相连的其他直线、圆弧、多段线合并成一条多段线。

③宽度(W):设置该多段线的整体宽度。对于其中某一线段的宽度,可以通过"编辑顶点(E)"来修改。

④编辑顶点(E):对多段线的各个顶点进行单独的编辑。

⑤拟合(F):创建一条平滑曲线,它由连接各相邻顶点的弧线段组成。

⑥样条曲线(S):产生通过多段线首末顶点,且其形状和走向由多段线其余顶点控制的样条曲线。

⑦非曲线化(D):取消拟合或样条曲线,回到直线状态。

⑧线形生成(L):CAD默认禁用线形生成,启用线形生成会增加计算量和显示的数据,显然多段线按与直线等其他图形统一的方式显示线型更简单,所以如果没有特殊需要,无须调整这个变量的默认值。

⑨放弃(U):放弃操作,直接返回到多段线编辑的开始状态。

3.3.5　对象属性查看及修改

前面介绍的编辑命令,主要是对对象进行复制、移动、打断、延伸等处理,但下面介绍的"Properties"命令可以查询及修改图形中现存对象的各种属性(如图层、颜色、线形等)。

(1)功能。

查看及修改对象属性。

(2)命令调用方式。

①按钮:标准工具栏中的 。

②菜单:"修改"→"特性"。

③命令:Properties(别名:Ddmodify、Ddchprop、Mo、Props、Ch)。

(3)操作。

选择上述任意一种方式调用"Properties"命令后,将弹出"特性"对话框,如图3.32所示。

"特性"对话框打开后,用户仍然可以执行其他命令,即"Properties"命令为无模态命令。如果在绘图区域中选择对象,"特性"对话框中将显示此对象的各类特性。如果选择了多个对象,"特性"对话框中将显示它们的共有特性。在"特性"对话框中,对象特性按字母顺序或分类进行显示,这与选定的选项卡有关。如果使用"特性"对话框修改特性,则需要先在绘图区选择要修改特性的对象,然后使用以下几种方法之一修改特性:

①输入一个新值。

②从列表中选择一个值。

③修改某个对话框中的特性值。

④使用"拾取点"按钮修改坐标值。

示例：文本属性的查看和修改。

选择一需要修改的文本。

单击标准工具栏中的 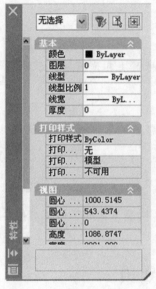 按钮，打开"特性"对话框，如图 3.33 所示。

选择"特性"列表中的"高度"项，修改其数值后就可改变所选文本的高度。

图 3.32　"特性"对话框　　　　　　　　图 3.33　文本特性

第 4 章　投影基本原理

❖ **学习目标**

(1)了解投影的基本知识。

(2)了解三面投影体系的建立。

(3)掌握点、直线、平面的投影特性及应用投影特性解决具体问题的方法。

❖ **本章重点**

平行投影的特性,点、直线、平面的投影特性,重影点的求取及标注,两直线平行、相交、交叉的判定方法。

❖ **本章难点**

两点相对位置的判定、两直线相对位置的判定、直线与平面相交的交点的求取。

4.1　投影基本知识

4.1.1　投影法简介

1.投影的形成和分类

在工程图样中,通常用投影来表示几何形体。为了表达空间形体和解决空间几何问题,经常要借助示意图,而投影原理则为图示空间形体和图解空间几何问题提供了理论和方法。

日常生活中,我们经常看到投影现象。在灯光或阳光照射下,物体会在地面或墙面上投下影子,如图 4.1(a)所示。影子与物体本身的形状有一定的几何关系,在某种程度上能够显示物体的形状和大小。人们对影子这种自然现象加以科学的抽象,得出了投影法。如图 4.1(b) 所示,把光源抽象成一点 S,称作投影中心;投影中心与物体上各点的连线(如 SA、SB、SC 等)称为投影线;接受投影的面 P 称为投影面;过物体上各顶点(A、B、C)的投影线与投影面的交点(a、b、c)称为这些点的投影。这种对物体进行投影,在投影面上产生图像的方法称为投影法。工程上常用各种投影法来绘制图样。

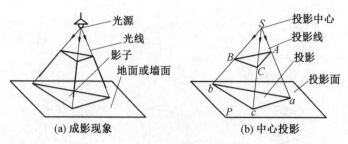

图 4.1　投影的形成

2.投影法的分类

根据投影中心与投影面之间的距离,投影法可分为中心投影法和平行投影法两大类,平行投影又分为正投影和斜投影。工程图样中应用得最广泛的是正投影。

(1)中心投影。

当投影中心距离投影面有限远时,所有投影线都交于投影中心一点,如图 4.1(b)所示,这种投影法称为中心投影法。

(2)平行投影。

当投影中心距离投影面无限远时,所有投影线都互相平行,这种投影法称为平行投影法。根据投影线与投影面夹角的不同,平行投影可进一步分为斜投影和正投影。在平行投影法中,当投射方向垂直于投影面时,称为正投影法,得到的投影称为正投影(图 4.2(b));当投射方向倾斜于投影面时(图 4.2(a)),称为斜投影法,得到的投影称为斜投影。本书主要讲述正投影,简称为投影。

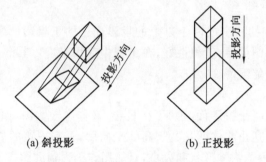

图 4.2　平行投影

4.1.2　平行投影的基本性质

1.实形性

当线段或平面图形平行于投影面时,其投影反映实长或实形,如图 4.3(a)(d)所示。

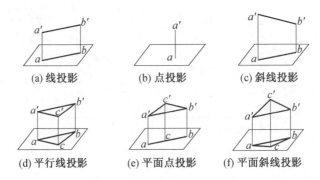

图 4.3　平行投影的基本特性

2.积聚性

当线段或平面垂直于投影面时,其投影积聚为一点或一直线,如图 4.3(b)(e)所示。

3.类似性

当线段倾斜于投影面时,其投影为比实长短的直线,如图 4.3(c)所示;当平面图形倾斜于投影面时,其投影为原图形的类似图形,如图 4.3(f)所示。

4.1.3　土建工程中常用的投影图

用图样表达建筑形体时,由于被表达对象的特性和表达的目的不同,可采用不同的图示法。土木建筑工程中常用的投影图为多面正投影图、轴测投影图、透视投影图和标高投影图。

(1)多面正投影图。

由物体在互相垂直的两个或两个以上的投影面上的正投影所组成,如图 4.4(a)所示。这种图的优点是作图简便,度量性好,在工程中应用最广。其缺点是缺乏立体感,需经过一定时间的训练才能看懂。

(2)轴测投影图。

轴测投影是物体在一个投影面上的平行投影,又称为轴测图,如图 4.4(b)所示。这种图的特点是能同时表达出物体的长、宽、高 3 个向度,具有一定的立体感。其缺点是作图较麻烦,不能准确地表达物体形状和大小,只能用作工程辅助图样。

(3)透视投影图。

透视投影是物体在一个投影面上的中心投影,又称为透视图,如图 4.4(c)所示。其优点是形象逼真,直观性强,常用作建筑设计方案的比较、展览。其缺点是作图费时,建筑物的确切形状和大小不能在图中量取。

(4)标高投影图。

标高投影图是一种带有数字标志的单面正投影图,在土建工程中常用来绘制地形图、建筑总平面图和道路、水利工程等方面的平面布置的图样。它用正投影反映形体的长度和宽度,其高度用数字标志,如图 4.4(d)(e)所示。

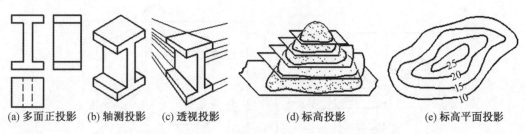

(a) 多面正投影　(b) 轴测投影　(c) 透视投影　　　　(d) 标高投影　　　　　　(e) 标高平面投影

图 4.4　工程上常用的投影方法

4.1.4　投影面体系的建立

1. 三面投影图的形成

任何立体都具有长、宽、高 3 个向度,怎样在一张平面的图纸上表达具有长、宽、高的形体的真实形状与大小,又怎样从一幅投影图想象出物体的立体形状,这是学习制图首先要解决的问题。

投影图是通过把物体向投影面投影得到的。当物体与投影面的相对位置确定以后,其唯一正投影即确定。但仅有物体的一个投影不能反映物体的形状和大小。如图 4.5 所示,在同一投影面上(V 面)几种不同形状物体的投影可以是相同形状的矩形。因此,工程上常采用物体在两个或 3 个互相垂直的投影面上的投影来表达物体。

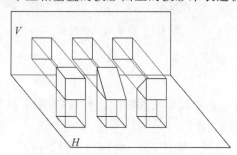

图 4.5　物体的两面投影

如图 4.6(a)所示,3 个互相垂直的投影面分别为:水平面 H,正立面 V,侧立面 W,物体在这 3 个面上的投影分别称为水平投影、正面投影及侧面投影。投影面之间的交线称为投影轴:H、V 面交线为 X 轴;H、W 面交线为 Y 轴;V、W 面交线为 Z 轴。3 个投影轴交于一点 O,称为原点。

作物体的投影时,把物体放在 3 个投影面之间,并尽可能使物体的表面平行于相应的投影面,以使它们的投影反映表面的实形。

为了能够把 3 个投影画在一张图纸上,需把 3 个投影面展开成 1 个平面。展开方法如图 4.6(b)所示:V 面保持不动,将 H 面与 W 面沿 Y 轴分开,然后把 H 面连同水平投影绕 X 轴向下旋转 $90°$,W 面连同侧面投影绕 Z 轴向后旋转 $90°$。展开后,3 个投影的位置如图 4.7(a)所示:正面投影在左上方,水平投影在正面投影的正下方,侧面投影在正面投影的正右方。

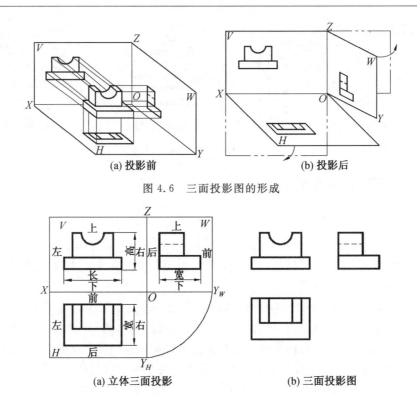

图 4.6　三面投影图的形成

图 4.7　物体的三面投影

2. 三面投影图的基本规律

(1)度量对应关系。

从图 4.7(a)可以看出,正面投影反映物体的长和高;水平投影反映物体的长和宽;侧面投影反映物体的宽和高。

因为 3 个投影表示的是同一物体,而且物体与各投影面的相对位置保持不变,因此无论是整个物体,还是物体的每个部分,它们的各个投影之间具有下列关系:正面投影与水平投影长度对正;正面投影与侧面投影高度对齐;水平投影与侧面投影宽度相等。

上述关系通常简称为"长对正,高平齐,宽相等"的三等规律。

(2)位置对应关系。

投影时,约定观察者面向 V 面,每个视图均能反映物体的两个向度,观察图 4.7(a)可知,正面投影反映物体左右、上下关系;水平投影反映物体左右、前后关系;侧面投影反映物体上下、前后关系。

至此,从图 4.7(a)中我们可以看出 3 个投影的形状、大小、前后均与立体距投影面的位置无关,故立体的投影均不须再画投影轴、投影面,只要遵守"长对正、高平齐、宽相等"的投影规律,即可画出图 4.7(b)所示的三面投影图。

3. 三面投影图的作图步骤

(1)估计各投影图所占范围的大小,在图纸上适当安排 3 个视图的位置,确定各视图基准线。

（2）先画最能反映物体形状特征的投影。

（3）据"长对正，高平齐，宽相等"的投影关系，作出其他两面投影。

【例 4.1】　画出图 4.8(a)所示物体的三面投影图。

【解】　该物体可看成由一块多边形底板、一块三角形支撑板及一块矩形直墙叠加而成，其作图步骤如图 4.8(b)～(d)所示。

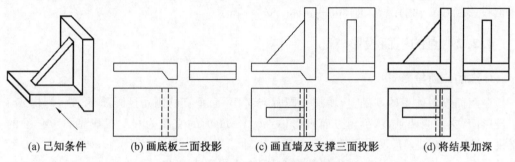

(a) 已知条件　　(b) 画底板三面投影　　(c) 画直墙及支撑三面投影　　(d) 将结果加深

图 4.8　物体三面投影图的画图步骤

4.2　点的投影

任何形体都可看成由点、线、面所组成。在点、线、面 3 种几何元素中，点又是组成形体的最基本的几何元素。所以，要正确表达形体、理解他人的设计思想，点的投影规律是必须掌握的。

4.2.1　点的两面投影

点的一个投影不能确定点的空间位置。如图 4.9 所示，点 a 可以是通过 a 的投影线上任一点（如 A_1、A_2 等）的投影。至少需要点在两个投影面上的投影才能确定点的空间位置。

如图 4.10(a)所示，相互垂直的水平投影面 H 和正立投影面 V 构成两面投影体系，V、H 面的交线称为 OX 投影轴。过点 A 分别作 H、V 面的垂线（即投影线），其垂足 a、a' 即是点 A 的水平投影和正面投影。

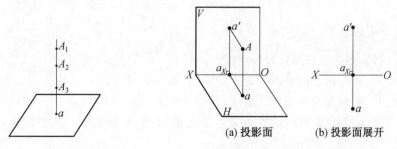

(a) 投影面　　(b) 投影面展开

图 4.9　点的单面投影　　　图 4.10　点的两面投影

在图 4.10(a)中，容易验证：$aa_X \perp OX$、$a'a_X \perp OX$、$Aa = a'a_X$、$Aa' = aa_X$。

为使用方便，需把 H、V 面展开到同一平面上。展开时，V 面（连同 a'）保持不动，将

H 面(连同 a)绕 OX 轴向下旋转 $90°$。此时，H、V 面共面，即得点 A 的两面投影图，如图 4.10(b)所示。其中，aa_X、$a'a_X$ 与 OX 轴的垂直关系不变，故 $aa' \perp OX$ 轴。

综上所述，得到点的两面投影规律如下：

(1)点的 H、V 面投影的连线垂直于 OX 轴，即 $aa' \perp OX$；

(2)点到 H 面的距离等于点的 V 面投影到 OX 轴的距离，点到 V 面的距离等于点的 H 面投影到 OX 轴的距离，即 $Aa = a'a_X,Aa' = aa_X$。

4.2.2　点的三面投影

1. 点的三面投影

在两面投影体系的基础上，增加一同时与 V、W 面垂直的侧立投影面 W，这样，构成 3 个投影面，它们两两垂直，称为三面投影体系。V、H 面的交线为 OX 投影轴，V、W 面的交线为 OZ 投影轴，H、W 面的交线为 OY 投影轴，3 条轴的交点为原点 O，如图 4.11(a)所示。若在三面投影体系中引进坐标的概念，则 3 个投影面就相当于 3 个坐标面，3 条投影轴相当于 3 条坐标轴，原点相当于坐标原点。这样，投影体系中空间点的位置可由其三维坐标决定。

在图 4.11(a)中，过点 A 分别向 V、H、W 面作垂线(即投影线)，得垂足 a'、a、a''，即点的三面投影。为方便使用，应对投影体系进行展开。投影面展开时，仍规定 V 面不动，将 H 面(连同 a)绕 OX 轴向下、W 面(连同 a'')绕 OZ 轴向右展开到与 V 面重合，去掉投影面边框，即得点 A 的三面投影图。其中 OY 轴一分为二，随 H 面向下旋转的 OY 轴用 Y_H 标记，随 W 面向右旋转的 OY 轴用 Y_W 标记。

在图 4.11(b)中，有 $a'a \perp OX$，$a'a'' \perp OZ$，$aa_X = a''a_Z$。

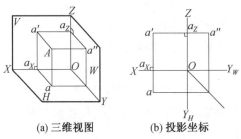

(a) 三维视图　　　　　　(b) 投影坐标

图 4.11　点的三面投影

2. 点的三面投影

综上所述，得到点的三面投影规律如下：

(1)点的 H、V 面投影的连线垂直于 OX 轴，即 $aa' \perp OX$；

(2)点的 V、W 面投影的连线垂直于 OZ 轴，即 $a'a'' \perp OZ$；

(3)点的水平投影到 OX 轴的距离等于点的 W 面投影到 OZ 轴的距离，即 $aa_X = a''a_Z$。

【例 4.2】　已知 $A(15、10、20)$，求 a、a'、a''。

【解】　由于点的 3 个投影与点的坐标关系是：$a(x,y)$、$a'(x,z)$、$a''(y,z)$，因此可作出点的投影。

(1)画出投影轴。

(2)自原点 O 起分别在 X、Y、Z 轴上量取 15、10、20,得 a_X、a_{YH}、a_{YW}、a_Z,如图 4.12(a)所示。

(3)过 a_X、a_{YH}、a_{YW}、a_Z 分别作 X、Y、Z 轴的垂线,它们两两相交,交点即为点 A 的 3 个投影 a、a'、a'',如图 4.12(b)所示。

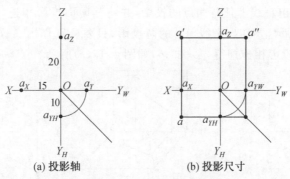

(a) 投影轴　　　　　　　　　(b) 投影尺寸

图 4.12　作点的三面投影

4.2.3　两点的相对位置和重影点

1. 两点的相对位置的判断

空间两点的相对位置可根据两点同面投影的相对位置或比较同面坐标值来判断。X、Y、Z 坐标分别反映了点的左右、前后、上下位置。如图 4.13 中,点 a 在点 b 的左、后、上方。

2. 重影点和可见性

若位于某一投影面的同一条投影线上的两点,在该投影面上的投影重合为一点,这两点称为对该投影面的重影点。图 4.14(a)中,A、B 两点是对 H 面的重影点,它们的 H 面投影 a、b 重合;C、D 两点是对 V 面的重影点,它们的 V 面投影 c'、d' 重合。

重影点的重合投影有上遮下、前遮后、左遮右的关系,在上、前、左的点可见,下、后、右的点不可见。判断重影点的可见与不可见,是通过比较它们不重合的同面投影来判别的,坐标值大的为可见,坐标值小的不可见。图 4.14(b)中,A、B 两点是对 H 面的重影点,由于 $Z_A > Z_B$,因此 a 可见,b 不可见,不可见的投影写成 (b)。

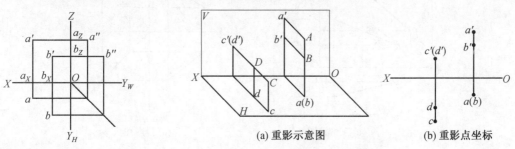

　　　　　　　　　　　　　　　　　(a)重影示意图　　　　(b)重影点坐标

图 4.13　两点的相对位置　　　　　　　　　　　　图 4.14　重影点

4.3 直线的投影

4.3.1 直线的投影

直线的投影一般仍为直线,如图 4.15(a)所示。任何直线均可由该直线上任意两点来确定,因此只要作出直线上任意两点的投影,并将其同面投影相连,即可得到直线的投影。如图 4.15(b)所示,要作出直线 AB 的两投影,只要分别作出 A、B 的同面投影 a'、b'及 a、b,然后将同面投影相连即得 $a'b'$ 和 ab,如图 4.15(c)所示。

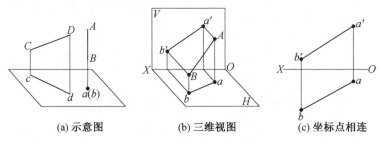

(a) 示意图   (b) 三维视图   (c) 坐标点相连

图 4.15 直线的投影

4.3.2 各种位置直线

在三面投影体系中,根据直线与投影面的相对位置关系,直线可以划分为一般位置直线、投影面平行线和投影面垂直线 3 类,后两种直线又统称为特殊位置直线。以下分别介绍各类直线的投影特点。

1. 一般位置直线

相对 3 个投影面都处于倾斜位置的直线称为一般位置直线。图 4.16(a)中,直线 AB同时倾斜于 H、V、W 3 个投影面,它与 H、V、W 的倾角分别为 α、β、γ。

一般位置直线具有下列投影特点:直线段的各投影均不反映线段的实长,也无积聚性;直线的各投影均倾斜于投影轴,但其与投影轴的夹角均不反映直线与任何投影面的倾角,如图 4.16(b)所示。

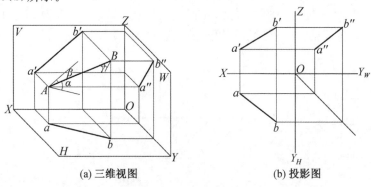

(a) 三维视图   (b) 投影图

图 4.16 一般位置直线

2. 投影面平行线

平行于一个投影面而倾斜于其他两个投影面的直线称为投影面平行线。根据平行的投影面不同,投影面平行线可分为 3 种:只平行于水平投影面 H 的直线称为水平线;只平行于正投影面 V 的直线称为正平线;只平行于侧投影面 W 的直线称为侧平线。虽然各种平行线平行的投影面不同,但它们具有相似的投影性质。

各种平行线的直观图、投影图及投影特性见表 4.1。现以正平线为例分析如下:

(1)由于 AB 上任何点到 V 面的距离相同,即 Y 坐标相等,所以有 $ab /\!/ OX$, $a''b'' /\!/ OZ$。

(2)由于 $\beta=0$,所以 $a'b'=AB$;$a'b'$ 与 X 轴的夹角等于 α,与 Z 轴的夹角等于 γ,即正面投影反映直线段的实长及倾角 α、γ。

表 4.1　投影面平行线

名称	正平线($/\!/V$ 面)	水平线($/\!/H$ 面)	侧平线($/\!/W$ 面)
直观图			
投影图			
投影特性	①正面投影反映实长。②正面投影与 X 轴和 Z 轴的夹角,分别反映直线与 H 面和 W 面的倾角。③水平投影及侧面投影分别平行于 X 轴及 Z 轴,但不反映实长	①水平投影反映实长。②水平投影与 X 轴和 Y 轴的夹角,分别反映直线与 V 面和 W 面的倾角。③正面投影及侧面投影分别平行于 X 轴及 Y 轴,但不反映实长	①侧面投影反映实长。②侧面投影与 Y 轴和 Z 轴的夹角,分别反映直线与 H 面和 V 面的倾角。③水平投影及正面投影分别平行于 Y 轴及 Z 轴,但不反映实长

由表 4.1 我们可以归纳出投影面平行线的投影特性:

①直线在它所平行的投影面上的投影,反映该线段的实长和对其他两投影面的倾角;

②直线在其他两投影面上的投影分别平行于相应的投影轴,且都小于该线段的实长。

3.投影面垂直线

垂直于一个投影面,同时平行于其他两投影面的直线称为投影面垂直线。根据垂直的投影面不同,投影面垂直线可分为 3 种:垂直于水平投影面 H 的直线称为铅垂线;垂直于正投影面 V 的直线称为正垂线;垂直于侧投影面 W 的直线称为侧垂线。虽然各种垂直线垂直的投影面不同,但它们具有相似的投影性质。

各种垂直线的直观图、投影图及投影特性见表 4.2。现以正垂线为例分析如下:

(1)由于 $\beta=90°$,所以 $a'b'$ 积聚成一点;

(2)由于 AB 上任何点的 X 坐标相等,Z 坐标也相等,所以 ab 及 $a''b''$ 均平行于 Y 轴;

(3)由于 $\alpha=\gamma=0°$,所以 $ab=a''b''=AB$,且 $ab\perp OX$,$a''b''\perp OZ$。

表 4.2　投影面垂直线

名称	正垂线($\perp V$ 面)	铅垂线($\perp H$ 面)	侧垂线($\perp W$ 面)
直观图			
投影图			
投影特性	①正面投影积聚为一点。②水平投影及侧面投影分别垂直于 X 轴及 Z 轴,且反映实长	①水平投影积聚为一点。②正面投影及侧面投影分别垂直于 X 轴及 Y 轴,且反映实长	①侧面投影积聚为一点。②水平投影及正面投影分别垂直于 Y 轴及 Z 轴,且反映实长

由表 4.2 我们可以归纳出投影面垂直线的投影特性。

①直线在它所垂直的投影面上的投影积聚成一点;

②直线在其他两投影面上的投影分别垂直于相应的投影轴,且都反映该线段的实长。

4.3.3　直线上的点

1.直线上点的投影

在空间上,直线与点的相对位置有两种情况,即点在直线上和点不在直线上。

若点在直线上,则该点的各个投影一定在直线的同面投影上,且符合点的投影规律,如图 4.17(a)所示。反之,点的各投影都在直线的同面投影上,且符合点的投影规律,则该点一定在直线上。在图 4.17(b)中,由于 c 在 ab 上,c' 在 $a'b'$ 上,且 $cc' \perp OX$,所以点 C 在 AB 上。

2.直线上取点

图 4.17(a)中,点 C 把 AB 分成 AC 和 CB 两段,设这两段长度之比为 $m:n$,则有 $AC:CB=ac:cb=a'c':c'b'=m:n$。即点将直线段分成定比,则该点的各个投影必将该线段的同面投影分成相同的比例。这个关系称为定比关系。

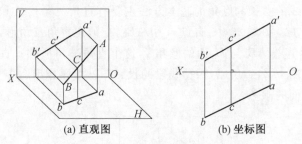

(a) 直观图　　　　　(b) 坐标图

图 4.17　直线上的点

【**例 4.3**】　已知点 C 把线段 AB 按 $2:1$ 分成两段,求点 C 的两个投影(图 4.18)。

【**解**】　过 a 作辅助线 aB_0,并在该线段上截取三等份;连接 bB_0;过二等分点 C_0 作 bB_0 的平行线,其与 ab 的交点即为点 C 的水平投影 c;最后利用点的投影性质求出 c'。

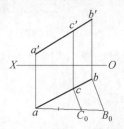

图 4.18　一般位置直线上取点

【**例 4.4**】　已知在侧平线 AB 上一点 C 的正面投影 c',求其水平投影 c。

【**解**】　方法 1:因为点 C 在 AB 上,它的各个投影均应在直线的同面投影上,所以可先作出直线的侧面投影 $a''b''$,由 c' 定出 c'',再求出点 C 的水平投影 c,如图 4.19(a)所示。

方法 2:过 a 作辅助线 aB_0,并在该线段上截取 $aC_0=a'c'$,$C_0B_0=c'b'$;连接 bB_0;过 C_0 作 bB_0 的平行线,其与 ab 的交点即为点 C 的水平投影 c,如图 4.19(b)所示。

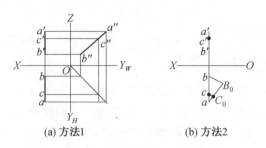

(a) 方法1　　　　　　　　(b) 方法2

图 4.19　侧平线上取点

4.3.4　直角三角形法求实长

由于一般位置直线倾斜于各投影面,因此它的投影不反映线段的实长,且其投影与自身投影轴的夹角也不反映线段对投影面的倾角。但是根据这类线段的两个投影已完全能确定它在空间的位置,所以它的实长和倾角是能求出的。

求一般位置直线的实长和倾角的基本方法主要有直角三角形法和变换法两种,本书只介绍直角三角形法。图 4.20 中,自点 A 引 $AB_1 /\!/ ab$,得直角三角形 AB_1B,其中 AB 为斜边,$\angle B_1AB$ 就是直线 AB 与 H 面的倾角 α,这个直角三角形的一直角边 $AB_1 = ab$,而另一直角边 $BB_1 = Z_B - Z_A$。所以,根据线段的投影图就可以作出 $\triangle AB_1B$,从而求得线段的实长及其对投影面的倾角。

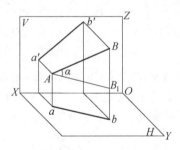

图 4.20　立体图

【例 4.5】　已知直线 AB 的投影如图 4.21(a)所示,求 AB 的实长和它与 H、V 面的倾角 α、β。

【解】　作图过程如图 4.21(b)所示:

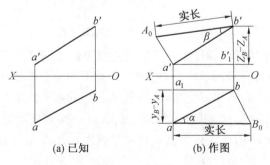

(a) 已知　　　　　　　　(b) 作图

图 4.21　投影图

①过 a' 作 OX 轴的平行线,交 bb' 于 b_1',则 $b'b_1' = Z_B - Z_A$。

②以 ab 为一直角边,过 b 作 ab 的垂线,并在垂线上取 $bB_0 = Z_B - Z_A$。

③连接 aB_0,则 aB_0 为线段 AB 的实长,$\angle baB_0$ 是线段 AB 与 H 面的倾角 α。

④过 b 作 OX 轴的平行线,交 aa' 于 a_1,则 $aa_1 = Y_A - Y_B$。

⑤以 $a'b'$ 为一直角边,过 a' 作 $a'b'$ 的垂线 $a'A_0$,并在垂线上取 $a'A_0 = Y_A - Y_B$。

⑥连接 $b'A_0$,则 $b'A_0$ 为线段 AB 的实长,$\angle a'b'A_0$ 是线段 AB 与 V 面的倾角 β。

从上述求线段实长及其倾角的方法中,可归纳出利用直角三角形法作图的一般规则如下:

以线段的某一投影面上的投影为一直角边,以线段两端点到该投影面上的距离差(即坐标差)为另一直角边,所构成的直角三角形的斜边就是线段的实长,而且此斜边与该投影的夹角就等于该线段对投影面的倾角。应当指出的是,在直角三角形的四要素(投影长、坐标差、实长及倾角)中,只要知道其中的任意两个,就可以作出该直角三角形,并求出其他两要素。

【例 4.6】　已知直线 AB 的水平投影 ab 及点 A 的正面投影 a',如图 4.22(a)所示,并知 AB 对 H 面的倾角 $\alpha = 30°$,求 $a'b'$。

【解】　作图过程如图 4.22(b)所示:

(1)以 ab 为一直角边,过 a 作 ab 的垂线,过 b 作与 ab 呈 $30°$ 角的斜线,两线交于 A_0,aA_0 即为另一直角边,所以 $aA_0 = |Z_B - Z_A|$;

(2)过 a' 作 OX 轴平行线,过 b 作 OX 轴的垂线,两线交于 B_0;

(3)从 B_0 沿竖直方向往上或往下(此题有两解)量取 aA_0 长度,所得端点即为点 B 的正面投影 b'。

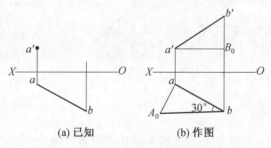

(a) 已知　　　　　　(b) 作图

图 4.22　求直线的投影

4.4　平面的投影

4.4.1　平面的投影

1.几何元素表示法

由初等几何可知,一平面可由下列任一组几何元素确定它的空间位置:

(1)不在同一直线上的 3 点,如图 4.23(a)所示;

(2)一直线和直线外一点,如图 4.23(b)所示;

　　(3)两相交直线,如图 4.23(c)所示;

　　(4)两平行直线,如图 4.23(d)所示;

　　(5)平面图形,如图 4.23(e)所示。

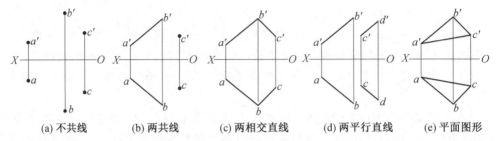

(a) 不共线　　　(b) 两共线　　　(c) 两相交直线　　　(d) 两平行直线　　　(e) 平面图形

图 4.23　平面的表示方法

　　在投影图中可以用上述任一组几何元素的两面投影来表示平面,并且同一平面在同一位置用任一组几何元素来表示位置都不变。

2.迹线表示法

　　平面与投影面的交线称为迹线,如图 4.24 所示。平面 P 与 H、V、W 面的交线分别称为水平迹线P_H、正面迹线 P_V、侧面迹线 P_W。用迹线表示的平面称为迹线平面,如图 4.25(a)(b)所示。图 4.25(a)的投影表示的是铅垂面 P,图 4.25(b)的投影表示的是一般位置平面 Q。

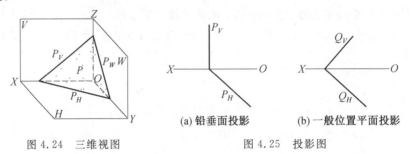

图 4.24　三维视图　　　　　(a) 铅垂面投影　　　　(b) 一般位置平面投影

图 4.25　投影图

4.4.2　各种位置平面

　　在三面投影体系中,根据平面与投影面的相对位置不同,平面可以划分为一般位置平面、投影面平行面和投影面垂直面。后两种平面又统称为特殊位置平面。平面对 H、V、W 面的倾角分别以 α、β、γ 表示。以下分别介绍各种位置平面的投影特点。

1.一般位置平面

　　相对 3 个投影面都处于倾斜位置的平面称为一般位置平面。以平面图形表示的一般位置平面的 3 个投影都是原平面图形的类似图形,如图 4.26 所示。

　　一般位置平面具有下列投影特点:各投影都是原平面图形的类似图形,均不反映平面的实形;平面的各投影也无积聚性,投影图中不能直接反映平面相对投影面的倾角。

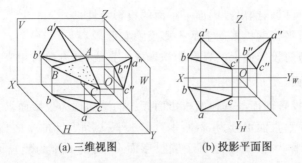

(a) 三维视图　　　　　　　(b) 投影平面图

图 4.26　一般位置平面

2. 投影面平行面

平行于一个投影面而与其他两个投影面垂直的平面称为投影面平行面。根据平行的投影面不同，投影面平行面可分为 3 种：平行于水平投影面 H 的平面称为水平面；平行于正投影面 V 的平面称为正平面；平行于侧投影面 W 的平面称为侧平面。虽然三者平行的投影面不同，但它们具有相似的投影性质。各种平行面的直观图、投影图及投影特性见表 4.3。现以水平面为例分析如下：

(1)$\alpha=0$，平面在 H 面上的投影反映实形；

(2)由于平面上所有点的 Z 坐标相等，平面在 V、W 两投影面上的投影均积聚成一垂直于 Z 轴的直线。

表 4.3　投影面平行面

名称	正平面($/\!/V$ 面)	水平面($/\!/H$ 面)	侧平面($/\!/W$ 面)
直观图			
投影图			
投影特性	①正面投影反映实形。②水平投影及侧面投影积聚成一直线，且分别平行于 X 轴及 Z 轴	①水平投影反映实形。②正面投影及侧面投影积聚成一直线，且分别平行于 X 轴及 Y 轴	①侧面投影反映实形。②水平投影及正面投影积聚成一直线，且分别平行于 Y 轴及 Z 轴

由表 4.3 我们可以归纳出投影面平行面的投影特性：

(1)平面在它所平行的投影面上的投影反映实形；

(2)平面在其他两投影面上的投影均积聚成一直线,其方向与相应投影轴垂直。

3. 投影面垂直面

只垂直于一个投影面而与其他两投影面倾斜的平面称为投影面垂直面。根据垂直的投影面不同,投影面垂直面可分为 3 种:垂直于水平投影面 H 的平面称为铅垂面;垂直于正投影面 V 的平面称为正垂面;垂直于侧投影面 W 的平面称为侧垂面。虽然各种投影面垂直面垂直的投影面不同,但它们具有相似的投影性质。

各种垂直面的直观图、投影图及投影特性见表 4.4。现以铅垂面为例分析如下:

(1)由于 $\alpha=90°$,所以平面在 H 面的投影积聚成一直线,其与 OX、OY 轴的夹角分别反映平面对 V、W 面的倾角 β、γ;

(2)平面的正面投影和侧面投影均为原平面图形的类似形。

表 4.4　投影面垂直面

名称	正垂面(⊥V 面)	铅垂面(⊥H 面)	侧垂面(⊥W 面)
直观图			
投影图			
投影特性	① 正面投影积聚成一直线。 ②正面投影与 X 轴和 Z 轴的夹角分别反映平面与 H 面和 W 面的倾角。 ③水平投影及侧面投影为平面的类似形	① 水平投影积聚成一直线。 ②水平投影与 X 轴和 Y 轴的夹角分别反映平面与 V 面和 W 面的倾角。 ③正面投影及侧面投影为平面的类似形	① 侧面投影积聚成一直线。 ②侧面投影与 Z 轴和 Y 轴的夹角分别反映平面与 H 面和 V 面的倾角。 ③水平投影及正面投影为平面的类似形

由表 4.4 我们可以归纳出投影面垂直面的投影特性:

(1)平面在它所垂直的投影面上的投影积聚成一直线,其与投影面所在的两投影轴的夹角分别反映平面对其他两投影面的倾角;

(2)平面在其他两投影面上的投影均为原图形的类似形。

4.4.3 平面上的点和直线

1.在平面内取点和直线

(1)点和直线在平面上的几何条件。

①如果点位于平面上的任一直线上,则此点在平面上。

②如果一直线通过平面上两已知点或过平面上一已知点且平行于平面上一已知直线,则此直线在平面上。

图 4.27 中,AB、BC 均为平面 P 上的直线,今在 AB 和 BC 上各取一点 E 和 F,则由该两点所决定的直线 EF 一定在平面 P 上。若过点 C 作直线 $CM /\!/ AB$,则直线 CM 也一定是平面 P 上的直线。

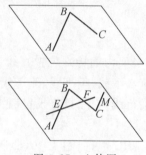

图 4.27 立体图

(2)在平面上取直线的方法。

①在平面上取两已知点连成直线。

②在平面上过一已知点作平面上一已知直线的平行线。

【例 4.7】 试在由相交两直线 AB、BC 所确定的平面上任作一直线,如图 4.28(a)所示。

【解】 图 4.28(b)中,在直线 AB 上任取一点 $E(e、e')$,在直线 BC 上任取一点 $F(f、f')$,则直线 EF 一定在已知平面上。也可通过平面上一已知点 $C(c、c')$,作直线 CM $(cm、c'm') /\!/ AB$,则直线 CM 也一定在平面上。

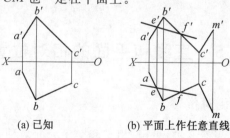

(a) 已知   (b) 平面上作任意直线

图 4.28 投影图

（3）在平面上取点的方法。

①直接在平面上的已知直线上取点。

②先在平面上取直线，然后在该直线上取点。

【**例 4.8**】 已知点 E、F 均在平面 ABC 上，如图 4.29(a)所示，求 e、f。

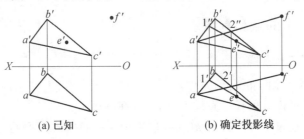

(a) 已知　　　　　　　　(b) 确定投影线

图 4.29　平面上取点

【**解**】 连接 $c'e'$ 并延伸交 $a'b'$ 于 $1''$，那么点 E 为平面内直线 $C1$ 上的点；作出点 1 的水平投影 $1'$ 并连接 $c1'$，最后作出点 E 的水平投影 e。同理，连接 $a'f'$ 交 $c'b'$ 于 $2''$，点 F 为平面内直线 $A2$ 上的点；作出点 2 的水平投影 $2'$，连接 $a2'$ 并延伸，最后作出点 F 的水平投影 f，如图 4.29(b)所示。

2. 平面内的投影面平行线

平面内的投影面平行线属于平面内的特殊位置直线。由于投影面有 H 面、V 面、W 面，所以平面内的投影面平行线有水平线、正平线、侧平线 3 种。平面内的投影面平行线既是平面内的直线，又是投影面平行线，它除具有投影面平行线的投影特性外，还应符合直线在平面内的几何条件。

【**例 4.9**】 已知点 E 在平面 ABC 上，如图 4.30(a)所示，试通过点 E 作平面内的水平线 EF。

【**解**】 由于 $EF /\!/ H$ 面，因此有 $e'f' /\!/ OX$。具体作图过程如图 4.30(b)所示。

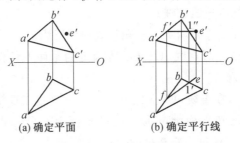

(a) 确定平面　　　　　　(b) 确定平行线

图 4.30　作平面内的直线

4.5　直线和平面的相对位置

4.5.1　两直线的相对位置

空间两直线的相对位置有 3 种：平行、相交和交叉。前两种为共面直线，后者为异面直线。

1. 平行两直线

由平行投影性质可知：若两直线平行，则它们的各组同面投影必互相平行。反之，若两直线的各组同面投影互相平行，则此两直线在空间上也一定互相平行。

对一般位置的两直线，仅根据它们的水平投影和正面投影互相平行，就可判断其在空间上也互相平行。图 4.31(a) 中，由于 $ab /\!/ cd$、$a'b' /\!/ c'd'$，所以 $AB /\!/ CD$。但是，当两直线同时平行于某一投影面时，一般还要看两直线在所平行的那个投影面上的投影是否平行，才能确定两直线是否平行。图 4.31(b) 中，由于直线 AB 和 CD 都是侧平线，有 $ab /\!/ cd$、$a'b' /\!/ c'd'$。但由于它们的侧面投影不平行，所以直线 AB 不平行于 CD。

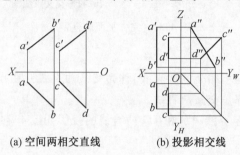

(a) 空间两相交直线　　　　(b) 投影相交线

图 4.31　平行两直线

2. 相交两直线

如果空间两直线相交，则它们的各组同面投影也必相交，且交点的投影必符合点的投影规律。反之，如果两直线的各组同面投影均相交，且各投影的交点符合点的投影规律，则此两直线在空间上也一定相交。

在投影图上判别空间两直线是否相交，对一般位置的两直线，只需观察两组同面投影即可。图 4.32(a) 中，由于 $ab \cap cd = k$、$a'b' \cap c'd' = k'$，且 $kk' \perp OX$，所以直线 AB 与 CD 相交。

但是，当两直线中有一直线平行于某一投影面时，一般还要看直线所平行的那个投影面上的投影才能确定两直线是否相交。图 4.32(b) 中，直线 AB 和 CD 的正面投影和水平投影均相交，由于 AB 是侧平线，所以还需检查它们侧面投影的交点是否符合点的投影规律。从图中可以看出正面投影交点与侧面投影交点的连线不垂直于 OZ 轴，所以 AB 和 CD 不相交。

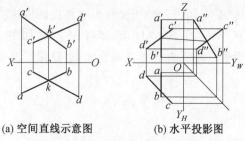

(a) 空间直线示意图　　　　(b) 水平投影图

图 4.32　两直线的相对位置

【**例 4.10**】 已知四边形 $ABCD$ 的正面投影及 AB、AC 的水平投影如图 4.33(a)所示,试完成其水平投影。

【**解**】 连接 bc、$b'c'$、$a'd'$,点 D 可看成△ABC 平面内一直线 $A1$ 上的一点,然后利用在平面内取点的方法求出点 D 的水平投影,如图 4.33(b)所示。

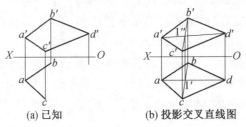

(a) 已知　　　　　(b) 投影交叉直线图

图 4.33　完成平面的投影

3. 交叉两直线

在空间上既不平行也不相交的两直线,称为交叉两直线。在投影图上,凡是不符合平行或相交条件的两直线都是交叉两直线。

【**例 4.11**】 已知两组直线 AB 和 CD 两直线的投影如图 4.34 所示,试分别判断它们的相对位置关系。

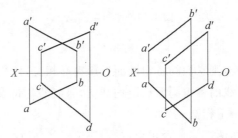

图 4.34　交叉两直线

【**答**】 均为交叉直线。

4. 一边平行于投影面的直角的投影

角度的投影一般不反映实际角度,只有当角所在的平面平行于某一投影面时,它在该投影面上的投影才反映真实角度大小。而对于直角,当直角的两边都不平行于投影面时,其投影一定不是直角;当直角所在的平面平行于某一投影面时,它在该投影面上的投影仍是直角。直角的投影除具备以上性质外,还有以下特性:当一条直角边平行于某一投影面时,直角在该面上的投影仍是直角。此性质又称为直角投影定理。

图 4.35(a)中,若 $AB \perp BC$,且 $BC /\!/ H$ 面,则有 $ab \perp bc$,如图 4.35(b)所示。

直角投影定理既适用于互相垂直的相交两直线,也适用于交叉垂直的两直线。

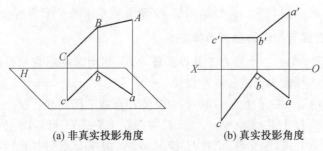

(a) 非真实投影角度　　　　　　　(b) 真实投影角度

图 4.35　一边平行于投影面的直角的投影

【**例 4.12**】　已知图 4.36(a),求点 A 到正平线 BC 的距离。

【**解**】　求一点到某直线的距离实际上就是求过该点的垂线的实长。设垂足为点 D,由于 $AD \perp BC,BC /\!/ V$,所以有 $a'd' \perp b'c'$;求出垂线 AD 的投影后,再利用直角三角形法求 AD 实长,如图 4.36(b)所示。

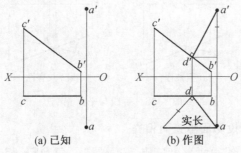

(a) 已知　　　　　　　(b) 作图

图 4.36　求点到直线的距离

【**例 4.13**】　已知 $\triangle ABC$ 为等腰直角三角形,一直角边 BC 在正平线 EF 上,如图 4.37(a)所示,试完成其投影。

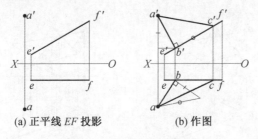

(a) 正平线 EF 投影　　　　　　(b) 作图

图 4.37　完成平面的投影

【**解**】　由于 $AB \perp EF$,且 $EF /\!/ V$,所以有 $a'b' \perp e'f'$;利用直角三角形法,过 b' 在 $e'f'$ 上量取 $b'c' = AB = BC$。具体过程如图 4.37(b)所示。

4.5.2　直线和平面相交

　　直线与平面相交,交点只有一个。直线与平面的交点既在直线上,又在平面内,是直线与平面的共有点。因此,求直线与平面的交点问题,实质上就是求直线与平面的共有点问题。

　　平面与平面相交,交线是一条直线。求出交线上的两个共有点,连接起来就得到两平面的交线。因此,求平面与平面交线的问题,实质上就是求两平面的两个共有点的问题。

1. 一般位置直线与投影面垂直面相交

当相交的两元素中有一个垂直于某投影面时,可利用其在垂直的投影面上的积聚性及交点的共有性,直接求出交点的一个投影。

如图 4.38(a)所示,铅垂面△ABC 与一般位置直线 EF 相交。交点 M 的 H 投影 m 必在平面△ABC 的 H 投影线段 abc 上,又必在直线 EF 的 H 投影 ef 上,因此 m 必在线段 abc 与 ef 的交点上;确定交点 M 的 H 投影 m 后,根据交点的共有性,m' 必在 e'f' 上。即过 m 作 OX 轴的垂线,与 e'f' 交于 m'。m、m' 即为 EF 与平面△ABC 交点 M 的两投影,如图 4.38(b)所示。

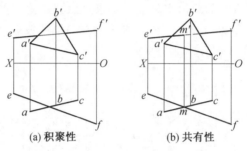

(a) 积聚性　　　　　(b) 共有性

图 4.38　直线与平面相交

2. 一般位置平面与投影面垂直面相交

如图 4.39(a)所示,铅垂面△ABC 与一般位置平面 DEF 相交。求它们的交线时,可把一般位置平面 DEF 看成由两相交直线 DF、EF 构成,这样就可利用求一般位置直线与投影面垂直面交点的方法,分两次求得两交点 M、N,连接起来即得交线 MN,如图 4.39(b)所示。

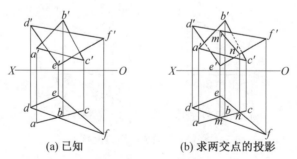

(a) 已知　　　　　(b) 求两交点的投影

图 4.39　两平面相交

3. 投影面垂直线与一般位置平面相交

图 4.40(a)中,铅垂线 EF 与平面△ABC 相交于 M 点。由于直线 EF 的投影在 H 面上有积聚性,所以交点 M 的 H 面投影与 e、f 积聚为一点,其 V 面投影 m' 可用在平面内取点的方法求出,如图 4.40(b)所示。

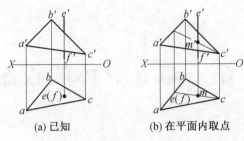

(a) 已知　　　　　　　　(b) 在平面内取点

图 4.40　求直线与平面的交点

第 5 章　立体的投影

❖ 学习目标

(1)掌握平面立体(棱柱、棱锥)和曲面立体(圆柱、圆锥、球)的投影特性。
(2)掌握求取几何体表面的点和直线的方法。
(3)掌握截切体中截交线的求取方法。
(4)掌握相贯线的求取方法。

❖ 本章重点

几何体的投影特性、截交线的求取、相贯线的求取、特殊情况下相贯线的求取。

❖ 本章难点

曲面体中圆锥、球体截交线的求取,平面体与曲面体和两曲面体间相贯线的求取。

建筑工程中的立体常可分解为若干基本几何体。基本几何体一般分为两大类:平面立体(棱柱体、棱锥体)和曲面立体(圆柱体、圆锥体、球体、圆环)。

5.1　平面立体的投影

表面由平面所围成的几何体称为平面立体。由于平面立体由其平面表面所决定,所以平面立体的投影就是围成它的表面的所有平面图形的投影。在平面立体表面上作点和线,也就是在它的表面平面上作点和线。常见的平面立体有棱柱和棱锥。

5.1.1　棱柱体

底面为多边形,各棱线互相平行的立体就是棱柱体。棱线垂直于底面的棱柱叫直棱柱,直棱柱的各侧棱面为矩形;棱线倾斜于底面的棱柱叫斜棱柱,斜棱柱的各侧棱面为平行四边形。

1.棱柱的投影

图 5.1(a)为一铅垂放置的正六棱柱,其 6 个棱面在 H 面上积聚,上下底投影反映实形;V 面上投影对称,一个棱面反映矩形的实形,两个棱面为等大的矩形类似形;W 面上为两个等大的对称矩形类似形。3 个投影展开后得六棱柱的三面投影,如图 5.1(b)(c)所示。

图 5.1 中立体作图时先作 H 面上反映实形的正六边形,再在合适的位置对应作出 V、W 投影。"长对正、宽相等、高平齐"是画立体正投影的投影规律,画任何立体的三面投

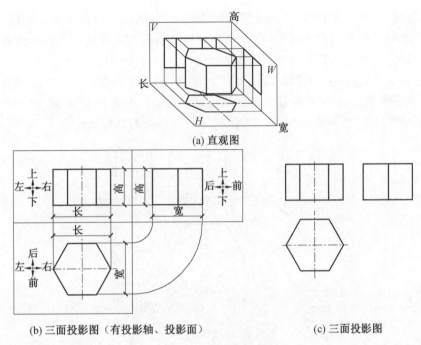

(a) 直观图

(b) 三面投影图（有投影轴、投影面）　　　　　　(c) 三面投影图

图 5.1　正六棱柱的投影

影都必须严格遵守。

　　图 5.2（a）为一水平放置的三棱柱（可视为双坡屋顶），其中 2 个棱面垂直于 W，另一个棱面平行于 H，两个端面平行于 W，按照"长对正、宽相等、高平齐"作正投影后，V 面投影为矩形的类似形；H 面投影为两个可见的矩形的类似形和一个不可见的矩形的实形；W 面投影为三角形的实形，如图 5.2(b)所示。

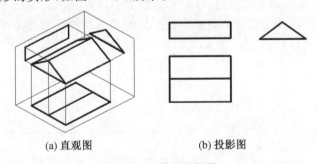

(a) 直观图　　　　　　　　(b) 投影图

图 5.2　三棱柱的投影

2. 棱柱表面上的点

　　在平面立体表面上取点，其方法与平面内取点相同，只是平面立体是由若干个平面围成的，投影时总会有两个表面重叠在一起，就需要考虑可见性问题。只有位于可见表面上的点才是可见的，反之不可见。所以要确定立体表面上的点，先要判断它位于哪个平面上。举例如下：

　　如图 5.3(a)所示，六棱柱的表面分别有 A、B、C 3 个点的一个投影，求其他的两个投影。

投影分析:从 V 面投影看,a' 在中间矩形内且可见,则点 A 应在六棱柱最前方的棱面上;(b') 在右侧的矩形内且不可见,点 B 应在六棱柱右后方的棱面上;从 H 投影看,c 在六边形内且可见,点 C 应在六棱柱上表面上。

作图:由于六棱柱的 6 个侧面均积聚在 H 投影上,所以 A、B 两点的 H 投影应在相应侧面的积聚投影上,利用积聚性即可求得(图 5.3(b));A、B 两点的 W 投影和点 C 的 V、W 投影则可根据"长对正、宽相等、高平齐"求得。注意判断可见性。

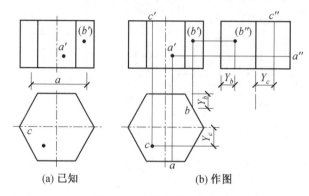

(a) 已知　　　　　　　　(b) 作图

图 5.3　棱柱表面上定点

5.1.2　棱锥体

底面为多边形,所有棱线均相交于一点的立体就是棱锥体。正棱锥底面为正多边形,其侧棱面为等腰三角形。

1. 棱锥的投影

图 5.4(a)为一正置的正四棱台,H 投影外框为矩形,反映 4 个梯形棱面的类似形,顶面反映矩形实形,而底面为不可见的矩形;在 V、W 面上的棱台均反映棱面的类似形。其三面投影图如图 5.4(b)所示。

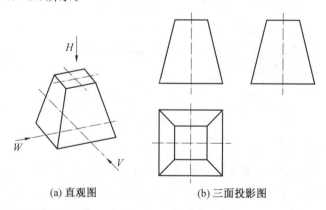

(a) 直观图　　　　　　　　(b) 三面投影图

图 5.4　正四棱台

2. 棱锥表面上的点

棱锥表面定点的方法和棱柱有相似之处,不同的是绝大多数棱锥表面没有积聚性,不能利用积聚性找点。棱锥表面定点的关键是点与平面的从属性的应用。举例如下：

如图 5.5(a)所示，已知正三棱锥 $S-ABC$ 表面上的点 M、N 的一个投影，求这两点的其他两个投影。

投影分析：从 V 投影看，点 M 应在三棱锥的左前棱面 SAB 上；从 H 投影看，点 N 应在三棱锥的后棱面 SAC 上。由于三棱锥的 3 个棱面均处于一般位置，没有积聚性可利用，所以要利用平面内取点的方法（辅助线法）。

作图：如图 5.5(b)所示，过点 M 作辅助线 SM，即连 $s'm'$ 并延长交于底边得 $s'1''$，向 H 面上投影得 $s1'$；由 m' 向下作 OX 轴的垂线交 $s1'$ 于 m，利用宽度 Y_m 相等，确定 m''，因为 SAB 棱面在三投影中都可见，所以 M 点的三面投影也可见。

按同样的作图方法可得 n' 和 n''。连 $s2'$，求出 $s'2''$，过 n 作 OX 轴的垂线交 $s'2'$ 得 n'，根据投影规律求得 n''。因为 SAC 棱面处于三棱锥的后方，故 n' 不可见，n'' 则积聚在 $s''a''(c'')$ 上，如图 5.5(b)所示。

讨论：这里的辅助线并不一定都要过锥顶，我们还可以做底边的平行线、棱面上过已知点的任意斜线。

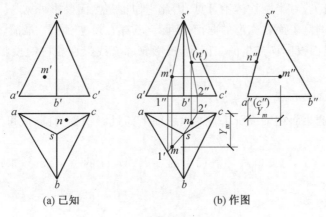

(a) 已知　　　　　　(b) 作图

图 5.5　棱锥表面上定点

5.2　曲面立体的投影

由曲面或曲面与平面所围成的几何体称为曲面立体。常见的曲面立体是回转体。

回转体是曲面立体中形状较规则的一类，它是由回转面与平面（有的无平面）围成的立体，最常见的是圆柱、圆锥、球等。

5.2.1　圆柱体

1. 圆柱体的投影

圆柱体是直母线 AB 绕轴线旋转形成的圆柱面与上下底为两圆的平面所围成的立体。如图 5.6(a)所示。图 5.6(b)为正置圆柱体的三面投影图。其三面投影情况如下：

H 面投影：为一圆周，反映圆柱体上、下两底面圆的实形，圆柱体的侧表面积聚在整

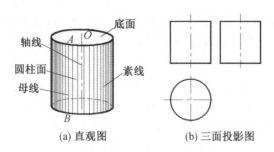

(a) 直观图　　　　　(b) 三面投影图

图 5.6　圆柱体

个圆周上。

　　V 面投影：为一矩形，由上、下底面圆的积聚投影及最左、最右两条素线组成。这两条素线是圆柱体对 V 面投影的转向轮廓线，它把圆柱体分为前半圆柱体和后半圆柱体，前半圆柱体可见，后半圆柱体不可见，因此它们也是正面投影可见与不可见的分界线。

　　W 面投影：亦为一矩形，是由上、下两底面圆的积聚投影及最前、最后两条素线组成。这两条素线是圆柱体对 W 面投影的转向轮廓线，它把圆柱体分为左半圆柱体和右半圆柱体，左半圆柱体可见，右半圆柱体不可见，因此它们也是侧面投影可见与不可见的分界线。

　　由于圆柱体的侧表面是光滑的曲面，实际上不存在最左、最右、最前、最后这样的轮廓素线，它们仅仅是因投影而产生的。因此，投影轮廓素线只在相应的投影中存在，在其他投影中则不存在。

2. 圆柱体表面上的点

　　由于圆柱体侧表面在轴线所垂直的投影面上的投影积聚为圆，故可利用积聚性来作图。举例如下：

　　如图 5.7(a)所示，已知圆柱体表面上的点 K、M、N 的一个投影，求这 3 个点的其他两个投影。

　　投影分析与作图：

　　(1)特殊点。从 V 面投影看，k' 在正中间且不可见，则点 K 应在圆柱体最后的素线上（转向轮廓线上），点 K 的其他两个投影也应该在这条素线上。这种转向轮廓线上的点可直接求得，如图 5.7(b)所示。

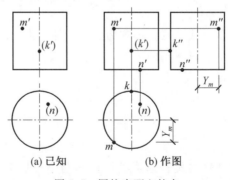

(a) 已知　　　　　(b) 作图

图 5.7　圆柱表面上的点

　　(2)一般点。从 V 面投影看，m' 可见，则点 M 在左前半圆柱体上；由于整个圆柱面的水平投影积聚在圆周上,所以 m 也应该在圆周上,根据"长对正"可直接求得 H 面投影。m'' 则通过"宽相等、高平齐"求得。

从 H 投影看,点 N 应在圆柱体的下底面上,其他两个投影也应该在下底面相应的投影上,利用"长对正、宽相等"可以求出 n'、n''。

5.2.2　圆锥体

1. 圆锥体的投影

圆锥体是直母线 SA 绕过点 S 的轴线旋转形成的圆锥面与圆平面为底所围成的立体,如图 5.8(a)所示。图 5.8(b)为正置圆锥体的三面投影图。其三面投影情况如下:

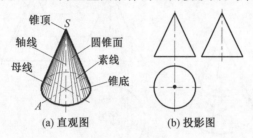

(a) 直观图　　　　　　　(b) 投影图

图 5.8　圆锥体

H 面投影:为一圆周,反映圆锥体下底面圆的实形。锥表面为光滑的曲面,其投影与底面圆重影且覆盖在其上。

V 面投影:为一等腰三角形。三角形的底边为圆锥体底面圆的积聚投影,两腰为圆锥体最左、最右两轮廓素线的投影,这两条素线是圆锥体前、后两部分的分界线。

W 面投影:亦为一等腰三角形。其底边为圆锥体底面圆的积聚投影,两腰为圆锥体最前、最后两轮廓素线的投影,这两条素线是圆锥体左、右两部分的分界线。

2. 圆锥体表面上的点

由于圆锥体表面投影均不积聚,所以求圆锥体表面上的点就要作辅助线。当点属于曲面时,也应该属于曲面上的一条线。曲面上最简单的线是素线和圆,下面举例分别介绍素线法和纬线圆法。

如图 5.9(a)所示,已知圆锥体表面上的点 K、M、N 的一个投影,求这 3 点的其他两个投影。

投影分析与作图:

(1)特殊点。从 V 投影看,k' 在转向轮廓线上,即点 K 在圆锥最右的素线上,其他两个投影也应该在这条素线上,因此 k、k'' 可直接求得。注意:k'' 不可见,如图 5.9(c)所示。

(2)一般点。

①素线法。从图 5.9(a)所示的 V 面投影看,m' 可见,故点 M 在左前半圆锥面上。在 V 投影上连 $s'm'$,并延长与底面水平线交于 $1'$,$s'1'$ 即素线 $S1$ 的 V 投影,如图 5.9(b)所示;过 $1'$ 作铅垂线与 H 面上圆周交于前后两点,因 m' 可见,故取前面一点,$s1$ 即为素线 $S1$ 的 H 投影;再过 m' 引铅垂线与 $s1'$ 交于 m,即为所求点 M 的 H 投影;根据点的投影规律求出 $s''1'''$,过 m' 作水平线与 $s''1'''$ 交于 m''。作图过程如图 5.9(c)所示。

②纬线圆法:母线绕轴线旋转时,母线上任意点的轨迹是一个圆,称为纬线圆,且该圆所在的平面垂直于轴线,如图 5.9(b)中点 M 的轨迹。

过 m' 作水平线与左侧轮廓线交于 $2''$,$o'2''$ 即为辅助纬线圆的半径实长,在 H 面上以 $s(o)$ 为中心,$o'2''$ 为半径作圆,即得纬线圆的 H 投影,此纬线圆与过 m' 的铅垂线相交得 m 点。这一交点应与素线法交于同一点。

从图 5.9(a)的 H 投影看,点 N 位于右后半圆锥面上,用纬线圆法求解,其作图过程与图 5.9(c)相反,即先过 n 作纬线圆的 H 投影,再求纬线圆的 V 投影,从而求得点 n',作图如图 5.9(d)所示。

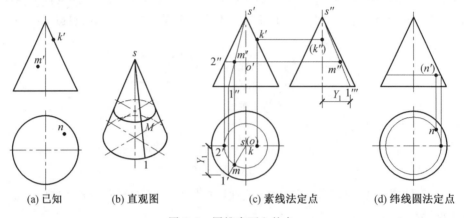

(a) 已知   (b) 直观图   (c) 素线法定点   (d) 纬线圆法定点

图 5.9　圆锥表面上的点

5.2.3　圆球体

1. 圆球体的投影

圆球体是半圆母线(EAF)以直径 EF 为轴线旋转而成的球面体,如图 5.10(a)所示。

如图 5.10(b)所示,球的三面投影均为圆,并且大小相等,其直径等于球的直径。其中,H 面投影为上、下半球之分界线,在上半球面上的所有点和线的 H 投影均可见,而在下半球面上的点和线的投影不可见;V 面投影为前、后半球之分界线,在前半球面上所有点和线的投影为可见,而在后半球面上的点和线投影则不可见;W 面投影为左、右半球之分界线,在左半球面上所有点和线的投影为可见,而在右半球上的点和线投影则不可见。这 3 个圆都是转向轮廓线,其另两面投影落在相应的对称线上,图中不予画出。

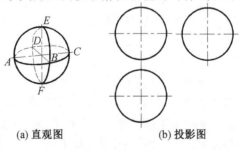

(a) 直观图   (b) 投影图

图 5.10　圆球体

2.圆球表面上的点

点属于圆球,也必须属于圆球表面上的一条线,而圆球表面只有圆。理论上可用圆球表面上的任意纬线圆作辅助线,但作为绘图方法,所用纬线圆要求简单易画,所以只能用与投影面平行的圆作辅助线。举例如下:

如图 5.11(a)所示,已知圆球表面上的点 K、M 的一个投影,求这两个点的其他两个投影。

投影分析与作图:

(1)特殊点。从 H 投影看,k 在前半圆球面上,且在水平投影转向轮廓线上,则其他两个投影也应该在这条轮廓线上,因此 k'、k'' 可直接求得。注意:k'' 不可见,如图 5.11(b)所示。

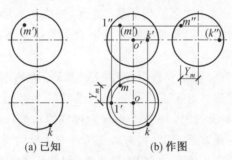

(a) 已知　　　　　　　(b) 作图

图 5.11　圆球表面上的点

(2)一般点。从图 5.11(a)的 V 投影看,点 M 应在左后上部圆球面上,先用水平圆来作图。如图 5.11(b)所示,过 (m') 作水平线与 V 面投影左轮廓线交于 $1''$,根据 $1''$ 求出纬线圆的 H 投影,半径为 $o1'$,过 (m') 作铅垂线与纬线圆的 H 投影交于两点,因 (m') 不可见,取后半圆上一点 m,然后根据 (m')、m 求得 m''。

讨论:按同样的方法,在 (m') 处还可以用正平圆作辅助圆或用侧平圆作辅助圆,得到的答案都是一致的。

5.3　立体的截交线

平面与立体相交,可看作立体被平面所截,该平面称为截平面;截平面与立体表面的交线称为截交线;截交线所围成的平面图形称为断面;截交线的顶点称为截交点。在求作截交线时,常常先求出截交点,然后连成截交线。

5.3.1　平面立体的截交线

平面立体的截交线形成一封闭多边形,其顶点是棱线与截平面的交点,而各边是棱面与截平面的交线,可由求出的各顶点连接而成。

1.棱柱体的截切

棱柱体的截切举例如下:

图 5.12(a)为正六棱柱被相交两平面截切的已知投影,请完成其三面投影。

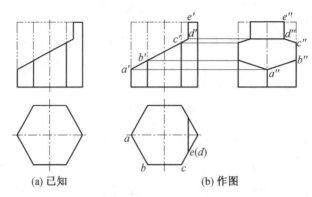

(a) 已知　　　　　　　　　　(b) 作图

图 5.12　切口六棱柱

分析：切口形体作图一般按"还原切割法"进行，先按基本形体补画出完整的第三投影，再利用截平面的积聚性，在截平面积聚的投影面上直接找到截平面与棱线的交点，再找这些交点的其他投影。

如图 5.12(b) 所示，先补画出完整六棱柱的 W 投影，再利用正面投影上截平面(一为正垂面，一为侧平面)的积聚性直接求得截平面与棱线的交点 $a' \sim e'$（只标出可见点），对应得其水平投影 $a \sim e$ 和侧面投影 $a'' \sim e''$。由于六棱柱的水平投影有积聚性，实际上其只增加侧平截面积聚后的一条直线，其左边为斜截所得七边形的类似形投影，右边是六棱柱顶面截切后余下的三角形实形投影。在 W 投影上，斜截所得七边形仍为类似形，侧平截面所得矩形反映实形，其分界线就是两截平面的交线。此外，在连线时应注意棱线(轮廓线)的增减和可见性变化。

2. 棱锥体的截切

棱锥体的截切举例如下：

图 5.13(a) 为正四棱锥被一正垂面 P 截切的已知投影，截平面位置标记为 P_V，完成其 H、W 投影。

作图如图 5.13(b) 所示，先按基本形体作出四棱锥的 W 投影，再利用截平面 P_V 的积聚性，在 V 面上直接显示截平面与棱线的交点 $a'(d')$、$b'(c')$，由其对应求得 a、b、c、d 和 a''、b''、c''、d''，最后判明可见性，连线并加深。

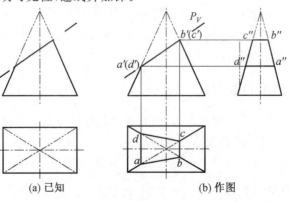

(a) 已知　　　　　　　　　　(b) 作图

图 5.13　斜切四棱锥

5.3.2　曲面立体的截交线

曲面立体被平面所截而在曲面立体表面形成的交线即为曲面立体的截交线。它是曲面立体与截平面的共有线，而曲面立体的各侧面是由曲面或曲面加平面所组成，因此，曲面立体的截交线一般情况下为一条封闭的平面曲线或由平面曲线加直线段组成；特殊情况下也可能成为平面折线。

1. 圆柱体的截切

圆柱体被平面截切时，由于截平面与圆柱轴线的相对位置不同，其截交线（或断面）一般有 3 种情况，见表 5.1。

表 5.1　圆柱体截切的一般情况

截平面位置	倾斜于圆柱轴线	垂直于圆柱轴线	平行于圆柱轴线
截交线形状	椭圆	圆	矩形
直观图			
投影图			

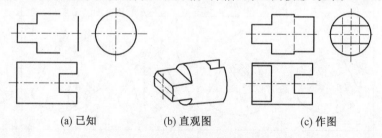

【例 5.1】　补全圆柱体切台（榫头）和开槽（榫槽）的三面投影，如图 5.14(a)所示。

(a) 已知　　　　(b) 直观图　　　　(c) 作图

图 5.14　切台和开槽的圆柱

【解】　观察 5.14(a)，圆柱体的左端被两个对称于轴线的水平面及一侧平面截切去两部分，形成常见的圆柱体榫头，断面为矩形和圆弧；圆柱体右端被两个正平面（也对称于轴线）和一侧平面截去中间部分，形成常见的榫槽，其断面也是矩形和圆弧，如图 5.14(b)所示。

作图，如图 5.14(c)所示。由于圆柱体的 W 投影有积聚性，左端两水平断面在 W 面也积聚成两条直线，由 V、W 投影对应到 H 投影面上得到矩形的实形。圆柱体右端断面在 W 面投影的作法与左端相似，只是方位和可见性发生了变化，请读者自行分析比较。

【例5.2】　求斜切口圆柱的 H、W 投影,已知投影部分如图5.15(a)所示。

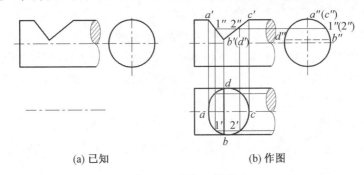

(a) 已知　　　　　　　　　　(b) 作图

图5.15　斜切口圆柱

【解】　观察图5.15(a),圆柱右端为一种折断画法,中间位置被两相交正垂面截切成 V 形切口,断面为两个局部椭圆,恰似木屋架下弦杆端部的接头切口。

作图,如图5.15(b)所示。由于圆柱的 W 投影积聚,只能作出两截平面交线 BD 在 W 面上的投影 $b''d''$(虚线)。而 H 投影面上,先作出圆柱轮廓的投影,后由 a'、b'、c'、d' 和 a''、b''、c''、d'' 对应求出特殊点的 a、b、c、d,再利用积聚性求出若干中间点(如 1、2)的水平投影,最后连成光滑椭圆曲线及交线 bd。

2. 圆锥体的截切

圆锥体被截平面截切时,由于相对位置不同可得到 5 种截交线,见表5.2。

表5.2　圆锥体的截切

截平面 位置	垂直于圆 锥轴线	与截面上 素线相交	平行于圆锥面上 一条素线	平行于圆锥面上 两条素线	通过锥顶
截交线 形状	圆	椭圆	封闭的抛物线	封闭的双曲线	等腰三角形
直观图					
投影图					

【例 5.3】　补全切口圆锥体的 H、W 投影,已知投影如图 5.14(a)所示。

观察图 5.16(a)、正置圆锥体被 3 个截平面截切,一侧平截面过轴线,其断面为三角形;一截平面为正垂面且平行于圆锥体右轮廓线,其断面为抛物线;另一水平截面的断面为圆。

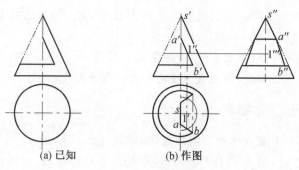

(a) 已知　　　　　　　(b) 作图

图 5.16　切口圆锥体

【解】　作图如图 5.16(b)所示,先作出圆锥体的 W 投影;再利用积聚性和实形性作出侧平截面的投影(H 投影积聚成直线、W 投影为实形的等腰三角形)和水平截面的投影(H 投影为实形的圆,W 投影为一积聚性直线);最后在 V 面投影上,正垂截面的投影积聚为 $a'b'$,$a'b'$ 之间取若干中间点(如 $1''$),过该点作辅助水平纬线圆,对应得 $1'$ 和 $1'''$ 等,顺连抛物线 $a1'b$ 和 $a''1'''b''$,以及各截面的交线,并判明可见性即完成作图。

3. 圆球体的截切

圆球体被截平面截切的断面均是圆,由于截平面与投影面的相对位置不同,其投影也不同,当截平面垂直于投影面时,投影积聚成一直线;当截平面平行于投影面时,投影反映实形圆;当截平面倾斜于投影面时,投影变形成椭圆。

【例 5.4】　补全开槽半球体的 H、W 投影,已知投影如图 5.17(a)所示。

观察图 5.17(a),半球体上开的方形槽由两个侧平截面和一个水平截面组成,类似常见的半球头螺钉头上的起子槽。

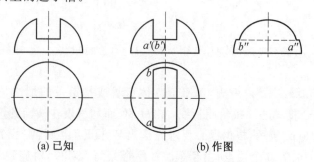

(a) 已知　　　　　　　(b) 作图

图 5.17　开槽半球体

【解】　作图如图 5.17(b)所示,先作出半球的 W 投影,后作方槽侧平面的实形圆弧至 a''、b'',连 $a''b''$ 虚线,延长其两端为实线;再将 V 面上积聚的两侧平截面对应到 H 面上,仍为两条直线,并作出水平截面的圆弧交于 a、b 等点,即完成作图。

5.4　立体的相贯线

两立体相交,称为两立体相贯,这样的立体称为相贯体。相贯体实际上是一个整体,它们表面的交线称为相贯线。相贯线是两立体表面的共有线,相贯线上的点都是两立体表面的共有点。

由于形体的类型和相对位置不同,有两平面立体相贯、平面立体与曲面立体相贯、两曲面立体相贯;两外表面相交、两内表面相交和内外表面相交;全贯和互贯等形式。

5.4.1　两平面立体相贯

图 5.18 显示两种平面立体相贯的直观图,图 5.18(a)为两个三棱柱全贯,相贯线形成两条封闭的空间折线;图 5.18(b)为一四棱柱与一三棱柱互贯,相贯线形成一条封闭的空间折线。

观察图 5.18,求两平面立体的相贯线,实质上是求棱线与棱线、棱线与棱面的交点(空间封闭折线的各顶点)、求两棱面的交线(各折线段),而依次连接各顶点就形成折线段。因此可得出求两平面立体相贯线的作图步骤如下:

(1)形体分析。先看懂投影图的对应关系,相贯形体的类型,相对位置、投影特征,尽可能判断相贯线的空间状态和范围。

(2)求各顶点。其作法因题型而异,常利用积聚性或辅助线求得。

(3)顺连各顶点的同面投影,并判明可见性。特别注意连点顺序和棱线、棱面的变化。

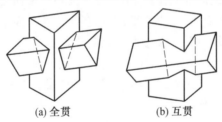

(a) 全贯　　　　　　　(b) 互贯

图 5.18　两平面立体相贯

【例 5.5】　求四棱柱与五棱柱的相贯线,补全三面投影。已知投影如图 5.19(a)所示。

【解】　由图 5.19(a)可以看出,两平面立体可看成是铅垂的烟囱与侧垂的坡屋顶相贯的建筑形体,是全贯式的一条封闭折线,在 H、W 面均积聚在棱面的投影上。

作图如图 5.19(b)所示,根据题意要求先作出 W 投影,由 H、W 投影的积聚性可对应标出 $1'\sim6'$ 和 $1'''\sim6'''$ 等 6 个顶点;由于烟囱在屋脊处前后对称,对应到 V 面投影上得 $1''$,$2''$,$3''$ 和 $6''$;顺连 $6''1''$、$1''2''$、$2''3''$,即得 V 面上的相贯线。

由图 5.19(b)还可以看出,若不要求作 W 投影,也可在 H 投影上直接取辅助线求出 V 面投影。如过 $1'$ 作辅助线 ab、对应到 V 面上得 $a'b'$、即得 $1''$。

【例 5.6】　求四棱柱与四棱锥的相贯线,补全三面投影,已知投影如图 5.20(a)所示。

【解】　由图 5.20(a)可以看出、正置四棱锥侧棱面均无积聚性,而水平四棱柱的四棱

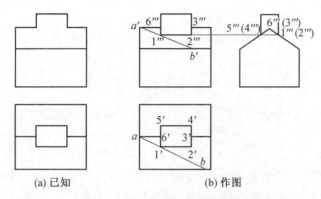

图 5.19　四棱柱与五棱柱相贯

面均侧垂于 W 面，上下棱面在 V 面上有积聚性，前后棱面在 H 面上有积聚性，两立体全贯且对称，只须求出一条相贯线就可对称作出另一条，而 W 面上的相贯线与四棱柱棱面完全重合。

　　作图如图 5.20 (b)所示，先作出 W 投影，并利用积聚性直接标出左侧的 6 个相贯点 $1'''\sim6'''$；后由 $1'''$、$4'''$ 对应得到 $1''$、$4''$ 和 $1'$、$(4')$；再由 $1'$、$(4')$ 作四棱锥底边平行线求得 $2'$、$(3')$ 和 $6'$、$(5')$，并对应得 $2''$、$(6'')$、$3''$、$(5'')$；最后判明可见性，顺连 $1'2'$、$2'3'$、$3'4'$、$4'5'$、$5'6'$、$6'1'$ 和 $1''2''$、$2''3''$、$3''4''$，并对称作出另一条相贯线，即完成 V、H 面上的相贯线。

　　图 5.20(c)为拔出四棱柱后形成穿方孔的四棱锥，请读者分析比较。

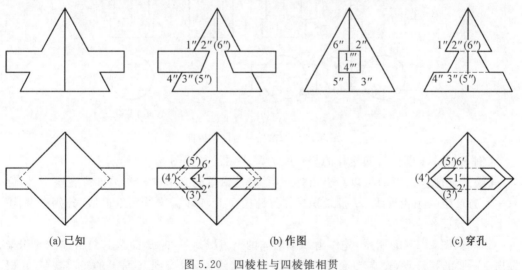

图 5.20　四棱柱与四棱锥相贯

5.4.2　平面立体与曲面立体相贯

　　图 5.21 显示两种相贯体的直观图，图 5.21(a)为三棱柱与半圆柱全贯；图 5.21(b)为四棱柱与圆锥全贯，都形成一条空间封闭的曲折线。

　　观察图 5.21，可以看出求这类相贯线的实质是求相关棱线与曲面的交点（曲折线的转折分界点）和相关棱面的交线段（可视为截交线），因此求此类相贯线的步骤是：①形体分析（同前）。②求各转折点，常利用积聚性或辅助线法求得。③求各段曲线，先求出全部

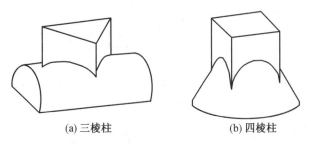

图 5.21　平面立体与曲面立体相贯

特殊点(如曲线的顶点、转向点),再求出若干中间点。④顺连各段曲线,并判明可见性。

　　【例 5.7】　求四棱柱与圆柱的相贯线,已知投影如图 5.22(a)所示。

　　【解】　由图 5.22(a)可以看出,它可看成是铅垂的圆柱体被水平放置的四棱柱全贯,有两条相贯线,其水平投影积聚在圆柱面上,W 投影积聚在四棱柱的棱面上。

　　作图如图 5.22(b)所示,先作出 W 投影,并标出特殊点 $1''\sim6''$ 和 $1'\sim6'$;后对应在 V 面上得 $1''\sim4''$;再顺连 $1''\sim4''$($5''、6''$ 不可见)得一条相贯线,并对称作出另一条相贯线,即完成作图。

　　图 5.22(c)显示出圆柱上穿方孔的相贯线,请读者分析比较。此外应指出:由于四棱柱(或四方孔)的两侧棱面与圆柱轴线平行,其交线段成为直线,属于特殊情况。

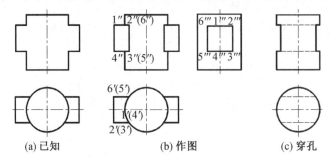

图 5.22　四棱柱与圆柱体相贯

　　【例 5.8】　求圆锥与四棱柱的相贯线的 V、W 投影,如图 5.23(a)所示。

　　【解】　由图 5.23(a)可以看出,它可以看成是铅垂的方形立柱与圆锥形底座全贯,但只在上方产生一条相贯线,H 投影积聚在方柱棱面上,4 段截交线为双曲线、分别在 V、W 面上积聚或反映实形。

　　作图如图 5.23(b)所示,先作出基本形体的 W 投影,后在 H 投影上利用方柱的积聚标出 $1'\sim8'$ 的特殊点,过点 $1'$ 取圆锥面上的辅助素线 sa,对应到 V 面上的 $s'a'$ 得 $1''$,并根据对称性和"高平齐"得 $1''\sim4''$ 及 $1'''\sim4'''$,而 $5'\sim8'$ 是双曲线的最高点,由 V、W 投影对应得 $5''、6''、7''、(8'')$ 和 $5'''、6'''、(7''')、8'''$。再在 V 面投影的最低点之上和最高点之下取圆锥的水平纬线圆,对应到 H 投影上得 $9'\sim12'$ 等点,将 $9'\sim12'$ 对应到 V、W 投影上得 $11''、12''$ 和 $(9''')、10'''$。最后,顺连 $1''、11''、6''、12''、2''$ 和 $4'''、9'''、5'''、10'''、1'''$ 成双曲线,将方柱棱线延长至 $1''、2''$ 和 $4'''、1'''$,即完成作图。

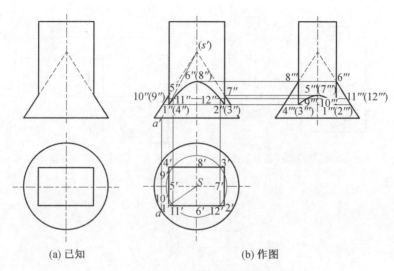

(a) 已知　　　　　　　　　　　(b) 作图

图 5.23　四棱柱与圆锥相贯

5.4.3　两曲面立体相贯

图 5.24 显示两种相贯体的直观图,图 5.24(a)为两圆柱全贯,图 5.24(b)为圆柱与圆锥全贯,截交线都是两条封闭的空间曲线。

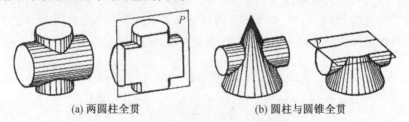

(a) 两圆柱全贯　　　　　　　　(b) 圆柱与圆锥全贯

图 5.24　两曲面立体相贯

观察图 5.24(a),可以看出求两曲面立体相贯线的实质是求空间曲线一系列共有点,由此,求此类相贯线的步骤是:①形体分析(同前)。②求一系列共有点,利用积聚性或辅助线(面)法先求出特殊点(极限位置点和转向点),再视需要求若干中间点。③顺序光滑连接各点并判明可见性。

【例 5.9】　求两圆柱体的相贯线,已知投影如图 5.25(a)所示。

【解】　由图 5.25(a)可以看出,两圆柱正交全贯,在上部产生一条相贯线,由于大小圆柱轴线分别垂直于 W、H 投影面,其相贯线积聚在投影上,因此只需要求出其 V 面投影。

作图如图 5.25(b)所示,先利用积聚性对应标出 H、W 投影上的特殊点 $1'$、$1'''$(最左最高点)、$2'$、$2'''$(最右最高点),$3'$、$3'''$(最前最低点),$4'$、$4'''$(最后最低点),其中 $1''$、$2''$ 又是 V 面投影的转向点;后对应求出 $1''$、$2''$、$3''(4'')$;再在 H 投影上对称取点 $5'$、$6'$,利用积聚性标出 $5'''(6''')$,在 V 面投影对应得 $5''$、$6''$;最后依次光滑连接 $1''5''3''6''2''$ 得相贯线。

若将图 5.25 中两圆柱体改成两圆筒,如图 5.26 所示,则成为工程中常见的一种管接头"三通",则在内外表面产生两条相贯线,请读者分析比较。

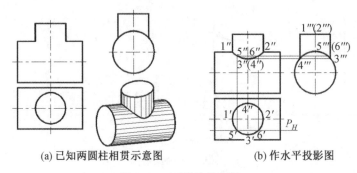

(a) 已知两圆柱相贯示意图　　　　(b) 作水平投影图

图 5.25　两圆柱体相贯

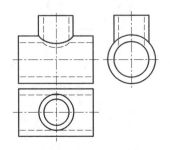

图 5.26　两圆筒相贯

　　两回转体相贯,在特殊情况下,其相贯线也可能是平面曲线或直线。①两回转体同轴相贯时,其交线为圆,如图 5.27 所示。②两回转体相切于同一球面时,其交线为椭圆,如图 5.28 所示。③两圆柱轴线平行时,其交线为直线,如图 5.29 所示。

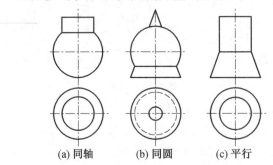

(a) 同轴　　　　(b) 同圆　　　　(c) 平行

图 5.27　两同轴回转体的相贯线

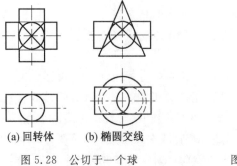

(a) 回转体　　　(b) 椭圆交线

图 5.28　公切于一个球　　　　图 5.29　轴线平行

5.4.3　同坡屋面交线

在一般情况下,屋顶檐口的高度在同一水平面上,各个坡面与水平面的倾角相等,称为同坡屋面,它是两平面体相贯的一种特殊形式,也是房屋建筑中常见的一种实例,如图 5.30 所示。

已知屋檐的 H 面投影和屋面的倾角,求作屋面交线的问题,可视为特殊形式的平面体相贯问题来解决。作同坡屋面的投影图,可根据同坡屋面的投影特点,直接求得水平投影,再根据各坡面与水平面的倾角求得 V 面投影以及 W 面投影。

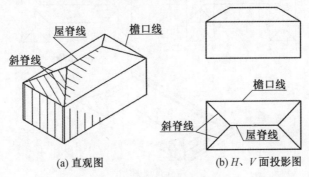

图 5.30　同坡屋面的投影

同坡屋面的交线有以下特点:

①当檐口线平行且等高时,前后坡面必相交成水平屋脊线。屋脊线的 H 面投影,必平行于檐口线的 H 面投影,并且与两檐口线距离相等,如图 5.30(b)所示。

②檐口线相交的相邻两个坡面,必然相交于倾斜的斜脊线或天沟线(指建筑物屋面两跨间的下凹部分),它们的 H 面投影为两檐口线 H 面投影夹角平分线,如图 5.30(b)所示。

③当屋面上有两斜脊线、两斜天沟线或一斜脊线与一斜天沟线交于一点时,必然会有第 3 条屋脊线通过该交点,这个点就是 3 个相邻屋面的公有点,如图 5.31(c)中的 g 点、m 点所示。

【例 5.10】 已知同坡屋面的倾角 α＝30°及檐口线的 H 面投影如图 5.31(a)所示,求屋面交线的 H 面投影及 V 面投影。

【解】 从图中可知,此屋顶的平面形状是一倒凹形、有 3 个同坡屋面两两垂直相交的屋顶。

具体作图步骤如下:

①将屋面的 H 面投影划分为 3 个矩形块:1234,4567 和 78910,如图 5.31(b)所示。

②分别作各矩形顶角平分线和屋脊线得点 a∼f,分别过同坡屋面的各个凹角作角平分线,得斜脊线 gh、mn,如图 5.31(c)所示。

③根据屋面交线的特点及倾角 α 的投影规律,分析、去掉不存在的线条可得屋面的 V 面投影,如图 5.31(d)所示。同理也可求得 W 面投影。

图 5.31(e)是该屋面的直观图。

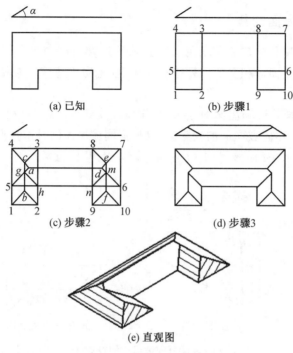

(a) 已知　　　　　　　　(b) 步骤1

(c) 步骤2　　　　　　　　(d) 步骤3

(e) 直观图

图 5.31　同坡屋面的投影图

第6章 形体的表达方法

❖ 学习目标

(1)掌握绘制组合体投影图的方法及尺寸标注要领。

(2)了解徒手绘图的方法及操作要领。

(3)掌握组合体投影图的读图方法(投影分析法、形体分析法和线面分析法)。

(4)了解各种常用视图的用途。

(5)理解剖视图与断面图的种类,区别并掌握其绘制方法。

(6)理解 AutoCAD 中文字标注与尺寸标注的概念。

(7)掌握 AutoCAD 中文字注写与尺寸标注的样式并能灵活运用。

❖ 本章重点

组合体投影图的绘制、尺寸标注,组合体读图方法,剖视图与断面图的绘制,AutoCAD 中文字的格式,文字与图形的配合,特殊字符的录入,尺寸样式的格式和尺寸标注格式的管理,AutoCAD 提供的各类尺寸标注命令。

❖ 本章难点

组合体的读图,剖视图的绘制,文字的快速录入和各种图形的标注方法。

再复杂的建筑物都是由多个基本形体按一定的方式组合而成的,这些由基本形体通过叠加、挖切形成的复杂形体称为组合体。研究组合体的投影是研究建筑形体投影的基础。

对于复杂的形体,尤其是形式多样、构造和结构复杂的建筑物,仅靠三视图是无法表达清楚的。为此,结合工程实际的需要,在三视图的基础上,《房屋建筑制图统一标准》(GB/T 50001—2017)对工程图样的表达方法作了进一步规定,它主要包含 4 个方面:一是视图;二是剖面图;三是断面图;四是图样的简化画法。它们对绘制和识读工程图样有着极为重要的作用。

6.1 组合体的画法

6.1.1 组合体的画法

任何一个建筑形体都可以看成是一个难易不同的组合体。要画出组合体的投影应先把组合体分解为若干基本几何体,分析它们的相对位置、表面关系及组成特点,这一过程称为形体分析。下面结合实例介绍组合体的画图方法和步骤。

【例 6.1】 画切口形体的三面投影图。

【解】

(1)形体分析。

如图 6.1 所示,该形体可以看成是由长方体挖切而成,先切割出大梯形块 I,再挖切出半圆柱块 II,最后切割出小梯形块 III。

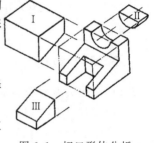

(2)视图选择。

在充分观察形体构造特点的基础上,从 3 个方面合理选择投影表达方案:

①合理安放,使形体放置平稳,合乎自然状态或正常工作位置(如房屋应放在地坪上,柱子应竖直放置,而梁应横向放置)。

图 6.1 切口形体分析

②以正面投影(V 向)为主反映形体主要特征,并兼顾其他投影。作图应简便清晰,力求反映各向实形、避免虚线。放置状态和 V 向选择如图 6.2(a)所示。

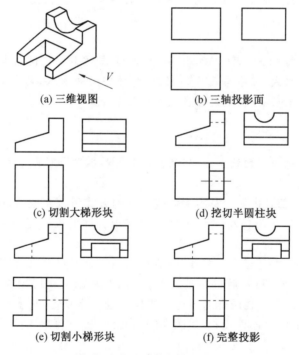

(a) 三维视图　　　　　　(b) 三轴投影面

(c) 切割大梯形块　　　　(d) 挖切半圆柱块

(e) 切割小梯形块　　　　(f) 完整投影

图 6.2 切口形体的画图步骤

③确定投影图(视图)数量。在确保完整、清晰表达形体的前提下,以投影图数量最少为佳。本例应采用 3 个投影图表示。(注:其他情况下,表达房屋建筑内外形状和构造时,需要用更多的视图。通常应拟定多种投影方案进行比较,择优作图。)

(3)定比例,选图幅。

先根据形体的大小和复杂程度确定绘图比例,再根据形体总体尺寸、比例确定投影图数量,最后结合尺寸标注填写标题栏和文字说明的需要确定图幅大小。

（4）画投影图。

先固定图纸、绘出图框和标题栏后，再按下列步骤绘图：

①合理布局，使各投影图及其他内容在整张图幅内安排匀称，重点是布置各投影图的作图基准线（如中心线、对称线、底面线或形体的总体轮廓），本例以长方形的总体轮廓进行布局，如图 6.2（b）所示。

②轻画底稿，可按先总体后局部、先大后小、先基本形体后组合关系、先实线后虚线的顺序进行，并注意各投影作图的相互配合和严格对应，如图 6.2（c）～（e）所示。

③检查漏误，加粗描深，全面检查各投影图是否正确，相互之间是否严格对应，改正错漏、擦去多余图线，按线型规范加粗描深，如图 6.2（f）所示。

（5）标注尺寸，填写文字、标记及标题栏。

【例 6.2】　画建筑形体的三面投影图。

【解】

（1）形体分析。

如图 6.3 所示，该建筑形体是一种双坡屋面的小平房、由五棱柱形正房Ⅰ、五棱柱形耳房Ⅱ，四棱柱形烟囱Ⅲ，长方形平台Ⅳ和长方形门窗洞口组成。Ⅰ和Ⅱ、Ⅲ之间属相贯式组合，Ⅳ与Ⅰ为叠加式组合，而Ⅰ上的门窗洞口属于挖切式组合。

（2）视图选择。

根据房屋的形状和使用特点、应将房屋底面放在 H 面（地面）上，而以正房（建筑主体）和门窗洞口作为主要投影方向（V 向），常称为正立面图；W 投影称侧立面图；H 投影称平面图。本例需要 3 个投影才能完整表达其形状。

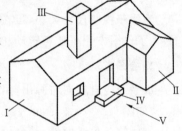

图 6.3　形体分析

（3）定比例选图幅（略）。

（4）画投影图。

如图 6.4 所示，其中门窗洞口的深度（虚线）未画出。相关绘图要求同例 6.1。

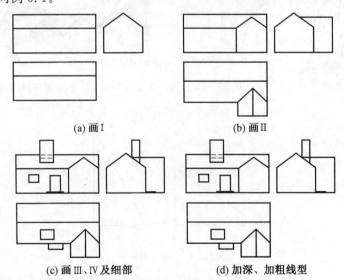

(a) 画Ⅰ　　　　　　　　　(b) 画Ⅱ

(c) 画Ⅲ、Ⅳ及细部　　　　(d) 加深、加粗线型

图 6.4　画建筑形体三投影图的步骤

(5)标注尺寸(略)。

6.1.2　徒手绘图

1.基本概念

徒手绘图是指不借助仪器,只用铅笔以徒手、目测的方法来绘制图样,通常称画草图。

在工程设计中,设计人员用草图记录自己的设计方案;在施工现场,技术人员用草图讨论某些技术问题;在技术交流中,工程师们用草图表达自己的设计思想;在教学活动中,由于计算机绘图的引入,对手绘图的要求逐渐降低,而加大了计算机绘图的比重。因此,徒手绘图是工程技术人员必备的一种绘图技能。

草图不要求完全按照国标规定的比例绘制,但要求正确目测实物形状和大小,基本上把握住形体各部分之间的比例关系。如一个物体的长、宽、高之比为 4:3:2,画此物体时,就要保持物体自身的这种比例。判断形体间比例的正确方法应是从整体到局部,再由局部返回整体的相互比较的观察方法。

草图不是潦草的图,除比例一项外,其余必须遵守国标规定,要求做到投影正确、线型分明,字体工整。

为便于控制尺寸大小,可在坐标纸(方格纸)上画徒手草图,坐标纸不要求固定在图板上,为了作图方便可任意转动和移动。

2.绘图方法

水平线应自左向右画出,铅垂线应自上而下画出,眼视终点,小指压住纸面,手腕随线移动,如图 6.5 所示。画水平线和铅垂线时要尽量利用坐标纸的方格线,除了 45°斜线可利用方格的对角线而外,其余可根据它们的斜率画,如图 6.6 所示。

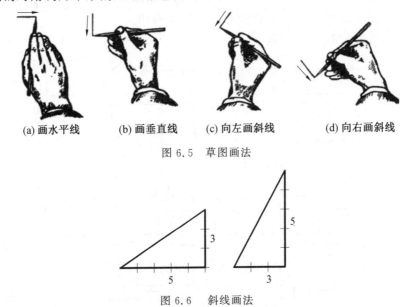

(a) 画水平线　　(b) 画垂直线　　(c) 向左画斜线　　(d) 向右画斜线

图 6.5　草图画法

图 6.6　斜线画法

画圆:画较小的圆,应先画出两条互相垂直的中心线,再在中心线上按半径定 4 个象限点,然后连成圆,如图 6.7(a)所示。如画较大的圆,可以再增画两条对角线,在对角线上找 4 段半径的端点,然后通过这些点描绘,最后完成所画的圆,如图 6.7(b)所示。

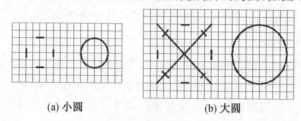

(a) 小圆 　　　　　(b) 大圆

图 6.7　草图圆的画法

3.草图画法示例

图 6.8、6.9 是草图画法的两个示例。

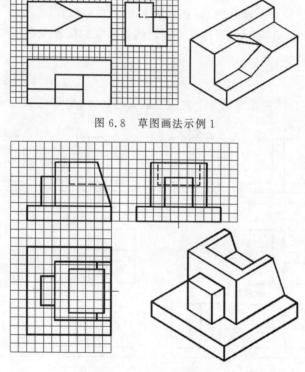

图 6.8　草图画法示例 1

图 6.9　草图画法示例 2

6.2　组合体的尺寸标注及其样式

在工程图样中,投影图只能反映建筑形体(组合体)的形状和各基本形体的相互关系,必须通过标注尺寸才能反映形体的真实大小。每一投影图的尺寸标注要求做到正确、完整、清晰、合理,各投影图互相配合,避免错漏、矛盾和不必要的重复。

6.2.1　尺寸分类

运用形体分析法来标注建筑形体的尺寸,可将尺寸分为 3 类。

1. 定形尺寸

定形尺寸是确定组合体中各基本形体形状大小的尺寸。

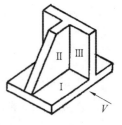

组合体如图 6.10 所示,可看成是长方形底板Ⅰ,正立梯形板Ⅱ和侧立长方形板Ⅲ叠加而成。分别标注其定形尺寸 Ⅰ——$a×b×c$,Ⅱ——$d(d_1)×e×f$,Ⅲ——$g×b×e$,如图 6.11(a)所示。

2. 定位尺寸

定位尺寸是确定组合体中各基本形体相对位置以及局部形状(缺口、孔、槽等)的位置尺寸。由图 6.10 可以看出,以底板Ⅰ为基础确定立板Ⅱ、Ⅲ的位置简便易测,但正立板Ⅱ处于对称位置,长宽高 3 个方向自然定位,不必标注定位尺寸。而侧立板Ⅲ的位置左右不对称、须标注定位尺寸 k(图 6.11(b))。

图 6.10　形体分析

3. 总体尺寸

总体尺寸是组合体在长宽高 3 个方向上最大的尺寸,见图 6.11(c)中的尺寸 a、b、h。

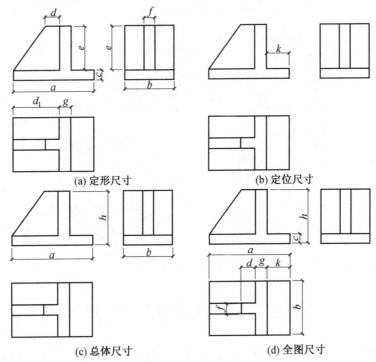

(a) 定形尺寸　　　　　　　(b) 定位尺寸

(c) 总体尺寸　　　　　　　(d) 全图尺寸

图 6.11　组合体尺寸标注

综合分析上述尺寸标注可以看出,分别标注 3 类尺寸时必然重复,造成多余甚至矛盾。为此应进行统筹调整,可概括为:先定形、再定位,最后调整总尺寸。统观图 6.11(a)

～(c),发现尺寸 d_1、e 是多余的,可以省去,只需标注 8 个尺寸(图 6.11(d))。经过调整,全图尺寸已排列整齐清晰。

6.2.2　尺寸配置

由于工程图样是用多面正投影来表达形体的形状,每个投影图可反映二维尺寸,若每个投影图都标全 3 类尺寸,势必造成图面庞杂零乱。为此,除了确保尺寸齐全,每个尺寸注法正确无误外,还应注意下列尺寸配置原则:

(1)反映实形。

只能在反映实形或真实大小的投影上标注尺寸。

(2)相对集中。

每一个基本形体或局部孔槽的定形、定位尺寸尽量集中,如图 6.11(d)所示,底板的长度 a 和宽度 b 集中在 H 投影上;所有长度尺寸集中在 V、H 投影图之间;所有高度尺寸都集中在 V 投影上,而 W 投影上未标尺寸。

(3)标注明显。

在形状特征明显的投影上标注尺寸,如圆孔的直径应标注在圆上,圆角的半径应标注在圆弧上。

(4)避虚就实。

尺寸尽量标注在可见投影上,避免注在虚线上。

(5)尽量注在图形外,严禁与图线重叠。

(6)排列整齐,避免交叉。

如图 6.11(d)中的长度和高度尺寸,既相对集中,又将大尺寸 a 和 h 放在外侧,小尺寸 d、g、k、c 放在内侧,且使 d、g、k 串联在一条线上,做到整齐清晰。

必须指出:由于建筑物的特殊性(体形庞大、尺寸精度要求不太高)和形体的多样性,尺寸标注既要严守规范,又有一定的灵活性,一是允许尺寸重复,但在数值上不得矛盾;二是以清晰合理为基础,可采用不同方案;三是采用一些通用的简化注法。图 6.12 为一柱座的尺寸标注,供读者分析参考。

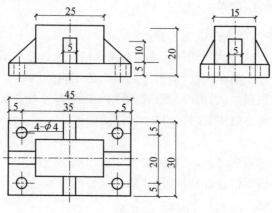

图 6.12　柱座尺寸标注

6.2.3　尺寸标注的关联性

一般情况下,AutoCAD 将构成一个标注的尺寸线、尺寸界线、尺寸起止符号和尺寸数字以块的形式组合在一起,作为一个整体的对象存在,这有利于对尺寸标注进行编辑修改。

AutoCAD 提供了几何对象与标注之间的 3 种类型的关联性,它们分别通过系统变量 Dimassoc 的不同取值控制。

(1)关联标注:尺寸为一整体对象。当关联的几何对象被修改时,尺寸标注自动调整其位置、方向和测量值。系统变量 Dimassoc 默认值为 2。如图 6.13 所示,尺寸标注随矩形边长的改变而改变。

(2)无关联标注:尺寸仍为一整体对象,但须与几何对象一起选定和修改。若只对几何对象进行修改,尺寸标注不会发生变化。系统变量 Dimassoc 设置为 1。

(3)分解的标注:此时尺寸的各组成部分为各自独立的单个对象。系统变量 Dimassoc 设置为 0,如图 6.14 所示,尺寸标注不随矩形边长的改变而改变。

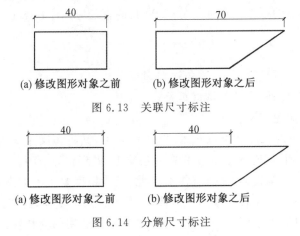

图 6.13　关联尺寸标注

图 6.14　分解尺寸标注

6.2.4　尺寸标注步骤

一般来说,图形标注应遵循以下步骤:

(1)为尺寸标注创建一独立的图层,使之与图形的其他信息分隔开。

为尺寸标注设置独立的标注层,对于复杂图形的编辑修改非常有利。如果标注的尺寸与图形放在不同的图层中,需修改图层时,可以先冻结尺寸标注层,只显示图层对象,这样就比较容易修改。修改完毕后,打开尺寸标注层即可。

(2)创建标注样式。

在进行具体的尺寸标注之前,应先设置尺寸各组成部分即尺寸线、尺寸界线、尺寸起止符号和尺寸数字等详细信息,同时对尺寸的其他特性如比例因子、格式、文本、单位、精度以及公差等进行设置。

(3)根据尺寸的不同类型,选择相应的标注命令进行标注。

6.2.5　创建标注样式

在创建标注时,AutoCAD 使用当前的标注样式。AutoCAD 为标注指定缺省的"Standard"样式,直到操作者将另一种样式设置为当前样式为止。"Standard"样式是根据但不完全按照美国国家标准协会(ANSI)标注标准设计的。如果开始绘制新的图形并选择公制单位,缺省的标注样式为"ISO-25"。DIN 和 JIS 图形样板分别提供了德国和日本工业标准样式。

AutoCAD 提供的创建和设置尺寸标注样式的命令是"Dimstyle",新建标注样式方法如下:

(1)命令调用方式。

①按钮:标注工具栏中的 。

②菜单:"标注"→"样式"。

③命令:Dimstyle(简写:D)。

通过以上任一方法调用"Dimstyle"命令后,将弹出图 6.15 所示的"标注样式管理器"对话框。除了创建新样式外,还可以利用此对话框对其他标注样式进行管理和修改。

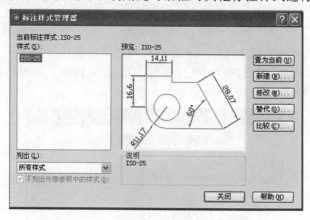

图 6.15　"标注样式管理器"对话框

"标注样式管理器"对话框中各选项含义如下:

①当前标注样式:显示当前标注样式名称。

②样式:"样式"列表中显示了当前图形中已设置的标注样式,当前样式被亮显。要将某样式设置为当前样式,可以选择该样式后,单击"置为当前"按钮。

③列出:从"列出"下拉列表中选择显示标注样式类型的选项。

a.所有样式:显示所有标注样式。

b.正在使用的样式:仅显示被当前图形引用的标注样式。

④预览:在"预览"区显示在"样式"列表中选中的样式。通过预览,可以了解"样式"列表中各样式的基本风格。

⑤置为当前:"置为当前"按钮的作用是将"样式"列表中选定的标注样式设置为当前样式。

⑥新建:单击"新建"按钮,将打开"创建新标注样式"对话框。

⑦修改:单击"修改"按钮,将打开"修改标注样式"对话框,如图6.16所示。

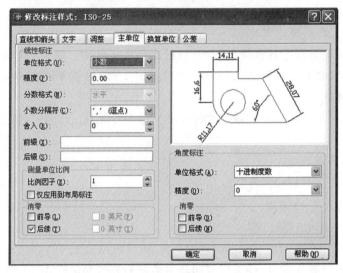

图6.16　"修改标注样式"对话框

⑧替代:单击"替代"按钮,将打开"替代当前样式"对话框。该对话框与"修改标注样式"对话框相似,在此对话框中可以设置标注样式的临时替代值。

⑨比较:单击"比较"按钮,将打开"比较标注样式"对话框。该对话框比较两种标注样式的特性或列出一种样式的所有特性,如图6.17所示。

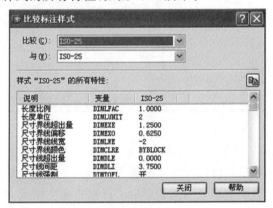

图6.17　"比较标注样式"对话框

(2)操作步骤。

若要创建新标注样式,可按以下步骤进行:

①在"标注样式管理器"对话框中,单击"新建"按钮,将弹出如图6.18所示"创建新标注样式"对话框。

②在"创建新标注样式"对话框中的"新样式名"文本输入框中输入新样式名。

③在"基础样式"下拉列表中,可以选择与需要创建的新样式最相近的已有样式作为基础样式。这样,新样式会继承基础样式的所有设置。在此基础上对新样式进行设置,可

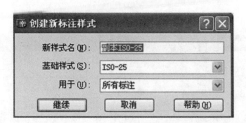

图 6.18　"创建新标注样式"对话框

以节省大量的时间和精力。

④在"用于"下拉列表中,可以选择新样式的应用范围,如图 6.19 所示。

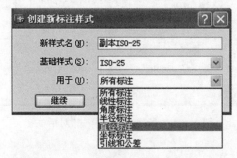

图 6.19　选择应用范围

如果在"用于"下拉列表中选择"所有标注",则可以创建一种新的标注样式;如果选择其中一种标注类型,则只能创建基础样式的子样式,用于应用到基础样式所选的标注类型中。利用"用于"选项,用户可以创建一种仅适用于特定标注样式类型的样式。

例如,假定"Standard"样式的文字对齐方式为与尺寸线对齐,但是希望在标注角度时,文字是水平对齐的。则可以选择"基础样式"为"Standard",并在"用于"下拉列表中选择"角度标注"。因为定义的是"Standard"样式的子样式,所以"新样式名"不可用。然后单击"继续"按钮,在打开的"创建新标注样式"对话框中,将文字的对齐方式改为水平对齐后,"角度标注"作为一个子样式显示在"标注样式管理器"里的"Standard"样式下面。

子样式创建完后,在使用"Standard"标注样式标注对象时,除角度标注文字为水平对齐外,其他标注文字均与尺寸线对齐。

⑤单击"继续"按钮,将打开"新建新标注样式"对话框。在对话框中包括"直线和箭头""文字""调整""主单位""换算单位"以及"公差"等 6 个选项卡,如图 6.20 所示。各选项卡的作用如下:

a."直线和箭头"选项卡。单击"直线和箭头"选项,将进入"直线和箭头"选项卡,如图 6.20 所示。该选项卡用来设置尺寸线、尺寸界线、箭头、圆心标记的外观和作用。

(a)"尺寸线"选项区。"尺寸线"选项区有"颜色""线宽""超出标记""基线间距"和"隐藏"5 个选项。分别介绍如下:

颜色:该选项区用于设置尺寸线的颜色。可以从下拉列表中选择颜色,如图 6.21 所示。如果从下拉列表中选择"其他"选项,则将打开"选择颜色"对话框,从中可以选择需要的颜色。

线宽:该选项区用于设置尺寸线的线宽。可以从下拉列表中选择宽度,如图 6.22

所示。

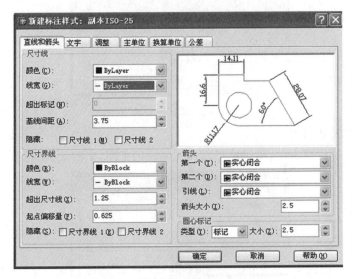

图 6.20　"新建新标注样式"对话框

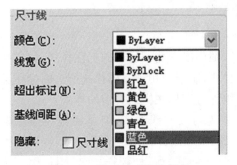

图 6.21　设置尺寸线的颜色

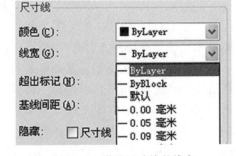

图 6.22　设置尺寸线的线宽

需要注意的是,尺寸线、尺寸界线以及文本的颜色和线型均宜设置为"随层",这样便于利用图层控制尺寸标注,从而进行高效绘图。

超出标记:该选项用于设置尺寸线两端超出尺寸界线的长度,一般设为 0,如图 6.23 所示。

基线间距:用于设置基线标注时尺寸线之间的间距,一般设为 7～8,如图 6.24 所示。

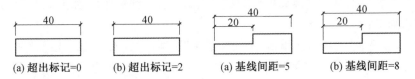

(a) 超出标记=0　　　(b) 超出标记=2　　　(a) 基线间距=5　　　(b) 基线间距=8

图 6.23　设置"超出标记"　　　　　图 6.24　设置"基线间距"

隐藏:该选项用于隐藏尺寸线。选中"尺寸线 1",则隐藏第一段尺寸线(图 6.25(a));选中"尺寸线 2",则隐藏第二段尺寸线(图 6.25(b));同时选中则隐藏整段尺寸线。

(b)"尺寸线"选项区。"尺寸界线"选项区共有"颜色""线宽""超出尺寸线""起点偏移量"和"隐藏"5 个选项,如图 6.26 所示。

各选项分别介绍如下:

(a) 隐藏尺寸线1　　(b) 隐藏尺寸线2

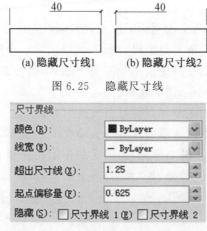

图 6.25　隐藏尺寸线

图 6.26　“尺寸界线”选项区

颜色、线宽:分别用于设置尺寸界线的颜色和线宽。

超出尺寸线:该选项用于设置尺寸界线在尺寸上方延伸的距离,一般设为 2,如图 6.27所示。

(a) 超出尺寸线=2　　(b) 超出尺寸线=4

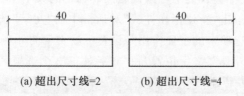

图 6.27　设置超出尺寸线

起点偏移量:该选项用于设置从图形中定义标注的点到尺寸界线起点的距离,一般应大于 2,如图 6.28 所示。

(a) 起点偏移量=2　　(b) 起点偏移量=5

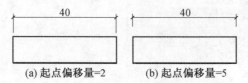

图 6.28　设置起点偏移量

隐藏:该选项用于隐藏尺寸界线。选中“尺寸界线 1”,则隐藏第一段尺寸界线;选中“尺寸界线 2”,则隐藏第二段尺寸界线;同时选中则隐藏整段尺寸界线。

(c)“箭头”选项区。“箭头”选项区(图 6.29)的作用是设置尺寸起止箭头的类型和大小。

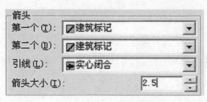

图 6.29　“箭头”选项区

选项区各选项含义如下：

第一个、第二个：通过这两个选项的下拉列表可以设置尺寸标注箭头的类型。当改变第一个箭头的类型时，第二个箭头类型将自动改变以同第一个箭头相匹配。如果需要使尺寸线上两个箭头不一样，则在改变第一个箭头类型后，接着改变第二个箭头类型，这样可以得到尺寸线上两个箭头不一样的效果。

引线：从该选项的下拉列表中可以设置引线箭头的类型。

箭头大小：可以在该文本输入框中设置箭头的大小，一般设为 2.5。

（d）"圆心标记"选项区。"圆心标记"选项区的作用是控制直径标注和半径标注的圆心标记和中心线的外观，包括"类型"和"大小"两个选项，如图 6.30 所示。

图 6.30　"圆心标记"选项区

类型：从该选项区的下拉列表中可以设置圆心标记的类型，共有"无""标记"及"直线"3 种类型可供选择。

大小：在该选项的文本输入框中可以设置圆心标记的大小。

b."文字"选项卡。单击"新建标注样式"对话框中的"文字"选项，将进入"文字"选项卡，如图 6.31 所示。该选项卡的主要作用是设置标注文字的外观、位置、对齐方式等。在该选项卡中，包括"文字外观""文字位置"和"文字对齐"3 个选项区，具体如下：

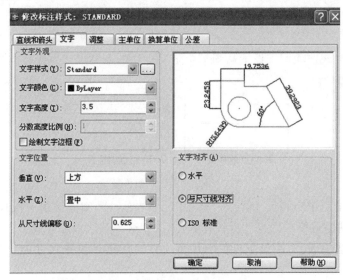

图 6.31　"文字"选项卡

（a）"文字外观"选项区。"文字外观"选项区主要用于设置标注文字的外观，包括"文字样式""文字颜色""文字高度""分数高度比例"以及"绘制文字边框"5 个选项，如图 6.32 所示。

文字样式：该选项用于设置当前标注文字的样式。可以在下拉列表中选择一种文字样式，也可以单击下拉列表右边的···按钮打开"文字样式"对话框创建新的标注文字

图 6.32　"文字外观"选项区

样式。

文字颜色：该选项用于设置标注文字的颜色，一般选择"随层"。

文字高度：该选项用于设置标注文字的高度。

需要注意的是，如果在创建"文字样式"时将文字的高度设置为大于 0 的值，则标注文字的高度使用"文字样式"中定义的高度，"文字高度"选项设置的文字高度不起作用；如果要使用"文字高度"选项所设置的高度，则必须将"文字样式"中文字的高度设置为 0。

分数高度比例：该选项的作用是设置分数相对于标注文字的比例。该选项只有在"主单位"选项卡中的"单位格式"选项设置为"分数"时才可用。

绘制文字边框：该选项的作用是在标注文字的周围绘制一个边框。

（b）"文字位置"选项区。"文字位置"选项区用于设置标注文字的位置。包括"垂直""水平"以及"从尺寸线偏移"3 个选项，如图 6.33 所示。

垂直：该选项区的作用是控制标注文字相对尺寸线的垂直位置，在下拉列表中共有"置中""上方""外部"和"JIS"4 个选项，用户可从预览区观察各选项的效果。

水平：该选项用于控制标注文字相对于尺寸线和尺寸界线的水平位置，在下拉列表中共有"置中""第一条尺寸界线""第二条尺寸界线""第一条尺寸界线上方"和"第二条尺寸界线上方"5 个选项。用户可从预览区观察各选项的效果。

从尺寸线偏移：该选项用于设置标注文字与尺寸线的距离，一般采用默认值。

（c）"文字对齐"选项区。"文字对齐"选项区用于控制标注文字的对齐方式，包括"水平""与尺寸线对齐"和"ISO 标准"3 个选项，如图 6.34 所示。

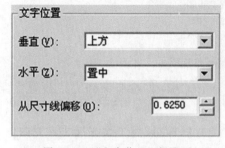
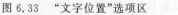
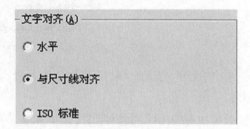

图 6.33　"文字位置"选项区　　　　　　　图 6.34　"文字对齐"选项区

水平：该选项用于水平放置标注文字。标注角度尺寸时宜选择该选项。

与尺寸线对齐：该选项用于将文字与尺寸线对齐，这是最常用的标注文字对齐方式。

ISO 标准：选中该选项，则当文字在尺寸界线内时，文字与尺寸线对齐。当文字在尺寸界线外时,文字水平排列。

c."调整"选项卡。单击"新建标注样式"对话框中的"调整"选项,将进入"调整"选项卡,如图 6.35 所示。该选项卡的主要作用是调整标注文字、箭头、引线和尺寸线的相对排列位置。在该选项卡中,包括"调整选项""文字位置""标注特征比例"和"调整"4 个选项区,具体如下:

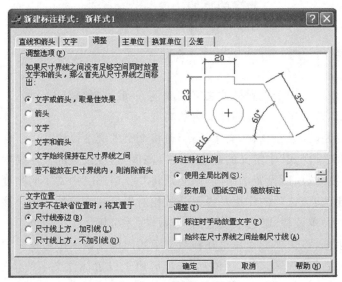

图 6.35 "调整"选项卡

(a)"调整选项"选项区。"调整选项"选项区用于控制基于尺寸界线之间的文字和箭头的位置。有 5 个单选项和一个复选项,如图 6.36 所示。

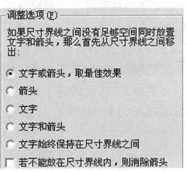

图 6.36 "调整选项"选项区

选中"文字或箭头,取最佳效果"选项,则 AutoCAD 将按照下列方式放置文字和箭头:

当尺寸界线的距离足够放置文字和箭头时,文字和箭头都放置在尺寸界线内,否则 AutoCAD 将按最佳布局移动文字和箭头(此项为默认选项);

当尺寸界线的距离仅够放置文字时,将文字放置在尺寸界线内,箭头放置在尺寸界线外;

当尺寸界线的距离仅够放置箭头时,将箭头放置在尺寸界线内,文字放置在尺寸界线外；

当尺寸界线的距离不够放置文字又不够放置箭头时，文字和箭头均放置在尺寸界线外。

选中"箭头"选项，则 AutoCAD 将按照下列方式放置文字和箭头：

当尺寸界线的距离足够放置文字和箭头时，文字和箭头都放置在尺寸界线内；

当尺寸界线的距离仅够放置文字时，将文字放置在尺寸界线内，箭头放置在尺寸界线外；

当尺寸界线的距离不够放置文字时，文字和箭头均放置在尺寸界线外。

选中"文字"选项，则 AutoCAD 将按照下列方式放置文字和箭头：

当尺寸界线的距离足够放置文字和箭头时，文字和箭头都放置在尺寸界线内；

当尺寸界线的距离仅够放置箭头时，将箭头放置在尺寸界线内，文字放置在尺寸界线外；

当尺寸界线的距离不够放置箭头时，文字和箭头均放置在尺寸界线外。

选中"文字和箭头"选项，则 AutoCAD 将按照下列方式放置文字和箭头：

当尺寸界线的距离足够放置文字和箭头时，文字和箭头都放置在尺寸界线内；

当尺寸界线的距离不够放置文字和箭头时，文字和箭头均放置在尺寸界线外。

选中"文字始终保持在尺寸界线之间"选项后，无论尺寸界线之间的距离是否能够容纳文字，AutoCAD 始终将文字放在尺寸界线内。

选中"若不能放在尺寸界线内，则消除箭头"选项，如果尺寸界线内没有足够的空间，则将箭头消除。

(b)"文字位置"选项区。"文字位置"选项区用于控制标注文字的移动位置。共有 3 个选项，如图 6.37 所示。

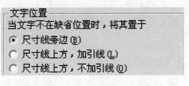

图 6.37　"文字位置"选项区

尺寸线旁边：选中该选项，AutoCAD 将标注文字放在尺寸线旁，如图 6.38(b)所示。

尺寸线上方，加引线：如果文字移动到远离尺寸线处，将创建一条从尺寸线到文字的引线，如图 6.38(c)所示。

尺寸线上方，不加引线：如果文字移动到远离尺寸线处，不用引线将尺寸线与文字相连，如图 6.38(d)所示。

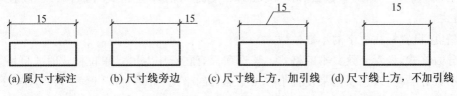

图 6.38　文字位置

（c）"标注特征比例"选项区。"标注特征比例"选项区用于设置全局标注比例或图纸空间比例，包括"使用全局比例"和"按布局缩放标注"2个选项，如图6.39所示。

使用全局比例：该选项的作用是设置标注样式的总体尺寸比例因子。此比例因子将作用于超出标记、基线间距、尺寸界线超出尺寸线的距离、圆心标记、箭头、文本高度等，但是不能作用于形位公差和角度，且全局比例因子的改变不会影响标注测量值。全局比例对标注的影响如图6.40所示。

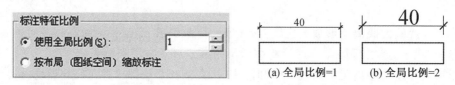

图6.39　"标注特征比例"选项区　　　　图6.40　全局比例对标注的影响

按布局（图纸空间）缩放标注：该选项的作用是根据当前模型空间视口和图纸空间的比例确定比例因子。

（d）"调整"选项区。"调整"选项区的作用是设置文字是自动定位还是手工定位，包括"标注时由手动放置文字"和"始终在尺寸界线之间绘制尺寸线"两个选项，如图6.41所示。

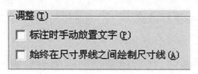

图6.41　"调整"选项区

标注时手动放置文字：该选项的作用是忽略所有水平对正设置，允许用户手工定位文本的标注位置。若不选择此项，则将按"文字"选项卡中设置的标注位置标注文本。

始终在尺寸界线之间绘制尺寸线：该选项的作用是即使将箭头放在尺寸界线之外，也始终在尺寸界线之间绘制尺寸线。

d."主单位"选项卡。单击"新建标注样式"对话框中的"主单位"选项，将进入"主单位"选项卡，如图6.42所示。该选项卡的作用是设置主标注单位的格式和精度，以及标注文字的前缀和后缀。在该选项卡中，包括"线性标注"和"角度标注"2个大选项区，具体如下：

（a）"线性标注"选项区。"线性标注"选项区的作用是设置线性标注的格式和精度，以及标注文字的前缀和后缀，如图6.43所示。

单位格式：该选项的作用是设置除角度标注之外的所有标注类型的单位格式，有"科学""工程""小数""建筑""分数"和"Windows桌面"6种单位格式可选择。一般宜选"小数"格式。

精度：设置标注数字的小数位数。

分数格式：设置分数文本的格式。该选项只有在选中"分数"单位格式时才可用。

小数分隔符：该选项用来设置小数点分隔符的格式，有"句号""逗号"和"空格"3种形式可供选择。

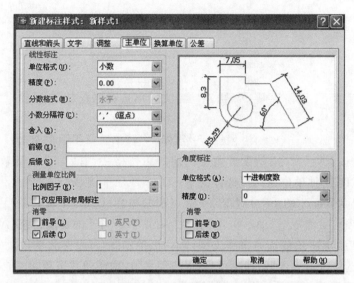

图 6.42　"主单位"选项卡

图 6.43　"线性标注"选项区

舍入:该选项的作用是设置除角度标注之外的所有标注类型的标注测量值的舍入规则。如果输入"0",则所有标注距离都是实际测量值;如果输入非零值"m",则所有标注距离都是以"m"为单位进行舍入,取最接近 m 的倍数作为标注值。

前缀:该选项的作用是给标注文字加一个前缀。

后缀:该选项的作用是给标注文字加一个后缀。

(b)"测量单位比例"选项区。"测量单位比例"选项区有"比例因子"和"仅应用到布局标注"2 个选项。

比例因子:设置线性标注测量值的比例因子。AutoCAD 按照此处输入的数值放大标注测量值。例如,如果输入"10",实际测量值为"12",则 AutoCAD 会将其标注为"120"。

仅应用到布局标注:仅对在布局中创建的标注应用测量单位比例因子。

(c)"消零"选项区。"消零"选项区包含"前导"和"后续"2 个选项。选中后 AutoCAD 将不输出前导零和后续零。

(d)"角度标注"选项区。"角度标注"选项区用来设置角度标注的格式和精度,以及是否消零等。包含"单位格式""精度"2 个选项和"消零"选项区,如图 6.44 所示。

图 6.44 "角度标注"选项区

单位格式:该选项的作用是设置角度标注的单位格式,有"十进制度数""度/分/秒""百分度"和"弧度"4 种单位格式可选择。

精度:设置角度标注的小数位数。

"消零"选项区:"消零"选项区包含"前导"和"后续"2 个选项。选中后 AutoCAD 将不输出前导零和后续零。

e."公差"选项卡。单击"新建标注样式"对话框中的"公差"选项,将进入"公差"选项卡,如图 6.45 所示。该选项卡的作用是控制公差格式。在该选项卡中,包括"公差格式"和"换算单位公差"2 个大选项区,以下主要介绍"公差格式"选项区的主要设置。

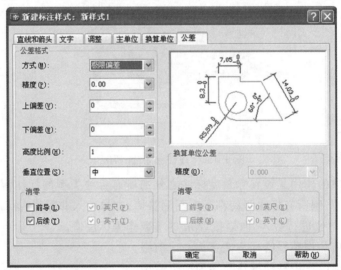

图 6.45 "公差"选项卡

"公差格式"选项区用于设置公差的计算方式、精度、上偏差值、下偏差值、高度比例以及垂直位置,如图 6.46 所示。

(a)方式:该选项的作用是设置计算公差的方式,共有 5 个选项。

无:不添加公差,如图 6.47(a)所示。

对称:添加正负公差。选中此项后,在"上偏差"中输入公差值(图 6.47(b))。

极限偏差:分别添加正负公差。AutoCAD 有不同的正负变量值。正号"+"位于在"上偏差"中输入的公差值前面,负号"-"位于在"下偏差"中输入的公差值前面,如图 6.47(c)所示。

极限尺寸:在这种标注中,AutoCAD 显示一个最大值和一个最小值,最大值等于标

图 6.46　"公差格式"选项区

注值加上"上偏差"中的输入值,最小值等于标注值减去"下偏差"中的输入值,如图 6.47(d)所示。

　　基本尺寸:创建基本标注。在这种标注中,AutoCAD 在整个标注文字周围绘制一个框,如图 6.47(e)所示。

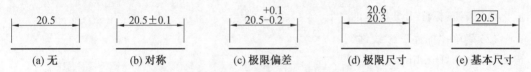

图 6.47　计算公差的各种方式

　　(b)精度:设置标注数字的小数位数。

　　(c)上偏差:可在文本输入框中输入上偏差值。

　　(d)下偏差:可在文本输入框中输入下偏差值。

　　(e)高度比例:用于设置公差值的高度相对于主单位高度的比例值。

　　(f)垂直位置:用于控制对称公差和极限公差文字的垂直位置,有上、中、下 3 个选项。如图 6.48 所示。

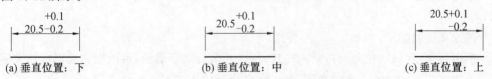

图 6.48　公差文字的垂直位置

　　至此,将"新建标注样式"对话框中各选项卡内容设置完成后,单击"新建标注样式"对话框中"确定"按钮,新的标注样式创建结束,就可以进行尺寸标注了。

6.3　尺寸标注

在创建了尺寸标注样式之后，就可以使用尺寸标注命令进行尺寸标注了。AutoCAD 2018 提供了 11 个尺寸标注命令，利用它们可以完成不同类型尺寸的标注。有 3 种方法可以启动尺寸标注命令：一是从"标注"下拉菜单中选择命令，二是通过"标注"工具栏选择命令（图 6.49）；三是在命令行直接输入命令。

图 6.49　"标注"工具栏

以下为各种尺寸标注命令的使用方法：

6.3.1　线性尺寸标注

线性尺寸标注功能是建筑绘图中最常用的标注类型，它用来标注两点之间水平或垂直方向的距离。

1. 命令调用方式

（1）按钮：标注工具栏中的 ┣━┫。

（2）菜单："标注"→"线性"。

（3）命令：Dimlinear。

2. 操作步骤

（1）以上任一方法调用"Dimlinear"命令后，命令行提示：

指定第一条尺寸界线原点或〈选择对象〉：

（2）打开捕捉，用鼠标指定第 1 个端点后，命令行接着提示：

指定第二条尺寸界线原点：

（3）用鼠标指定第 2 个端点后，命令行接着提示：

指定尺寸线位置或［多行文字（M）/文字（T）/角度（A）/水平（H）/垂直（V）/旋转（R）］：

各选项说明如下：

①多行文字（M）：在命令行输入"M"，将打开多行文字编辑，可以用它编辑标注文字。

②文字（T）：在命令行输入"T"，可以在命令行输入自定义标注文字。

③角度（A）：在命令行输入"A"，可设置标注文字的方向角。

④水平（H）：在命令行输入"H"，可创建水平线性标注。

⑤垂直（V）：在命令行输入"V"，可创建垂直线性标注。

⑥旋转（R）：在命令行输入"R"，可以设置尺寸线旋转的角度。

（4）在视口指定一点作为尺寸线的位置后，标注结束。

水平、垂直、旋转尺寸标注如图 6.50 所示。

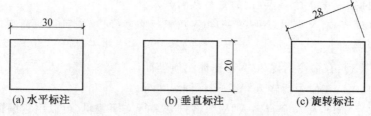

(a) 水平标注　　　　(b) 垂直标注　　　　(c) 旋转标注

图 6.50　水平、垂直、旋转尺寸标注

6.3.2　对齐尺寸标注

对齐尺寸标注功能用于标注斜线的长度。

1. 命令调用方式

(1)按钮:标注工具栏中的 ⊢⊣。

(2)菜单:"标注"→"对齐"。

(3)命令:Dimaligned。

2. 操作步骤

(1)以上任一方法调用"Dimaligned"命令后,命令行提示:

指定第一条尺寸界线原点或〈选择对象〉:

(2)用鼠标指定第 1 个端点后,命令行接着提示:

指定第二条尺寸界线原点:

(3)用鼠标指定第 2 个端点后,命令行接着提示:

指定尺寸线位置或[多行文字(M)/文字(T)/角度(A)]:

各选项含义同 6.3.1 节。

(4)在视口指定一点作为尺寸线的位置后,标注结束,如图 6.51 所示。

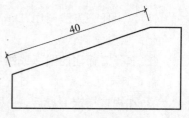

图 6.51　对齐标注

6.3.3　坐标尺寸标注

坐标尺寸标注功能用于标注指定点的 X 或 Y 坐标。AutoCAD 将坐标标注文字与坐标引线对齐。

1. 命令调用方式

(1)按钮:标注工具栏中的 。

(2)菜单:"标注"→"坐标"。

(3)命令:Dimordinate。

2. 操作步骤

(1)以上任一方法调用"Dimordinate"命令后,命令行提示:

指定点坐标:

(2)用鼠标指定第 1 个端点后,命令行接着提示:

指定引线端点或[X 基准(X)/Y 基准(Y)/多行文字(M)/文字(T)/角度(A)]:

各选项说明如下:

①X 基准(X):在命令行输入"X",则标注横坐标。

②Y 基准(Y):在命令行输入"Y",则标注纵坐标。

③多行文字(M):在命令行输入"M",将打开多行文字编辑,可以用它编辑标注文字。

④文字(T):在命令行输入"T",可以在命令行输入自定义标注文字。

⑤角度(A):在命令行输入"A",可设置标注文字的方向角。

(3)在视口指定一点作为引线的端点后,标注结束。

6.3.4　半径尺寸标注

半径尺寸标注功能用来标注圆弧和圆的半径。

1. 命令调用方式

(1)按钮:标注工具栏中的◉。

(2)菜单:"标注"→"半径"。

(3)命令:Dimradius。

2. 操作步骤

(1)以上任一方法调用"Dimradius"命令后,命令行提示:

选择圆弧或圆:

(2)选择需标注的圆弧或圆后,命令行接着提示:

指定尺寸线位置或[多行文字(M)/文字(T)/角度(A)]:

(3)在视口指定一点后,标注结束。

6.3.5　直径尺寸标注

直径尺寸标注功能用来标注圆弧和圆的直径。

1. 命令调用方式

(1)按钮:标注工具栏中的◉。

(2)菜单:"标注"→"直径"。

(3)命令:Dimdiameter。

2. 操作步骤

(1)以上任一方法调用"Dimdiameter"命令后,命令行提示:

选择圆弧或圆:

(2)选择需标注的圆弧或圆后,命令行接着提示:

指定尺寸线位置或[多行文字(M)/文字(T)/角度(A)]:

(3)在视口指定一点后,标注结束。

注意:在进行标注半径或直径之前,应先执行"标注样式"→"修改"按钮→"调整"选项卡,并在"调整"选项区中选择"文字"或"箭头"或"文字和箭头"选项,完成设置后再进行标注,这样才能标注合理的半径或直径尺寸。

6.3.6　角度尺寸标注

角度尺寸标注功能用于标注圆弧的圆心角、圆上某段弧对应的圆心角、两条相交直线间的夹角,以及根据三点标注夹角。

1.命令调用方式

(1)按钮:标注工具栏中的 。

(2)菜单:"标注"→"角度"。

(3)命令:Dimangular。

2.操作步骤

(1)以上任一方法调用"Dimangular"命令后,命令行提示:

选择圆弧、圆、直线或〈指定顶点〉:

(2)用户可以选择一个对象(圆弧或圆)作为标注对象,也可以指定角的顶点和两个端点标注角度。如果选择圆弧,AutoCAD 将把圆弧的两个端点作为角度尺寸界线的起点;如果选择圆,则把选取点作为尺寸界线的一个起点,然后指定尺寸界线的终点。如图6.52所示。

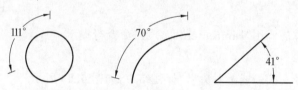

图 6.52　角度尺寸标注

6.3.7　快速引线标注

利用快速引线标注功能,可以实现多行文本旁注。旁注指引线既可以是直线,也可以是曲线;指引线的起始端既可以有箭头,也可以没有箭头。

1.命令调用方式

(1)按钮:标注工具栏中的 。

(2)菜单:"标注"→"引线"。

(3)命令:Qleader。

2.操作步骤

(1)以上任一方法调用"Qleader"命令后,命令行提示:

指定第一条引线点或[设置(S)]〈设置〉:

(2)在视口指定引线起点后,命令行接着提示:

指定下一点:

(3)在视口指定引线折线起点后,命令行接着提示:

指定下一点:

(4)在视口指定引线终点后,命令行接着提示:

指定文字宽度〈0〉:

(5)按回车键,命令行接着提示:

输入注释文字的第一行〈多行文字(M)〉:

(6)在命令行输入第 1 行注释文字后,按回车键,命令行接着提示:

输入注释文字的下一行:

(7)在命令行输入注释文字,按回车键,命令行接着提示:

输入注释文字的下一行:(重复第 6 步)

若注释输入结束,按两次回车键,结束标注。

6.3.8　圆心标记标注

圆心标记标注功能可以以一定的记号标记圆弧或圆的圆心(图 6.52)。

1.命令调用方式

(1)按钮:标注工具栏中的。

(2)菜单:"标注"→"圆心标记"。

(3)命令:Dimcenter。

2.操作步骤

(1)以上任一方法调用"Dimcenter"命令后,命令行提示:

选择圆弧或圆:

(2)在视口选择一圆弧或圆对象后,标注结束,如图 6.53 所示。

图 6.53　圆心标记

6.3.9　基线标注

基线标注功能用于创建一系列由相同的标注原点测量出来的标注。对于定位尺寸,可以利用基线标注命令进行标注,但必须注意的是,在进行基线尺寸标注之前,应先标注出基准尺寸。

1.命令调用方式

(1)按钮:标注工具栏中的。

(2)菜单:"标注"→"基线"。

(3)命令:Dimbaseline。

2.操作步骤

(1)以上任一方法调用"Dimbaseline"命令后,命令行提示:

指定第二条尺寸界线原点或[放弃(U)/选择(S)]〈选择〉:

(2)打开对象捕捉,用鼠标指定第 2 条尺寸界线原点后,命令行接着提示:

指定第二条尺寸界线原点或[放弃(U)/选择(S)]〈选择〉:

(3)用鼠标指定下一个尺寸界线原点后,AutoCAD 重复上述过程。所有尺寸界线原点都选择完后,按两次回车键,标注结束,结果如图 6.54 所示。

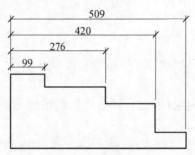

图 6.54　基线标注

6.3.10　连续标注

连续标注功能可以方便、迅速地标注出同一行或列上的尺寸,生成连续的尺寸线。在进行连续标注之前,应先对第 1 条线段建立尺寸标注。

1. 命令调用方式

(1)按钮:标注工具栏中的![按钮]。

(2)菜单:"标注"→"连续"。

(3)命令:Dimcontinue。

2. 操作步骤

(1)以上任一方法调用"Dimcontinue"命令后,命令行提示:

指定第二条尺寸界线原点或[放弃(U)/选择(S)]〈选择〉:

(2)打开对象捕捉,用鼠标指定第 2 条尺寸界线原点后,命令行接着提示:

指定第二条尺寸界线原点或[放弃(U)/选择(S)]〈选择〉:

(3)用鼠标指定下一个尺寸界线原点后,AutoCAD 重复上述过程。所有尺寸界线原点都选择完后,按两次回车键,标注结束,结果如图 6.55 所示。

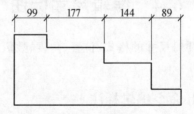

图 6.55　连续标注

6.3.11　快速标注

快速标注功能可以一次标注一系列相邻或相近的同一类尺寸,也可以标注同一个对象上多个点之间的尺寸。

1. 命令调用方式

(1)按钮:标注工具栏中的![按钮]。

（2）菜单："标注"→"快速"。

（3）命令：Qdim。

2.操作步骤

（1）以上任一方法调用"Qdim"命令后，命令行提示：

选择要标注的几何图形：

（2）选择要标注的多个对象（或组合对象），然后按回车键或单击鼠标右键，命令行接着提示：

指定尺寸线位置或[连续（C）/并列（S）/基线（B）/坐标（O）/半径（R）/直径（D）/基准点（P）/编辑（E）]〈连续〉：

（3）在命令行输入标注类型或者按"Enter"键使用缺省类型。

（4）在视口指定尺寸线位置后，标注结束，如图6.56所示。

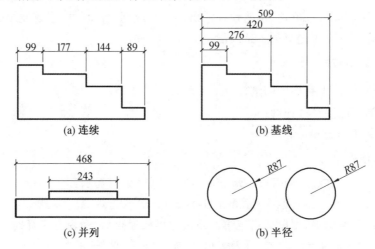

图6.56　各种快速标注

6.4　编辑尺寸标注

尺寸标注完后，有时需要对尺寸的格式、位置、角度、数值等进行修改。下面介绍尺寸的编辑方法。

6.4.1　利用 Dimedit 命令编辑标注

"Dimedit"命令可以为尺寸指定新文本、恢复文本的缺省位置、旋转文本和倾斜尺寸界线，还可以同时对多个标注对象进行操作。

1.命令调用方式

（1）按钮：标注工具栏中的 。

（2）命令：Dimedit。

2. 操作步骤

以上任一方法调用"Dimedit"命令后,命令行提示:

输入标注编辑类型[缺省(H)/新建(N)/旋转(R)/倾斜(O)]〈默认〉:

(1)缺省(H):把标注文字移回到缺省位置。

若在命令行输入"H",按回车键,命令行接着提示:

选择对象:

选取一要修改的尺寸对象,命令行接着提示:

选择对象:

不断选取尺寸对象。待要修改的尺寸对象选取完毕后,按回车键,命令结束。

(2)新建(N):打开"文字格式"修改标注文字。

若在命令行输入"N",按回车键,将打开"文字格式"。在"文字格式"中改变尺寸文本及其特性,设置完毕后,单击"确定"按钮,关闭此对话框。命令行接着提示:

选择对象:

选取一要修改的尺寸对象,命令行接着提示:

选择对象:

不断选取尺寸对象。待要修改的尺寸对象选取完毕后,按回车键,命令结束,如图6.57(b)所示。

(3)旋转(R):按指定角度旋转标注文字。

若在命令行输入"R",按回车键,命令行接着提示:

指定标注文字的角度:

在命令行输入角度数值后,按回车键,命令行接着提示:

选择对象:

选取一要修改的尺寸对象,命令行接着提示:

选择对象:

不断选取尺寸对象。待要修改的尺寸对象选取完毕后,按回车键,命令结束,如图6.57(c)所示。

(4)倾斜(O):调整线性标注尺寸界线的倾斜角度。AutoCAD 通常创建尺寸界线与尺寸线垂直的线性标注,当尺寸界线与图形中的其他图线重叠时本选项很有用处。

若在命令行输入"O",按回车键,命令行接着提示:

选择对象:

选取一要修改的尺寸对象后,按回车键,命令行接着提示:

输入倾斜角度(按"Enter"表示无):

在命令行输入角度数值后,按回车键,则尺寸界线旋转输入的角度数值,命令结束,如图 6.57(d)所示。

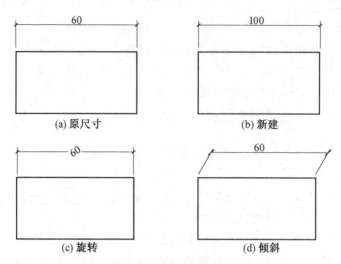

图 6.57 编辑尺寸标注

6.4.2 利用 Dimedit 命令编辑标注文字

利用"Dimedit"命令可以重新调整尺寸文本的位置。尺寸文本位置可在尺寸线的中间、左对齐、右对齐或尺寸文本旋转一定的角度。

1. 命令调用方式

(1)按钮:标注工具栏中的 ▲。

(2)菜单:"标注"→"对齐文字"。

(3)命令:Dimedit(简写:Dimed)。

2. 操作步骤

以上任一方法调用"Dimedit"命令后,命令行提示:

选择标注:

在视口选择要修改的尺寸对象后,命令行接着提示:

指定标注文字的新位置或[左(L)/右(R)/中心(C)/缺省(H)/角度(A)]:

指定标注文字的新位置后,命令结束,如图 6.58 所示。

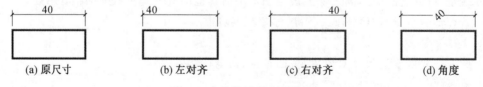

图 6.58 编辑尺寸文字位置

各选项说明如下:

①指定标注文字的新位置:在绘图区指定标注文字的新位置。

②左(L):沿尺寸线左移标注文字。本选项只适用于线性、直径和半径标注。

③右(R):沿尺寸线右移标注文字。本选项只适用于线性、直径和半径标注。

④中心(C):把标注文字放在尺寸线的中心。

⑤缺省(H):标注文字恢复到原来的状况。

⑥角度(A):将标注文字旋转一定角度。

6.4.3 利用"特性"窗口编辑标注特性

除了利用"Dimed"或"Dimedit"命令外，AutoCAD 还可以使用"特性"对话框来修改标注的特性。

选择"修改"→"特性"命令或在命令行输入"Properties"或单击"标准"工具栏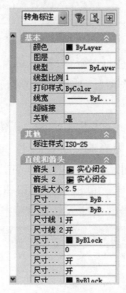，都可以打开"特性"窗口，如图 6.59 所示。

对于标注，可以通过"特性"窗口中的"基本""其他""直线和箭头""文字""调整""主单位""换算单位"和"公差"选项区修改标注尺寸的有关特性。

在"基本"选项区中，可以设置标注的基本特性，如颜色、图层和线型等。在"其他"选项区中，可以更改标注样式。其余几个选项卡的设置方法与"格式"→"标注样式"→"新建/修改/替代标注样式"对话框相同，这里不再赘述。

图 6.59 "特性"窗口

6.5 文字标注

6.5.1 文字样式

AutoCAD 图形中的文字都有与它关联的文字样式，文字样式是指控制文字外观的一系列特征，用于度量文字的字体、字高、角度、方向和其他特性。在绘图工程中，当关联的文字样式被修改时，图形中所有应用了此样式的文字均自动修改。我们可以在一个图形文件中设置一个或多个文字样式。

在创建文本之前，首先应选择好一种字体，确定字体的高度、宽度等，进而确定文字样式。AutoCAD 2018 定义文字样式的命令是"Style",可以通过以下 3 种方式启动"Style"命令：

(1)按钮：文字工具栏中的 $\mathbf{A}$ 。

(2)菜单："格式"→"文字样式"。

(3)命令：Style(简写：St)。

图 6.60 "文字样式"对话框

选择上述任意一种方式调用"Style"命令，系统将打开"文字样式"对话框。对话框包括样式名、字体、效果和预览 4 个选项区，如图 6.60 所示。在"文字样式"对话框中，可以创建、修改文字样式。

(1)样式名：该选项区包括"样式名"下拉列表、"新建"按钮、"重命名"按钮和"删除"按钮。其中，"样式名"文本框中内容为当前文字样式名。点取"样式名"列表框可弹出所有已建的样式名，选取一种样式后，对话框中的其他项目就显示该样式的相应设置。

①新建：用于定义新的文字样式。单击"新建"按钮，将弹出"新建文字样式"对话框，用户可以在对话框的"样式名"文本框中输入新建文字样式的名称，如图 6.61 所示。

图 6.61 "新建文字样式"对话框

②重命名：重新命名原有的文字样式名。

③删除：用于删除用户定义的文字样式名。

需要注意的是，"Standard"是一种缺省的文字样式，不可以重命名；"Standard"样式和在图形中已使用的文字样式不可以删除。

(2)字体：该选项包括"字体名""字体样式""高度"和"使用大字体"4 个选项。

①字体名：用于选择所需要的字体。AutoCAD 在"字体名"下拉列表中列出了所有注册的 TureType 字体，如宋体、仿宋体、黑体、楷体等，以及 AutoCAD 目录中"Fonts"文件夹中 AutoCAD 特有的字体(.shx)。

部分字体如图 6.62 所示。

建筑制图　宋体　　　　建筑制图　楷体

建筑制图　黑体　　　　建筑制图　仿宋体

图 6.62　部分字体

注意：

a.创建文本应先定义文字样式，并在"字体名"下拉列表中选择一种文字体（一般为仿宋体），否则汉字将无法正常显示。

b.在"字体名"下拉列表的上部和下部区域列出的为同名的汉字字体，选择所需汉字字体时最好在下部区域选择，因在默认状态下，上部区域的汉字字体是头朝左显示。

②字体样式：该选项用于是指定字体格式，如常规、斜体、粗体、粗斜体等。如果在"字体名"下拉列表中选择了".shx"格式的字体，则该选项变为"大字体"，用于选择大字体文件。

③高度：该选项的作用是根据输入的值设置文字的高度，默认值为 0。当输入一个非零值后，在使用各种创建文本命令创建文本时，均以该数值作为文字的高度。

需要注意的是，此数值最好采用默认值 0，这样便于在创建文本时灵活设置不同字体的高度。

④使用大字体：该选项用于指定亚洲语言的大字体文件。只有在"字体名"中选择了".shx"格式的字体，才可以使用大字体。

（3）效果：该选项区的主要作用是修改字体的特性，包括"颠倒""反向""垂直""宽度比例"以及"倾斜角度"5 个选项。

①颠倒：该选项的作用是倒置显示字符。

②反向：该选项的作用是反向显示字符。

需要注意的是，"颠倒"和"反向"只能控制单行文本，对多行文本不起作用。

③垂直：控制".shx"格式的字体垂直书写效果。

④宽度比例：该选项用于设定文字的宽高比。宽度比例大于 1 时，文字变宽；宽度比例小于 1 时，文字则变窄。

需要注意的是，"宽度比例"一般设置为 0.67（制图标准中的长仿宋体宽高比），其他选项采用默认设置。

⑤倾斜角度：该选项用于设置文字的倾斜角度。如果角度值为正，则文字向右倾斜；如果角度值为负，则文字向左倾斜。

（4）预览：该选项区的主要作用是动态显示文字样例。

6.5.2　文本的创建

完成文字样式的设定以后，就可以进行文本的创建。在 AutoCAD 2018 中，可根据文本的特点选择单行文本命令（"Text"或"Dtext"）或多行文本命令（Mtext）创建文本。

1.单行文本

对于一些简单的，不需要多种字体或多行的短输入文字项，可以用单行文本命令来创建文本。单行文本命令具有动态创建文本的功能。可以通过以下 3 种方式启动单行文本命令：

(1)按钮：文字工具栏中的 **AI**。

(2)菜单："绘图"→"文字"→"单行文字"。

(3)命令：Text 或 Dtext(简写：Dt)。

选择上述任意一种方法调用命令后，命令行提示：

当前文字样式：Standard　文字高度：2.5　指定文字的起点或[对正(T)/样式(S)]：

文字的起点为单行文字的左下角点，用鼠标在绘图区指定该点后，命令行接下来提示：

指定高度〈2.5〉：

可以按回车键选择默认高度，也可以输入新的文字高度值后按回车键，接下来提示：

指定文字的放置角度〈0〉：

可以按回车键选择默认高度，也可以输入新的角度后按回车键，接下来提示：

输入文字：

提示用户输入文字，在命令行输入的文字会同时在绘图区显示出来。

输入一行文字后按回车键，则自动换行，接着可继续输入第二行文字，也可再按回车键结束命令。

(1)单行文字控制符。

在实际设计绘图中，往往需要标注一些特殊的字符，如希望在一段文字的上方加上划线，标注"°""±""φ"等符号。由于这些特殊字符不能从键盘上直接输入，AutoCAD 提供了相应的控制符，以实现这些标注要求。

AutoCAD 的控制符由两个百分号(％％)以及后面紧接着的一个字符构成。单行文本中 AutoCAD 常用符号的输入代码见表 6.1。

表 6.1　单行文本中 AutoCAD 常用符号的输入代码

序号	代码	代码含义	举例
1	％％O	打开或关闭文字上划线	制图　表示为％％O 制图％％O
2	％％U	打开或关闭文字下划线	文字　表示为％％U 文字％％U
3	％％D	标注度(°)符号	90°　表示为 90％％D
4	％％P	标注正负公差(±)符号	±0.005　表示为％％P0.005
5	％％C	标注直径(φ)符号	φ500　表示为％％C500
6	％％％	标注百分号(％)	80％　表示为 80％％％

当在"输入文字："提示下输入控制符时，这些控制符将临时显示在屏幕上，当结束"Text"命令时，这些控制符即从屏幕中消失，转换成相应的特殊符号。

注意：在确定字高时，一般应选取标准字号(2.5 mm、3.5 mm、5 mm、7 mm、10 mm、14 mm、20 mm)，且汉字高度不宜小于 3.5 mm，字符高度不宜小于 2.5 mm。考虑到打印出图时的比例，在模型空间中确定文字高度时应把希望得到的字高(出图后图纸中文字的实际高度)除以出图比例来定制字高,例如:在出图比例为 1∶200 的图中,欲得到5 mm 的字高,定制字高值应为 $5 \div \dfrac{1}{200} = 1\,000$。

各选项说明如下:

①指定文字的起点:该选项指定单行文字起点位置。缺省情况下,文字的起点为左下角点。

②对正(J):该选项用语设置单行文字的对齐方式。在命令行输入"J"后按回车键,则系统提示:

输入选项[对齐(A)/调整(F)/中心(C)/中间(M)/右(R)/左上(TL)/中上(TC)/右上(TR)/左中(ML)/正中(ML)/右中(MR)/左下(BL)/中下(BC)/右下(BR)]:

其中常用的选项说明如下:

a.对齐(A):选择此项后,会要求给出两点,则文本将在点击的两点之间均匀分布,同时 AutoCAD 自动调整字符的高度,使字符的宽高比保持不变。

b.中间(M):该选项的作用是指定文字在基线的水平中点和指定高度的垂直中点上对齐。选择此项后,会要求指定一点,此点将是所输入文字的中心。此选项常用于设置墙体的轴线编号。

③样式(S):该选项用于设定当前文字样式。在命令行输入"S"后按回车键,则系统提示:

输入样式名或[?]〈Standard〉:

输入样式名后按回车键。

如果不知道需要应用的样式名,则可以在命令行输入"?",然后按回车键,则系统提示:

输入要列出的文字样式〈＊〉:

按回车键,AutoCAD 将弹出"文本窗口",在"文本窗口"中列出了所有已定义的文字样式及其特性,如图 6.63 所示。如果文字样式太多,在"文本窗口"中一屏显示不下,则显示其中的一部分,按回车键后可以显示下一屏,直到全部显示为止。

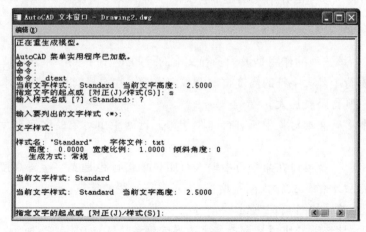

图 6.63　文本窗口

从"文本窗口"中查询文字样式后,就可以在命令行输入所需的文字样式,按回车键,然后按前面介绍的步骤创建单行文本。

2. 多行文本

前面介绍的"Text"和"Dtext"命令均可创建单行文本,如果在输入每一行文字后按回车键换行,则可以创建另一行单行文本,这样也可以得到多行文本。但是这样得到的"多行文本"中的每一行均视为一个独立的对象,不能作为一个整体进行编辑。

如果希望将输入的多行文本作为一个对象,就要使用"MText"多行文本命令。该命令可以激活多行文本编辑器,该编辑器有许多其他 Windows 文本编辑器具有的特征。通过它可以选择一种定义好的样式,改变文本高度,对某些字符设置加粗和斜体等格式,还可以选择一种对齐方式、定义行宽、旋转段落、查找和替换字符等。

(1)创建多行文本的步骤。

要创建多行文本,可以通过以下 3 种方式启动多行文本命令:

①按钮:绘图工具栏中的 **A**。

②菜单:"绘图"→"文字"→"多行文字"。

③命令:Mtext(简写:Mt)。

选择上述任意一种方法调用命令后,命令行提示:

指定第一角点:

在绘图区域内单击一点作为多行文字的第一个角点。命令行继续提示:

指定对角点或[高度(H)/对正(J)/行距(L)/旋转(R)/样式(S)/宽度(W)]:

在绘图区域中单击另一点作为多行文字的对角点,也可以输入各种参数进行格式设置。

各选项说明如下:

a. 指定第一角点:指定多行文本框的一角点。

b. 指定对角点:指定多行文本框上一角点的对角点。

c. 高度(H):该选项的作用是确定多行文本字符的文字高度。

d. 对正(J):该选项的作用是根据文本框边界,确定文字的对齐方式(缺省是左上)和文字走向。

e. 行距(L):该选项的作用是设置多行文本的行间距,有"至少"和"精确"两个选项。

至少:根据行中最大字符的高度自动调整文字行。在选择"至少"选项时,如行中包含有较大的字符,则行距会加大。

精确:强制多行文本对象中所有行间距相等。行间距由对象的文字高度或文字样式决定。

选择某一项后,就可以在命令行中输入行距。单倍行距是文字字符高度的 1.66 倍。可以用数字后跟"X"的形式输入间距增量,表示单倍行距的倍数。

不同的行距效果如图 6.64 所示。

f. 旋转(R):该选项的作用是设置文字边界的旋转角度,如图 6.65 所示。

g. 样式(S):该选项的作用是指定多行文本的文字样式。

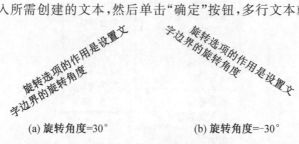

选择某一项后，就可以在命令行中输入行距。单倍行距是文字字符高度的1.66倍。可以以数字后跟X的形式输入的间距增量表示单倍行距的倍数。

选择某一项后，就可以在命令行中输入行距。单倍行距是文字字符高度的1.66倍。可以以数字后跟X的形式输入的间距增量表示单倍行距的倍数。

(a) 行距=1X　　　　　　　(b) 行距=1.5X

图 6.64　"行距"设置

h. 宽度(W)：该选项的作用是指定多行文本边界的宽度。

确定以上选项后，AutoCAD 将弹出"文字格式"对话框。在该对话框中，用户可以进行相应的设置，输入所需创建的文本，然后单击"确定"按钮，多行文本就创建完成了。

旋转选项的作用是设置文字边界的旋转角度

旋转选项的作用是设置文字边界的旋转角度

(a) 旋转角度=30°　　　　　　　(b) 旋转角度=-30°

图 6.65　"旋转角度"设置

(2)"文字格式"编辑的说明。

当绘图窗口中指定一个用来放置多行文字的矩形区域后，便可打开如图 6.66 所示的"文字格式"编辑器，编辑器由工具栏和文字输入窗口等组成，在文字输入窗口可以输入所需的文字，也可以从其他文件输入或粘贴文字等；在工具栏中包括文字样式、字体、字号、文字特性等内容，可以对输入文字进行编辑。

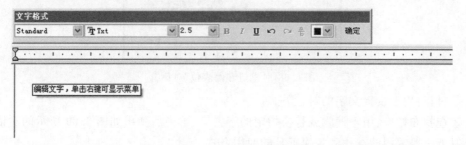

图 6.66　"文字格式"编辑器

在编辑文字属性的时候，当前的文字必须在选中的状态下，再进行属性编辑。当然也可以在文字编辑之前先将需要的属性设置好，再写入文字，此时文字将自动套用设置的属性。

在文字输入窗口中单击右键将出现快捷菜单，如图 6.67 所示。

其中主要选项说明如下：

①缩进和制表位：用于设置缩进与制表位等属性，选中后弹出如图 6.68 所示对话框。

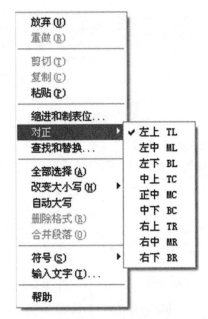

图 6.67　文字编辑器快捷菜单

图 6.68　"缩进和制表位"对话框

②对正：用于设置文字的对正方式。

③查找和替换：用于搜索或替换指定的字符串，选中后弹出如图 6.69 所示的对话框，其类似于一般常用的查找和替换工具的使用方式。

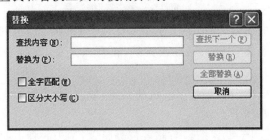

图 6.69　"查找和替换"对话框

④全部选择：可以直接选择当前窗口中的文字，以便之后的属性修改。

⑤改变大小写：可以使选中的输入窗口中的文字改变为大写或小写。

⑥自动大写：可以使后面输入的文字自动为大写，但不改变选中前输入文字的大

小写。

⑦删除格式：可以删除文字中应用的格式。

⑧合并段落：可以合并选中文字的段落。

⑨符号：可以输入一些特殊的字符，例如度数、正负号、直径等。多行文字控制符输入如下：

a.希腊字母中 α、β、γ 等特殊字符的输入法。

第一种方法：当系统提示"输入文字"时，切换到中文输入法，在中文输入法工具栏 **A 极品五笔** 右侧的软键盘上单击右键，从弹出的快捷菜单中选择"希腊字母"菜单项，系统会弹出如图 6.70 所示的软键盘。

图 6.70　软键盘

在软键盘上单击所需输入字母对应的按钮，即可完成该字符的输入；输入完成后，单击输入法工具栏上的"打开/关闭软键盘"按钮，关闭软键盘。连续两次按下"Enter"键，完成希腊字母的输入。

第二种方法：用户可以点击"符号"选项中的"其他"自选项，此时 AutoCAD 弹出如图 6.71 所示的对话框。

在图 6.66"文字格式"编辑器区域内，单击右键，出现图 6.67 所示的快捷菜单；在"符号"中单击"其他"，显示"字符映射表"对话框；从中选择需要的字符，点击"选择"后，点击"复制"并关闭对话框，在文字输入窗口选择"粘贴"，即可完成大多数特殊字符的插入工作。

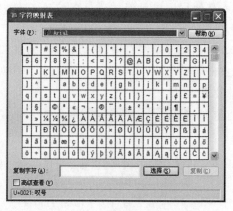

图 6.71　"字符映射表"对话框

b.堆叠文字的输入方法。

在"文字格式"编辑器输入区域内，斜杠(/)表示垂直地堆叠文字，由水平线分隔；磅符号(♯)表示对角地堆叠文字，由对角线分隔；插入符(˄)表示创建公差堆叠，不用直线分隔。

分数(水平)$\dfrac{3}{4}$，分数(斜)3/4，幂 m^2，公差 $10.5^{+0.01}_{-0.01}$ 等示例的输入如下。

在文字格式输入区域内，输入用于创建堆叠文字的符号"3/4""3♯4""m2˄"和"10.5+0.01˄−0.01"；

选择需要堆叠的字符 3/4、3♯4、2˄、+0.01˄−0.01 后字符反黑显示，然后单击"文字格式"工具栏的"堆叠($\dfrac{a}{b}$)"按钮，即可完成堆叠文字的输入。

c.大多数特殊符号的输入法可用快捷键。

在"文字格式"编辑器输入区域内，输入表 6.2 中的代码后，将带"\"的符号选择成反黑显示，单击"确定"后，即可得到表中代码所代表的意义。若得到的是乱码，说明所选字体不适应，重新选择字体(字体多用 Arial)。

表 6.2　多行文本中特殊符号的快捷键输入代码

序号	快捷键代码	代表意义	举　　例
1	\u+00D7	乘号(×)	5×6　表示为 5\u+00D76
2	\u+00F7	除号(÷)	2÷3　表示为 2\u+00F73
3	\u+2220	角度(∠)	∠ABC　表示为\u+2220ABC
4	\u+0394	误差值(△)	△5　表示为\u+03945
5	\u+2261	恒等于(≡)	A≡B　表示为 A\u+2261B
6	\u+2260	不相等(≠)	C≠D　表示为 C\u+2260D
7	\u+2126	欧姆(Ω)	45 Ω　表示为 45\u+2126
8	\u+00B2	上标2(^{2})	m^2　表示为 m\u+00B2

⑩输入文字：可以导入其他程序中已经编辑好的文本文件，默认为".txt"格式文件，也可是".rtf"格式文件。

另外，在文字输入窗口的标尺上单击右键，可以出现"缩进和制表位"和"设置多行文字宽度"的快捷菜单。当点击"设置多行文字宽度"选项时，弹出如图 6.72 所示的对话框，从中可以设置多行文字的宽度。

图 6.72　"设置多行文字宽度"对话框

在多行文字命令(Mtext)中还可以直接使用 Word 等文本编辑软件进行编辑。Mtext 文字格式为 AutoCAD 提供了 Windows 文字处理软件所具备的界面和工作方式，

甚至可以利用 Word 的强大功能编辑文本,这一功能可用如下方法实现:

打开"工具"→"选项"→"文件"→"文本编辑器、词典和字体文件名"→"文本编辑器应用程序"→"Internal"程序名,双击此文件名,出现"选择文件"对话框,找到需要的应用程序文件,如"Winword.Exe",单击"打开"按钮,返回"选项"对话框,确认后设置完毕。完成以上设置后,用户如再使用"Mtext"命令,系统将自动调用我们熟悉的应用程序(如Word),从而为 AutoCAD 中的文本锦上添花。

6.5.3　编辑文本

文本创建后,若要对其进行修改,可以选择"修改"→"对象"→"文字"菜单中的"编辑""比例""对正"选项来编辑文本,但更方便快捷的编辑文本的方法是利用"Ddedit"命令或利用"特性"对话框。

1. 利用 Ddedit 命令编辑文本

AutoCAD 中编辑文本的基本命令是"Ddedit"。如果编辑文本时,只需要修改文字的内容,而不修改文字特性时,则可以采用 Ddedit 命令。启动"Ddedit"命令后,AutoCAD会提示选择需要编辑的文本对象,用户可以选择单行文本,也可以选择多行文本。

可以通过以下 3 种方式启动"Ddedit"命令:

(1)按钮:文字工具栏中的 。

(2)菜单:"修改"→"对象"→"文字"。

(3)命令:Ddedit(简写 Ed)。

选择上述任意一种方式调用命令后,命令行提示:

选择注释对象或[放弃(U)]:

选择单行文本,AutoCAD 将打开"编辑文字"对话框,从中可以修改文字内容,如图6.73 所示。选中单行文本后,双击鼠标也可以打开"编辑文字"对话框。

图 6.73　"编辑文字"对话框

若选择多行文本,则 AutoCAD 将打开"文字格式"编辑对话框,从中可以修改文字内容,也可以修改文字的各种特性,如图 6.74 所示。选中多行文本后,双击鼠标也可以打开"文字格式"对话框。

图 6.74　"文字格式"编辑对话框

2. 利用"特性"对话框编辑文本

选择"修改"→"特性"命令或单击标准工具栏中的  按钮,AutoCAD 将打开"特性"对话框。选中单行文本或多行文本后,就可以在"特性"对话框中编辑文本。

在"特性"对话框中,用户不仅可以修改文本的内容,而且可以重新选择文本的文字样式,设定新的对正类型,定义新的高度、旋转角度、宽度比例、倾斜角度、文本位置以及颜色等该文本的所有特性。

单行文本和多行文本的"特性"对话框稍有差别,如图 6.75 所示。

(a) 单行文本的"特性"对话框　　　　(b) 多行文本的"特性"对话框

图 6.75 "特性"对话框

6.6　组合体的读图方法

根据组合体的投影图想象出它的形状和结构,这一过程称为读图。读图是画图的逆过程,是从平面图形到空间形体的想象过程。因此,画图与读图是相辅相成的,是不断提高和深化识图能力的过程。通过前面各章节的学习,读者不但要熟悉工程图样绘制规范、更要熟练掌握三面正投影图的形成原理,几何元素的投影特性,基本形体及组合体的投影表达方法,这是读图的基础。

综合前述各章节关于画图和读图的讨论,对组合体投影图的识读方法可以概括为 3 种:投影分析法、形体分析体、线面分析法。

6.6.1　投影分析法

多面正投影图的核心是任何形体必须用两个以上,甚至更多的投影图互相配合才能表达清楚。因此,必须首先弄清用了几个投影图,以及它们的对应关系。从方位到线框图线都要一一对应,弄清相互关系。

6.6.2　形体分析法

在投影分析的基础上,一般从正面投影入手,将各线框和其他投影对应起来,分析所处方位(上下左右前后)和层次,想象局部形状(基本形体或切口形体),再将各部分综合起来想象整体形状及组合关系。

6.6.3　线面分析法

对于较复杂的投影图,仅用投影分析法和形体分析法不一定能完全看懂,这就需要用点、线、面的投影特性来分析投影图中每个线框、每条线、每个交点分别代表什么,进而判断形体特征及其组合方式。若投影图标注有尺寸,可借助尺寸判断形体大小和形状(如 $S\phi \times \times$ 可判定是球体)。

验证是否看懂投影图的方法,除了可用制作实物来证明外,还可用下列方法来检验:

(1)画出立体图。

(2)补第三投影图或补图线。

(3)改正图中错处。为此,分别列举实例进行讨论。

【例 6.3】　根据三面投影图想象出形体的空间形状,如图 6.76(a)所示。

【解】

(1)投影分析。

由图 6.76(a)可以看出该图给出了常见的三面投影,根据"长对正",自左至右逐一对应 V、H 投影上 5 条竖向直线的位置;根据"高平齐",自上而下对应 V、W 投影上 5 条横向直线的位置;根据"宽相等",自前向后对应 4 组直线转折 $90°$ 后的位置。

(2)形体分析。

在弄清投影对应关系后,由 V、H 投影可将图形划分为两部分,如图 6.76(b)所示,图中用粗细线区分左右两部分,左边粗线部分可看成是一 T 形立柱,其上被正垂面斜截而成(图 6.76(c))。而右边细线部分则是一长方块上开了一个方槽(图 6.76(d))。最后将两部分形状合在一起就得出整体形状(图 6.77(a))。

必须指出,将投影图形划分成两部分是一种假想的思维方法,若结合处共面或是连续的光滑表面,则没有分界线,如图 6.77(a)中"×"处所示。此外,该形体也可看成是一长方体被截切去 5 块而成,如图 6.77(b)所示。

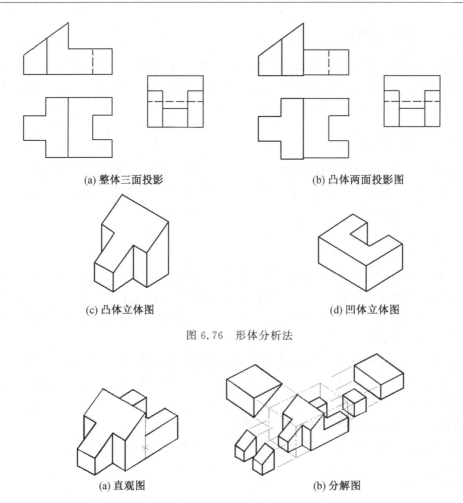

(a) 整体三面投影　　　　　　　　　　(b) 凸体两面投影图

(c) 凸体立体图　　　　　　　　　　　(d) 凹体立体图

图 6.76　形体分析法

(a) 直观图　　　　　　　　　　　(b) 分解图

图 6.77　形体分析

【例 6.4】　已知一组合体的 V、H 投影(图 6.78(a)),补画其 W 投影。

【解】

(1)投影分析。

根据已知的 V、H 投影按"长对正"自左至右对应出各点线的位置,并注意 V 面投影的上下层次和 H 面投影的前后层次。

(2)形体分析。

由水平投影的半圆对应正面投影最左、最右侧直线,结合上下层次,可看出形体的下部是一水平半圆板;而由正面投影上部的半圆形和直线对应到水平投影可知,形体的上半部分显然是一正立的方形半圆板、放置于水平半圆板上方的后部(图 6.78(b))。

(3)线面分析。

由 V 面上的圆对应到 H 面上的两条虚线,可以看出其代表半圆板上的圆孔(图 6.78(c));将 V 面半圆板中上部的矩形线框对应到 H 面上半圆板中部前方的矩形与弧组成的线框,可以看出是在半圆板前部上方开了一方形槽(图 6.78(d));将 V 面上水平半圆板的左右对称性切口对应到 H 面上的两条直线,可以看出是半圆板左右切去弧形块,并补画

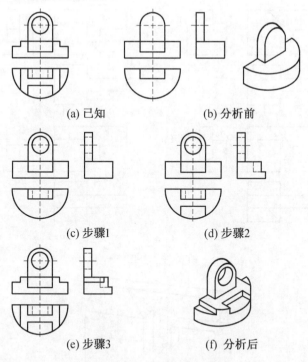

图 6.78　补画第三投影

出完整的 W 投影图(图 6.78(e))。最后综合想象出形体的整体形状(图 6.78(f))。

【例 6.5】　补画榫头三面投影图中所缺图线。如图 6.79(a)所示。

【解】

(1)投影分析。

根据三面投影"长对正、高平齐、宽相等"的投影规律、对 3 个投影图上各点、线初步查找其对应关系,判断可能缺少图线的位置。

(2)形体分析。

对照 V、H 投影可以看出形体由左右两部分组成,左半部分是高度为 A 宽度为 B 的长方块,左下方有一长方形切口 C。由此可对应画出 H 面投影上的虚线,W 面投影上的矩形图线及一条与切口对应的实线,如图 6.79(b)所示。右半部分也可初步判断为长方体。

(3)线面分析。

对右半部分的长方体进行三面投影互相对应分析,可以看出长方体后上方被截切一长方形切口 D;而前上方被侧垂面 P 和正垂面 Q 斜切形成斜线 EF。从而对应补画出有关图线,其中棱线 $g'f'$ 遮住了后方的虚线(图 6.79(c))。

(4)综合整理加粗描深(图 6.79(d)),想象出的空间形状直观图如图 6.80 所示。

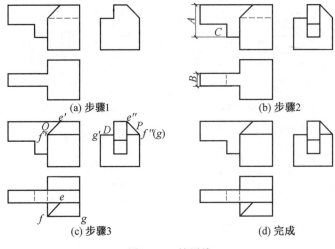

图 6.79　补图线

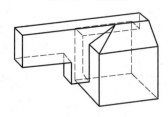

图 6.80　直观图

【例 6.6】　已知一半球体被 4 个平面截切,以 H 投影为准,改正图 6.81(a)中 V、W 投影的错处。

【解】　由题意和图 6.81(a)可知,半球体被两正平面和两侧平面截切,其水平投影积聚成直线;而平面截切球体时,其截交线应是圆弧,分别在 V、W 面上反映实形(半圆)。因此,图 6.81(a)中打"×"号的两条直线是错的,应改成图 6.81(b)中的半圆,相当于球形屋顶的 4 道墙面。

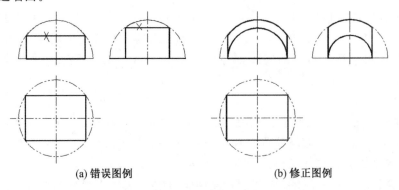

(a) 错误图例　　　　　　　　(b) 修正图例

图 6.81　改正错误图线

【例 6.7】　参考图 6.82(a),若其 H 投影不变,试构思 V 面投影不同的其他形体。

图 6.82(a)反映两个铅垂圆柱同轴叠加式组合体的投影,水平投影的两个圆有积聚性。若水平投影不变,则在不同高度层次内可形成多种组合方案,如图 6.82(b)～(d)

所示。

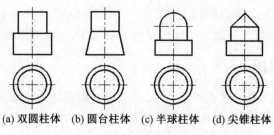

(a) 双圆柱体 (b) 圆台柱体 (c) 半球柱体 (d) 尖锥柱体

图 6.82 水平投影相同的形体构思

6.7 常用视图

视图用于表达建筑形体各个方向的外观形状,故尽量取消虚线的使用。在一般情况下规定了 6 个基本视图,在特殊情况下可使用有关辅助视图。

6.7.1 基本视图

将图 6.83(a)所示形体置于一个互相垂直的六投影面体系中(图 6.83(b)),以前(A向)后(F向)左(C向)右(D向)上(B向)下(E向)6 个方向分别向 6 个投影面作正投影,得到 6 个正投影图(视图)。A 向得正立面图(原称正面投影或 V 面投影),B 向得平面图(原称水平投影或 H 面投影),C 向得左侧立面图(原称左侧面投影或 W 面投影),D 向得右侧立面图,E 向得底面图,F 向得背立面图。其展开方向如图 6.83(b)所示,展开后的配置如图 6.83(c)所示,图名可省略。为了节约图纸幅面,可按图 6.83(d)配置,但必须在各图的正下方注写图名,并在图名下画一粗横线。

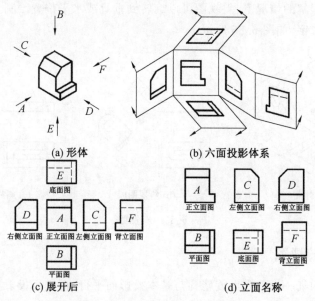

图 6.83 基本视图的形成、配置与名称

由形成过程可以看出,6个基本视图仍然遵守"长对正、高平齐、宽相等"的投影规律,作图与看图时要特别注意它们的尺寸关系、方位关系和对应关系。在使用时,应以三视图为主,合理确定视图数量。如表达一幢房屋的外观,就不可能有底面图。

6.7.2　局部视图

当物体的某一局部尚未表达清楚,而又没有必要画出完整视图时,可将局部形状向基本投影面进行投射,得到的视图称为局部视图。如图 6.84 所示形体的左侧凸台,只需从左投射,单独画出凸台的视图,即可表示清楚。

局部视图的范围用波浪线表示。当局部结构完整且外形轮廓封闭时波浪线可省略不画。局部视图需在要表达的结构附近,用箭头指明投影方向,并注写字母,在画出的局部视图下方注出视图的名称"X 向",如图 6.84 所示。

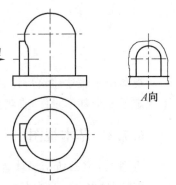

A向

当局部视图按投影关系配置,中间又没有其他图形隔开时,可省略上述标注。

6.7.3　斜视图

图 6.84　局部视图

当物体的某个表面与基本投影面不平行时,为了表示该表面的真实形状,可增加与倾斜表面平行的辅助投影面,倾斜表面在辅助平面上的正投影称为斜视图。

斜视图也是表示物体某一局部形状的视图,因此也要用波浪线表示出其断裂边界,其标注方法与局部视图相同。

在不致引起误解的情况下,斜视图可以旋转到垂直或水平位置绘制,但须在视图的名称后加注"旋转"二字,如图 6.85 所示。

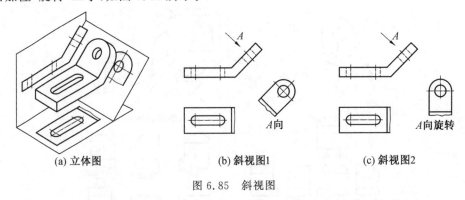

(a) 立体图　　　　　(b) 斜视图1　　　　　(c) 斜视图2

图 6.85　斜视图

6.7.4　旋转视图

假想将物体的某一倾斜表面旋转到与基本投影面平行,再进行投射,所得到的视图称为旋转视图,如图 6.86 所示。

该法常用于建筑物各立面不互相垂直时表达其整体形象。

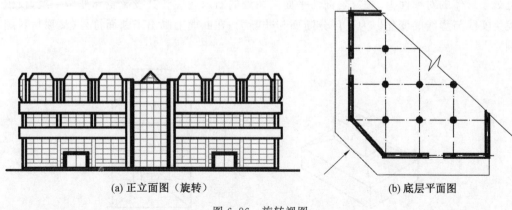

(a) 正立面图（旋转）　　　　　　　　　　(b) 底层平面图

图 6.86　旋转视图

6.7.5　镜像视图

假想用镜面代替投影面,按照物体在镜中的垂直映像绘制图样,得到的图形称为镜像视图。镜像视图多用于表达顶棚平面以及有特殊要求的平面图。采用镜像投影法所画出的图样,应在图名之后加注(镜像)二字,如图 6.87 所示。

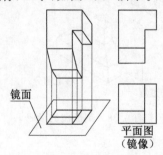

镜面

平面图
（镜像）

图 6.87　镜像视图

6.8　剖面图

三视图虽然能清楚地表达出物体的外部形状,但内部形状却需要用虚线来表示,对于内部形状比较复杂的物体,在图上就会出现较多的虚线,虚实重叠,层次不清,看图和标注尺寸都比较困难。为此,国标规定用剖面图表达物体的内部形状。

6.8.1　剖面图的形成与基本规则

1. 剖面图的形成

假想用一个剖切平面将物体切开,移去观察者与剖切平面之间的部分,将剩下的那部分物体向投影面投影,所得到的投影图就称为剖面图,简称为剖面。

图 6.88 所示为一杯形基础,图 6.88(a)(b)为剖切前的立体图和两个基本视图,其杯形孔在正立面图中为虚线。图 6.88(c)为剖切过程,假想的剖切平面 P 平行于投影面 V,

且处于形体的对称面上。这样,剖切平面剖切处的断面轮廓和其投影轮廓完全一致,仅仅发生实线与虚线的变化。为了区分断面与非断面,在断面上画出了断面符号(又称材料图例)。

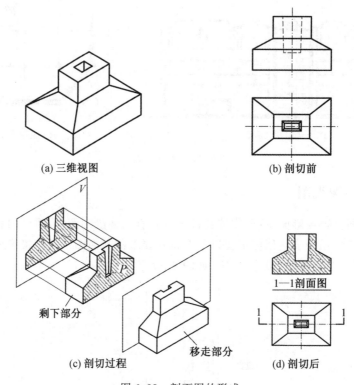

(a) 三维视图　　　　　　　　　　(b) 剖切前

剩下部分　　　　　移走部分

1—1剖面图

(c) 剖切过程　　　　　(d) 剖切后

图 6.88　剖面图的形成

2. 画剖面图的基本规则

根据剖面图的形成过程和识别需要,可概括出画剖面图的基本规则如下:

(1)假想的剖切平面应平行于被剖视图的投影面,且通过形体的相应投影轮廓线而不致产生新的截交线。剖切面最好选在形体的对称面上。

(2)剖切处的断面用粗实线绘制,其他可见轮廓线用细实线或中粗线。不可见的虚线只在影响形体表达时才保留。

(3)为了区分断面实体和空腔,并表现材料和构造层次,需要在断面画上材料图例(也称剖面符号)。其表示方法有 3 种:一是不需明确具体材料时,一律画 45°方向、间隔均匀的细实线,且全图方向、间隔一致;二是按指定材料图例(表 6.3)绘制,若有两种以上材料,则应用中实线画出分层线;三是在断面很狭小时,用涂黑(如金属薄板、混凝土板图例)或涂红(如小比例的墙体断面)表示。

(4)标注剖切代号。在一组视图中,为了标明剖面图与其他视图的关系,一般应标注剖切代号,它包含 4 项内容:一是在对应的视图上用粗短线标记剖切平面的位置,一般将粗短线画在图形两边,长 6~10 mm;二是对剖切平面编号,用阿拉伯数字或罗马数字依次注写在粗短线外侧;三是标记剖面图的投影方向,在粗短线的外端顺投影方向画粗短线,长 4~6 mm,如 I └　┘I;四是在剖面图下方图名处注写剖面编号,如 I—I 剖面图。

(5)在一组视图中,无论采用几个剖面图,都不影响其他视图的完整性。

表 6.3　常用建筑材料图例

序号	名称	图例	说明
1	自然土壤		细斜线为 45°(以下均相同)
2	夯实土壤		—
3	砂、灰土粉刷	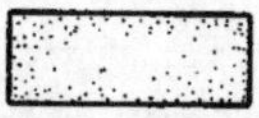	灰土粉刷的点较稀
4	砂砾石三合土		—
5	普通砖	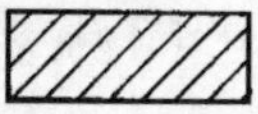	包括实心砖、多孔砖、砌块等砌体。砌体断面较窄时可涂红
6	耐火砖	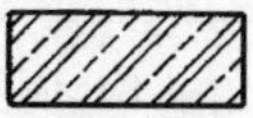	包括耐酸砖等砌体
7	空心砖		指非承重砖砌体。包括多孔砖
8	饰面砖		包括地砖、瓷砖、马赛克、人造大理石等
9	毛石		—
10	天然石材		包括砌体、贴面
11	混凝土		本图例指能承重的混凝土及钢筋混凝土。在剖面图上画出钢筋时,不画图例线,断面狭窄时可涂黑
12	钢筋混凝土	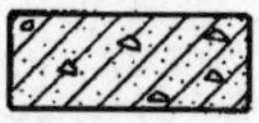	
13	多孔材料		包括水泥珍珠岩、沥青珍珠岩、泡沫混凝土、非承重加气混凝土、软木、蛭石制品等
14	纤维材料	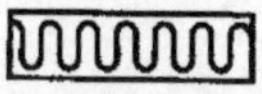	各种麻丝、石棉、纤维板
15	泡沫塑料材料		包括聚苯乙烯、聚乙烯、聚氨酯等多孔聚合类材料
16	木材		上图为横断面,其中左图为垫木、木砖或龙骨;下图为纵断面
17	胶合板		层次另注明

续表 6.3

序号	名称	图 例	说 明
18	石膏板		包括圆孔、方孔、防水石膏板等
19	玻璃		包括平板玻璃、磨砂玻璃、夹丝玻璃、钢化玻璃、中空玻璃、夹层玻璃、镀膜玻璃等
20	橡胶		—
21	塑料		包括各种软、硬塑料及有机玻璃
22	金属		包括各种金属。断面狭小时可涂黑
23	防水材料		上图用于多层或比例较大时
24	网状材料		(1)包括金属、塑料网状材料。 (2)应注明具体材料名称
25	焦渣、矿渣		包括与水泥、石灰等混合而成的材料
26	液体		应注意具体液体名称
27	粉刷		本图例采用较稀的点

6.8.2　剖面图的类型与应用

为了适应建筑形体的多样性,在遵守基本规则的基础上,由于剖切平面数量和剖切方式不同而形成下列常用类型:全剖面图、半剖面图、局部剖面图和阶梯剖面图。

1.全剖面图

全剖面图是用一个剖切平面把物体全部剖开后所画出的剖面图。它常应用在外形比较简单而内部形状比较复杂的物体上,如图 6.89 所示。

图 6.89(a)为一双杯基础的三面投影图。若需将其正立面图改画成全剖面图并画出左侧立面的剖面图(材料为钢筋混凝土),可先画出左侧立面图的外轮廓,再分别改画成剖面图,并标注剖切代号,如图 6.89(b)所示。

从图 6.89(b)中可以看出,为了突出视图的不同效果,平面图的可见轮廓线改用中实线;两剖面图的断面轮廓用粗实线,而杯口顶用细实线,材料图例中的 45°细线方向一致;A—A 剖面取在前后的对称面上,而 B—B 剖面取在右边杯口的局部对称线上。

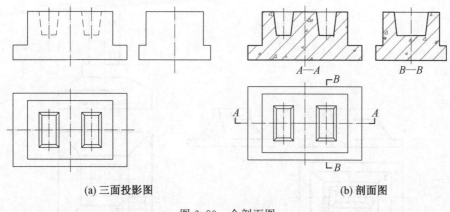

(a) 三面投影图　　　　　　　　　　　　　　　　(b) 剖面图

图 6.89　全剖面图

2. 半剖面图

在对称物体中，以对称中心线为界，一半画成外形视图，一半画成剖面图后组合形成的图形称为半剖面图，如图 6.90 所示。半剖面图经常运用在对称或基本对称，内外形状均比较复杂的物体上，同时表达物体的内部结构和外部形状。

在画半剖面图时，一般多把半个剖面图画在垂直对称线的右侧或画在水平对称线的下方。必须注意：半个剖面图与半个外形视图间的分界线规定必须画成单点长划线。此外，由于内部对称，其内形的一半已在半个剖面图中表示清楚，所以在半个外形视图中，表示内部形状的虚线就不必再画出。

半剖面的标注方法与全剖面相同，在图 6.90 中，由于正立面图及左侧立面图中的半剖面都是通过物体上下左右和前后的对称面进行剖切的，故可省略标注；如果剖切平面的位置不在物体的对称面上，则必须用带数字的剖切符号把剖切平面的位置表示清楚，并在剖面图下方标明相应的剖面图名称：×—×（省去了"剖面图"3 字）。

3. 局部剖面

用剖切平面局部地剖开不对称的物体，以显示物体该局部的内部形状所画出的剖面图称为局部剖面图。如图 6.91 所示的柱下基础，为了表现底板上的钢筋布置，对正立面和平面图都采用了局部剖面的方法。

当物体只有局部内形需要表达，而仍需保留外形时，用局部剖面就比较合适，能达到内外兼顾、一举两得的表达目的。

局部剖面只体现了物体整个外形投影图中的一部分，一般不标注剖切位置。局部剖面与外形之间用波浪线分界。波浪线不得与轮廓线重合，不得超出轮廓线，在开口处不能有波浪线。

在建筑工程图中，常用分层局部剖面图来表达屋面、楼面和地面的多层构造（图 6.92(b)）。

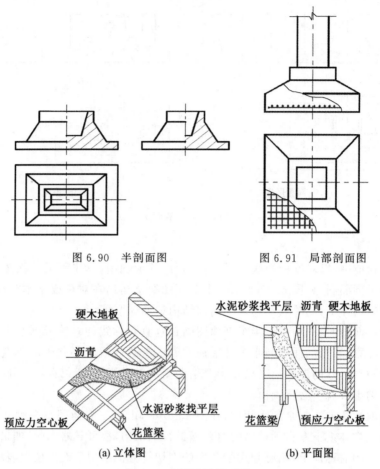

图 6.90　半剖面图　　　　　　图 6.91　局部剖面图

(a) 立体图　　　　　　　　　　(b) 平面图

图 6.92 分层局部剖面图

4. 阶梯剖面图

用一组投影面平行剖开物体,将各个剖切平面截得的形状画在同一个剖面图中所得到的图形称为阶梯剖面图,如图 6.93 所示。阶梯剖面图多运用于内部有多个孔槽需剖切,且这些孔槽又分布在几个互相平行的层面上的物体的表示,可同时表达多处内部形状结构,整体感较强。

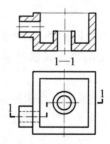

图 6.93　阶梯剖面图

在阶梯剖面图中不可画出两剖切平面的分界线;避免剖切平面在视图中的轮廓线位

置处转折;在转折处的断面形状应完全相同。阶梯剖面一定要完整地标注剖切面的起始和转折位置、投影方向和剖面名称。

【例 6.8】　已知盥洗池的正立面图和平面图,将其改成适当的剖面图,并作左侧立面的剖面图,如图 6.94(a)所示。

【解】

(1)形体分析。

根据图 6.94(a)的对应关系可以看出,该盥洗池由两部分组成,左边为一小方形池,靠左后方池壁上开有一排水孔;右边为一大池,外形为长方体搁置在两块支承板上,大池内左边为上大下小的梯形漏斗,池底有一排水孔;右边为带小坡度的台面。

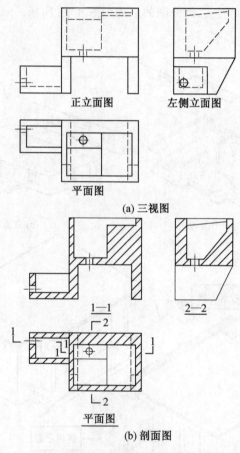

(a) 三视图

(b) 剖面图

图 6.94　剖面图应用实例

(2)剖面图选择。

针对盥洗池的形体构造特征,正立面图上取剖面应兼顾大小池和两个排水孔,取阶梯剖 1—1 为宜;平面图对右边支承板不宜取剖面图(仍保留虚线)。只需要对左边小池的出水孔取局部剖;而原两视图(正立面图和平面图)在表现大池形状上是不充分的,若正立面图改为剖面图后,其横断面更是表达不清,必须以大池为重点补画 2—2 全剖面图,小池可以不考虑。

应该指出,正立面图和左侧立面图也可分别对大池和小池取局部剖面,有一定优点,但显得零散,缺乏整体性。

(3)作图步骤。

①先补画出左侧立面图底稿(图 6.94(a)),以便对盥洗池的内外形状构造有较充分的认识。

②在平面图上标注剖切平面的位置。

③将正立面图改画成 1—1 阶梯剖面图。

④将平面图左边小池改画成局部剖面图。

⑤将左侧立面图底稿改画成 2—2 全剖面图(图 6.94(b))。

【例 6.9】 某房屋的平、立、剖面图的形成如图 6.95 所示。

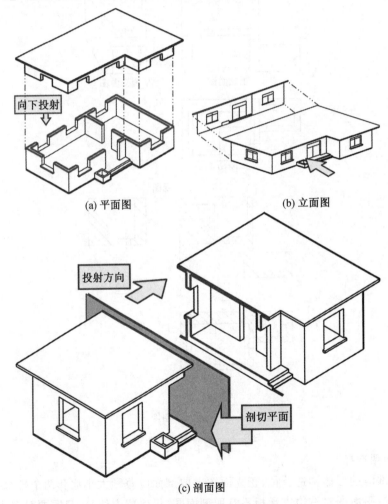

(a) 平面图　　　　　　　　　(b) 立面图

(c) 剖面图

图 6.95　房屋的平、立、剖面图

由该例可看出部分表达方法在建筑图中的应用,此处省略作图分析和作图步骤。

绘制过程中线条的要求如下:

(1)平面图中墙体断面用粗实线绘制,门窗按《房屋建筑制图统一标准》(GB/T

50001—2017)绘制,其他设施用细实线绘制。

(2)立面图中房屋主体外轮廓及地坪线用粗实线绘制;门窗、屋檐、台阶等外框线用中粗线绘制;其他细部构造(如窗扇分格线)用细实线绘制。

5. 旋转剖面图

用两个或两个以上的相交平面作为剖切面剖开物体,将倾斜于基本投影面的部分旋转到平行于基本投影面后得到的剖面图,称为旋转剖面图,如图 6.96 中的 1—1 剖面所示。旋转剖切法应用在物体内部有多处孔槽需剖切,每两剖切平面的交线又垂直于某一投影面的情况。以两剖切平面的交线为旋转轴画旋转剖面图时,一定要假想着把倾斜部分旋转到某投影面的平行面上,否则不能得到实长。

旋转剖面图也要完整地标注剖切面的起始和转折位置,投影方向和剖面名称。

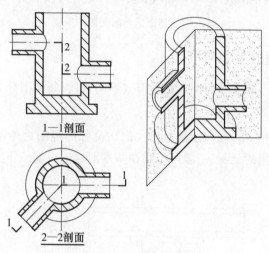

图 6.96　旋转剖面图

6.9　断面图

6.9.1　断面图与剖面图的区别

当某些建筑形体只需表现某个部位的截断面实形时,在进行假想剖切后只画出截断面的投影,而对形体的其他投影轮廓不予画出,称此截断面的投影为断面图(又称截面图)。现以图 6.97(a)所示钢筋混凝土柱为例,在同一部位取剖面图和断面图说明两者区别。

图 6.97(b)为剖面图,图 6.97(c)为断面图。相比剖面图,断面图的 1—1 断面投影只反映了上柱正方形断面实形,2—2 断面投影只反映下柱工字形断面的实形;对于剖切符号的标记,断面图只画出剖切平面位置线,不画投影方向线,而用剖切面编号所在一侧为投影方向。

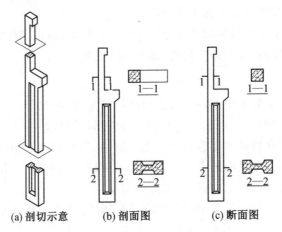

(a) 剖切示意　　　(b) 剖面图　　　　　(c) 断面图

图 6.97　剖面图与断面图的区别

6.9.2　断面图的类型与应用

根据形体的特征不同和断面图的配置形式不同,可将断面图分为 3 类:

1. 移出断面

如图 6.98 所示槽形钢,断面图画在标注剖切位置的视图之外。由于断面单独画出,可按实际需要采取不同的比例,一般可布局在基本图样的右端或下方(图 6.97(c)的立柱也采取了移出断面的方式)。

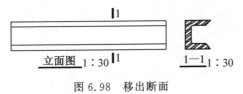

图 6.98　移出断面

2. 重合断面

当构件形状较简单时,可将断面直接画在视图剖切位置处,断面轮廓应加粗,图线重叠处按断面轮廓处理。这种画法的幅面紧凑,且可以省去剖切符号的标注,如图 6.99 所示。

3. 中断断面

当构件较长时,为了避免断面重合的缺点,将基本视图的剖切处用波浪线断开,在断开处画出断面图,也省去了剖切符号的标注,如图 6.100 所示。

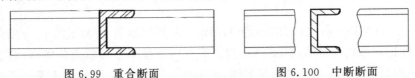

图 6.99　重合断面　　　　　　　　　图 6.100　中断断面

图 6.101 中列举了几种断面图应用实例供读者参考。

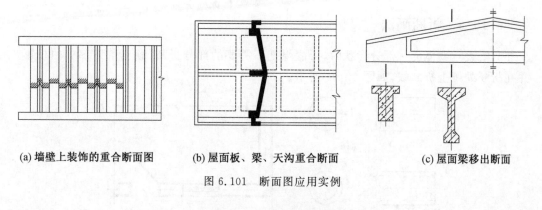

(a) 墙壁上装饰的重合断面图　　(b) 屋面板、梁、天沟重合断面　　(c) 屋面梁移出断面

图 6.101　断面图应用实例

6.10　简化画法

为了提高绘图速度或节省图纸空间，《房屋建筑制图统一标准》(GB/T 50001—2017)允许采用下列简化画法。

6.10.1　对称画法

对称图形可以只画一半，但要加上对称符号，如图 6.102 所示。对称符号用一对平行的短细实线表示，其长度为 6～10 mm。两端的对称符号到图形的距离应相等。

省略掉一半的梁或杆件要标注全长，如图 6.102(a)所示。

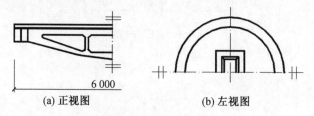

(a) 正视图　　　　　　　　(b) 左视图

图 6.102　对称画法

6.10.2　相同要素简化画法

当物体上有多个完全相同且连续排列的构造要素时，可在适当位置画出一个或几个完整图形，其他要素只需在所处位置用中心线或中心线交点表示，但要注明个数，如图 6.103 所示。

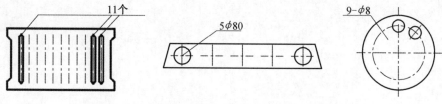

图 6.103　相同要素简化画法

6.10.3　折断画法

只需表示物体的一部分形状时,可假想把不需要的部分折断,画出留下部分的投影,并在折断处画上折断线,如图 6.104 所示。

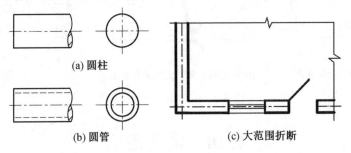

(a) 圆柱

(b) 圆管　　　　　　　　(c) 大范围折断

图 6.104　折断画法

6.10.4　断开画法

如果形体较长,且沿长度方向断面相同或均匀变化,可假想将其断开,去掉中间部分,只画两端,但要标注总长,如图 6.105 所示。

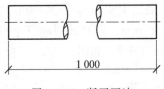

1 000

图 6.105　断开画法

第7章 轴测投影

❖ **学习目标**

(1)了解轴测投影的形成及作用。

(2)掌握正等测、正面斜二测、水平斜二测的轴间角和轴向伸缩系数及作图方法。

(3)掌握曲面体轴测图的绘制方法。

❖ **本章重点**

正等测、正面斜二测的作图方法及作图步骤。

❖ **本章难点**

曲面体轴测图的绘制。

7.1 概 述

7.1.1 轴测投影的作用

在工程实践中,因为正投影图度量性好,绘图简便,所以一般采用正投影来准确表达建筑形体的形状与大小,它是工程设计和施工中的主要图样,是施工的主要依据。但是正投影图中的每一个投影只能反映形体的两个向度,缺乏立体感,如图7.1(a)所示。当形体复杂时,其正投影图就较难看懂。若在正投影图旁边,再绘出该形体的轴测图作为辅助图样(图7.1(b)),则能帮助未经读图训练的人读懂正投影图,以弥补正投影图之不足。

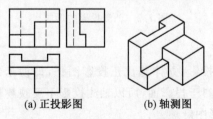

(a) 正投影图 　　　(b) 轴测图

图7.1 形体的轴测与正投影图

由于轴测图立体感强,清晰易懂,因此工程上常将轴测图作为辅助图样,用来表达复杂物体的结构。在给排水和采暖通风等专业图中,常用轴测图表达各种管道系统,在其他专业图中,还可用来表达局部构造,直接用于生产,如图7.2所示。

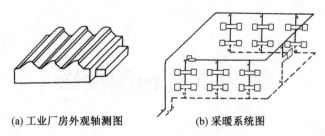

(a) 工业厂房外观轴测图　　　　(b) 采暖系统图

图 7.2　轴测图常作为辅助图

7.1.2　轴测投影的形成

1. 轴测投影的形成

在物体上定出一个直角坐标系,将形体连同该坐标系,沿不平行于任一坐标面的方向,用平行投影的方法将其投射在单一投影面上,就得到了具有立体感的轴测投影,如图 7.3(a)所示。

当投射方向 S_1 垂直于轴测投影面 P 时,所得的新投影称为正轴测投影,如图 7.3(b) 所示。当投射方向 S_2 不垂直于轴测面 R 时,所得的新投影称为斜轴测投影,如图 7.3(c) 所示。

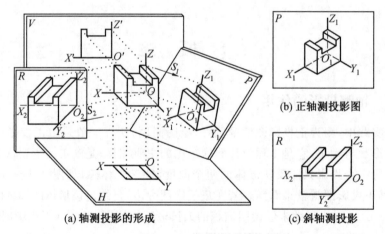

(a) 轴测投影的形成　　　　　(c) 斜轴测投影

(b) 正轴测投影图

图 7.3　轴测投影的形成

2. 轴测投影的特性

轴测投影是单面平行投影,立体感比正投影图强,即使未经专业训练的人也可以看懂。但由于物体上的面倾斜于投影面,所以轴测投影不反映物体的真实形状和大小,缺乏度量性,而且作图比正投影图麻烦。

7.1.3　轴间角与轴向伸缩系数

在轴测投影中(图 7.3),新投影面 P、R 称为轴测投影面,表示空间形体长、宽、高 3 个方向的 3 条直角坐标轴 OX、OY、OZ 的轴测投影 O_1X_1、O_1Y_1、O_1Z_1 称为轴测投影轴(简称轴测轴)。

两相邻轴测轴之间的夹角 $\angle X_1O_1Z_1$、$\angle X_1O_1Y_1$、$\angle Y_1O_1Z_1$ 称为轴间角。3 个轴间角之和为 360°。

轴测轴上某线段长度与坐标轴上对应线段的长度之比,称为该轴的轴向伸缩系数。X、Y、Z 轴的轴向伸缩系数分别表示为:$p=O_1X_1/OX$;$q=O_1Y_1/OY$;$r=O_1Z_1/OZ$。

轴间角与轴向伸缩系数是轴测投影中的两个基本要素,在画轴测投影之前,必须先确定这两个要素,才能画出轴测投影。

7.1.4　轴测投影的分类

随着形体与投影面的相对位置不同以及投射线对投影面的倾斜方向不同,有多种轴间角与轴向伸缩系数。按投射线对投影面的夹角可分为:

①正轴测投影——投射方向垂直于投影面。

②斜轴测投影——投射方向倾斜于投影面。

按 3 个轴向伸缩系数是否相等可分为:

①三等轴测投影——3 个伸缩系数相等。

②二等轴测投影——2 个伸缩系数相等。

③不等轴测投影——3 个伸缩系数都不相等。

常用的有正等测轴测投影、正面斜二测轴测投影与水平斜二测轴测投影。

7.1.5　轴测投影规律

轴测投影规律如下:

①平行性:物体上互相平行的直线,其轴测投影仍平行。

②定比性:一直线的分段比例在轴测投影中依然不变。

③轴向线段投影长＝伸缩系数×线段实长。

④对于斜轴测投影线,应先找出两端点坐标,然后连接。

投影规律是画轴测投影的依据和方法,在后续画图中将大量使用。

7.2　正等测轴测投影

正等测轴测投影(简称正等测)是轴测图中最常用的一种,也是作图比较简便的一种。

7.2.1　正等测轴测投影的轴间角与轴向伸缩系数

正等测轴测投影的 3 条直角坐标轴与轴测投影面的夹角 α、β、γ 均相等,用垂直于轴测投影面的投射线照射后,3 个轴间角也相同,均为 120°;3 个轴向伸缩系数也相等,即 $p=q=r$,计算得 $p=q=r=0.82$,如图 7.4(a)所示。

在实际应用中,为了作图简便,常将轴向伸缩系数简化,取 $p=q=r=1$,这样平行于坐标轴的线段就可以按实际尺寸直接作图。简化作出的正等测轴测图比实际正等测投影图放大了 1.22 倍(1/0.82＝1.22),如图 7.5 所示。

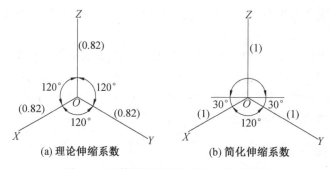

图 7.4　正等测的轴间角与轴向伸缩系数

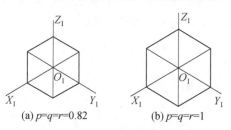

图 7.5　正等测的轴向伸缩系数

7.2.2　平面立体的正等测轴测图画法

根据形体的正投影图画轴测投影图时,应遵循的一般步骤如下:

(1)读懂正投影图,进行形体分析并确定形体上直角坐标系位置。

(2)选择合适的轴测图种类与观察方向,确定轴间角与轴向伸缩系数。

(3)根据形体特征选择作图方法,有坐标法、切割法、叠加法、端面法等。

(4)作图时先绘底稿线。

(5)检查底稿是否有误,然后加深图线。不可见部分通常省略不画虚线。

1.坐标法

根据物体上各点的坐标,沿轴向度量,画出它们的轴测投影,并依次连接,得到物体的轴测图,这种画法称为坐标法。它是画轴测图最基本的方法,也是其他各种画法的基础,对于作棱锥、棱柱体的轴测投影图尤为适宜。

【例 7.1】　已知正六棱柱正投影如图 7.6(a)所示,画其正等测轴测图。

【解】　由于正六棱柱前、后、左、右对称,故选其轴线为 OZ 轴,坐标原点可选在顶面,也可选在底面。

①在物体上(正投影图上)定出一个直角坐标系,如图 7.6(a)所示。

②在合适的地方画出轴测轴,如图 7.6(b)所示。

③在 X_1 轴上量取 $O_1a_1=Oa$, $O_1d_1=Od$, 得 a_1、d_1;在 Y_1 轴上量取 $O_1m_1=Om$,$O_1n_1=On$, 得 m_1、n_1;过 m_1、n_1 作直线平行于 O_1X_1 轴,并在此平行线上量取 $m_1b_1=mb$,$m_1c_1=mc$,$n_1f_1=nf$,$n_1e_1=ne$,得点 b_1、c_1、e_1、f_1。连接各点即得正六棱柱底面(正六边形)的正等测投影图,如图 7.6(b)所示。

④在 O_1Z_1 轴上量取高度 $O_1g_1=O'g'$,以点 g_1 为中心作顶面正六边形的正等测投影

图(也可以分别从 a_1、b_1、c_1、d_1、e_1、f_1 往上作垂线,分别量取高度 $O_1g_1 = O'g'$,即得顶面正六边形的投影),将顶面、底面对应点连成铅垂线,即得正六棱柱的正等测投影图,如图 7.6(c)所示。

　　⑤检查作图结果无误后,擦去不可见轮廓线,加粗可见轮廓线,然后完成全图,如图 7.6(d)所示。

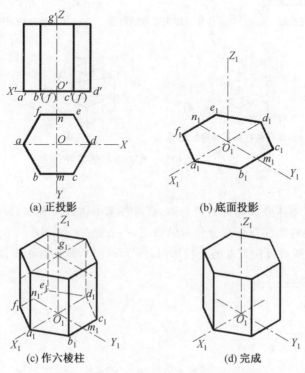

图 7.6　用坐标法作正六棱柱的正等轴测图

2. 切割法

　　对于能从基本体切割而成的形体,可先画出基本体,然后进行切割,得出该形体的轴测图。

　　【例 7.2】　画出图 7.7 所示物体的正等测轴测图。

　　【解】　该物体可看成是由长方体切去两个三棱柱和一个四棱柱而成,画图时以坐标法为基础,可先画出完整的基本形体,然后在正投影图上量尺寸,切去多余的形体,即得所画物体的轴测图。

　　①在物体上(正投影图上)定出一个直角坐标系,如图 7.7(a)所示。

　　②在合适的地方画出轴测轴,如图 7.7(b)所示。

　　③用坐标法作长方体的正等测轴测图,如图 7.7(b)所示。

　　④在长方体上切去两个三棱柱,如图 7.7(c)所示。

　　⑤在长方体上切去四棱柱,如图 7.7(d)所示。

　　⑥检查作图结果无误后,擦去不可见轮廓线,加粗可见轮廓线,完成全图,如图 7.7(e)所示。注意不要遗漏切割后的可见轮廓线。

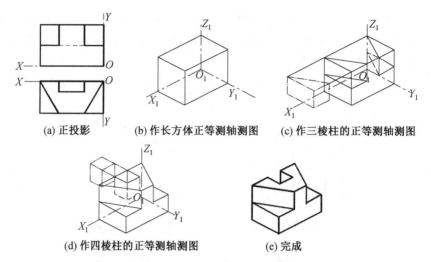

(a) 正投影	(b) 作长方体正等测轴测图	(c) 作三棱柱的正等测轴测图
(d) 作四棱柱的正等测轴测图	(e) 完成	

图 7.7　用切割法作正等测轴测图

3. 叠加法

对于由几个基本体叠加而成的组合体,宜将各基本体逐个画出,最后完成整个形体的轴测图。画图时要特别注意各部分位置的确定,一般是先大后小。

【例 7.3】　已知梁板柱节点的正投影图(图 7.8(a)),画出其正等测轴测图。

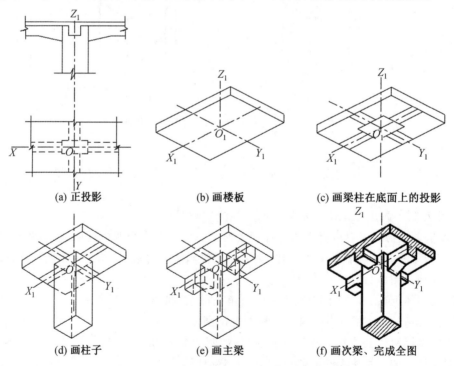

(a) 正投影	(b) 画楼板	(c) 画梁柱在底面上的投影
(d) 画柱子	(e) 画主梁	(f) 画次梁、完成全图

图 7.8　用叠加法画梁板柱节点的正等测轴测图

【解】　梁板柱节点由四棱柱叠加组合而成,为使形体的构造关系表达清楚,应画仰视轴测图,即投射方向由左前下至右后上。

确定空间直角坐标系,按板、柱、主梁、次梁的顺序逐一叠加。

①在正投影图上定出一个直角坐标系,如图 7.8(a)所示。

②在合适的地方画出轴测轴,如图 7.8(b)所示。

③作板底的平行四边形,向上画板厚,连接可见棱线得楼板轴测图,如图 7.8(b)所示。

④在楼板底面作柱、主梁、次梁的水平面投影,如图 7.8(c)所示。

⑤在楼板底面的水平面投影向下画高度,绘柱的轴测图,如图 7.8(d)所示。

⑥在楼板底面的水平面投影向下画高度,绘主梁的轴测图,并画出主梁与柱左右的交线,如图 7.8(e)所示。

⑦在楼板底面的水平面投影向下画高度,绘次梁的轴测图,并画出次梁与柱前后的交线,如图 7.8(f)所示。

⑧检查作图结果无误后,擦去不可见轮廓线,加粗可见轮廓线,完成全图,如图 7.8(f)所示。

4. 端面法

对于柱类形体,通常是先画出能反映柱体特征的一个可见端面,然后画出可见的棱线和底面,完成形体的轴测图。

7.2.3 回转体的正等测轴测图画法

回转体的轴测画法可归纳为作圆或圆弧的轴测图。

1. 三面圆

在平行投影中,当圆所在的平面平行于投影面时,其投影是一个圆;当圆所在的平面平行于投射方向时,投影为一直线;而当圆所在的平面倾斜于投影面时,则投影为一椭圆。

图 7.9 所示为 3 个坐标面内直径相等的圆的正等测投影图。3 个坐标面对 P 平面的倾角相等,当 3 个坐标面上的圆的直径相等时,其正等测是 3 个形状大小全等,但长短轴方向不同的椭圆。

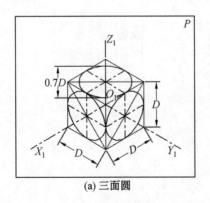 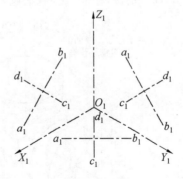

(a) 三面圆　　　　　　　(b) 短轴$c_1 d_1$,长轴$a_1 b_1$

图 7.9　坐标面及其平行面上圆的正等测图

在正等测中,当采用简化系数 $p=q=r=1$ 时,3 个椭圆的长、短轴长度分别为 1.22D

与 $0.7D$；当采用轴向变形系数 $p=q=r=0.82$ 时，长、短轴长度分别为 D 与 $0.58D$。D
是平行于坐标面的空间圆的直径。

2. 圆的正等测轴测图的画法

在实际应用中，画圆的正等测轴测图的方法有八点法与四心圆法，常用的是四心圆
法，具体作图方法如图 7.10 所示。

(1)在正投影图上定出一个直角坐标系，如图 7.10(a)所示；

(2)在合适的地方画出轴测轴，如图 7.10(b)所示；

(3)作圆的外切正方形的轴测投影，在 X_1 轴和 Y_1 轴上分别量取圆的半径实长，得点 A_1、
B_1、C_1、D_1，过 A_1、B_1、C_1、D_1 分别作 X_1 轴和 Y_1 轴的平行线得菱形，如图 7.10(b)所示；

(4)将两钝角的顶点 O_1 及 O_2 与两对边中点 B_1、C_1、A_1、D_1 连线，分别交菱形的长对角
线于 O_3、O_4。O_1、O_2、O_3、O_4 即为椭圆的 4 个圆心，如图 7.10(c)所示；

(5)以 O_1B_1 为半径，O_1 和 O_2 为圆心作上下两段大圆弧，再以 O_3B_1 为半径，O_3 和 O_4 为
圆心作左右两段小圆弧，所得椭圆即为所求圆形轴测图，如图 7.10(c)(d)所示。

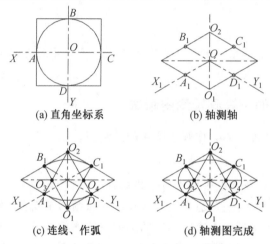

(a) 直角坐标系　　　　　　　　　(b) 轴测轴

(c) 连线、作弧　　　　　　　　　(d) 轴测图完成

图 7.10　四心圆法作圆的轴测投影

H、V、W 面上的圆的正等测圆(椭圆)的画法如图 7.11 所示。

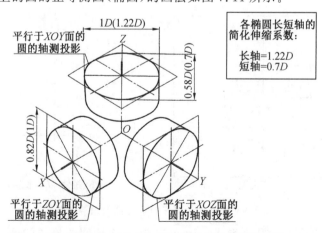

图 7.11　H、V、W 面上的圆的正等测轴测投影图

3. 回转体正等测轴测图的画法

绘制回转体的正等测图,一般先画出平行于坐标面的圆的正等测图,再用直线或包络曲线画出其外形线即可。

(1)圆柱体的正等测图。图 7.12 所示为铅垂放置的正圆柱体的正等测画法:先作出轴测轴 $X_1Y_1Z_1$,用四心圆法作出 H 面上底圆的正等测图——椭圆,再以柱高平移圆心作顶面可见椭圆(此为移心法),最后作两椭圆的最左最右切线,即为圆柱正等测的轮廓线(切点是长轴端点),为加强立体效果,可加绘平行于轴线的阴影线,愈近轮廓线画得愈密,在轴线附近不画。

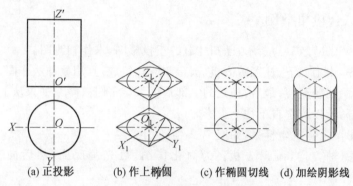

(a) 正投影　　　(b) 作上椭圆　　　(c) 作椭圆切线　　　(d) 加绘阴影线

图 7.12　正圆柱体的正等测画法

(2)圆锥体的正等测图。图 7.13 所示为圆锥体的正等测画法:先作底面椭圆,过椭圆中心向上取圆锥高度,得锥顶 s_1,过点 s_1 作椭圆的切线,加绘阴影线得图。

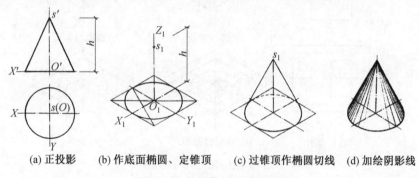

(a) 正投影　　　(b) 作底面椭圆、定锥顶　　　(c) 过锥顶作椭圆切线　　　(d) 加绘阴影线

图 7.13　圆锥体的正等测画法

(3)带圆角柱体的正等测画法。图 7.14 所示为倒角法绘制带圆角柱体的正等测图:平面图中有 4 个圆角,即 4 段圆弧分别与四边形的 4 条边相切。在正等测图中,这 4 段圆弧的轴测投影可视为同一椭圆的不同弧段,先作长方体及切点的正等测图,如图7.14(b)所示;再应用 H 面上椭圆的四心圆法,过切点作相应边的垂线两两相交得四圆心 $O_1\sim O_4$,作出顶面上的 4 个圆角;从 4 个圆心向下量取 h 移心,画出底面上的 4 个圆角;作转向轮廓线,如图 7.14 (c)所示;去掉作图痕迹,加粗轮廓,完成全图,如图 7.14(d)所示。

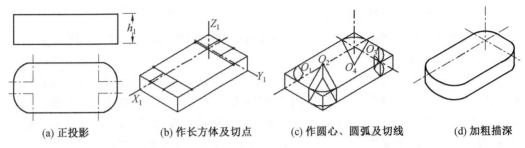

(a) 正投影　　　(b) 作长方体及切点　　　(c) 作圆心、圆弧及切线　　　(d) 加粗描深

图 7.14　带圆角柱体的正等测画法

7.2.4　综合应用举例

【例7.4】　如图7.15(a)所示,已知柱冠的正投影图,求作轴测图。

【解】　首先,由上而下,柱冠由方板、圆台和圆柱组成,宜用叠加法作图;其次,可用四心圆法作椭圆,画法较简便;最后,柱冠的上部形体大,下部形体小,如果从上往下投影,上部肯定遮挡下部,所以应选自下往上投影。

①在正投影图上确定坐标系,如图7.15(a)所示。

②确定轴测轴方向,画出方板。为简化作图,可先画底面,然后向上画高度,如图7.15(b)所示。

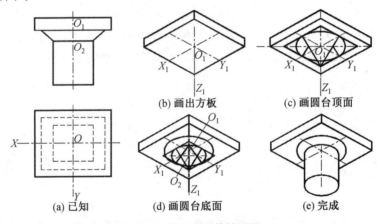

(a) 已知　　　(b) 画出方板　　　(c) 画圆台顶面　　　(d) 画圆台底面　　　(e) 完成

图 7.15　柱冠的正等轴测图

③以方板底面的中心 O_1 作为圆心,画圆台顶面的四心椭圆,如图7.15(c)所示。

④画圆台的底面。先从 O_1 向下量圆台高度,得圆台底面的圆心 O_2 ,然后画一个四心椭圆,随后画出圆台轮廓线,如图7.15(d)所示。

⑤画出圆柱的轴测图,如图7.15(e)所示。

⑥检查作图结果无误后,擦去不可见轮廓线,加粗可见轮廓线,完成全图,如图7.15(e)所示。

7.3　斜二等轴测投影

当投射方向与轴测投影面倾斜（但不与原坐标面或坐标轴平行）时，所得的平行投影称为斜轴测投影。常用的斜轴测投影有两种：正面斜二等轴测（简称正面斜二测）、水平斜二等轴测（简称水平斜二测）。

7.3.1　正面斜二测

以 V 面或 V 面的平行面作为轴测投影面，所得到的斜轴测投影称为正面斜二测投影。这种图特别适宜绘制正面形状复杂、曲线多的形体和设备系统轴测图。

1. 正面斜二测的轴间角与轴向伸缩系数

在正面斜二测图中，轴间角 $\angle X_1 O_1 Z_1 = 90°$，$\angle X_1 O_1 Y_1 = \angle Y_1 O_1 Z_1 = 135°$。坐标轴 $O_1 X_1$ 与 $O_1 Z_1$ 的轴向伸缩系数等于 1，坐标轴 OY 在轴测投影面上的投影随投射方向的不同而变化，即 $O_1 Y_1$ 的轴向变形系数与轴间角可以根据需要选择，在实际作图中，通常采用《总图制图标准》（GB/T 50103—2010）规定的正面斜二测图的各轴向变形系数为 $p = r = 1$，$q = 0.5$，如图 7.16 所示。

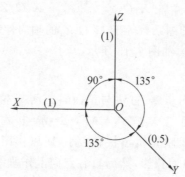

图 7.16　正面斜二测的轴间角与轴向伸缩系数

2. 正面斜二测的画法

物体的正面斜二测的作图步骤、方法与正等轴测基本相同。由于物体正面平行于投影面，$\angle X_1 O_1 Z_1 = 90°$，$p = r = 1$，物体上凡平行于投影面的图形均反映真实形状和大小，所以作图非常方便：只要先画出实形的 V 面投影，然后自各点作 45° 斜线，根据轴向伸缩系数 q 量取 Y 向尺寸的 1/2，相连即可。

【例 7.5】　如图 7.17(a) 所示，已知空心砖的两面投影，求作正面斜二测图。

【解】　空心砖的正面投影有圆和 V 形槽，若使正立面与轴测投影面 $X_1 O_1 Z_1$ 平行，圆孔的正面投影就还是圆，作图就简便多了。

①在正投影图上确定坐标系。

②作正面斜二测轴测轴。

③先在 $X_1 O_1 Z_1$ 坐标面上画出空心砖的正面投影，通过该投影各端点作 $O_1 Y_1$ 轴的平行线，自端面起在这些平行线上量取其宽（L）的一半（0.5L）。顺序连接各端点即成所需

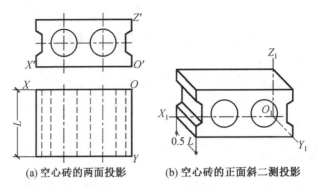

(a) 空心砖的两面投影　　　(b) 空心砖的正面斜二测投影

图 7.17　空心砖的正面斜二测图

投影,如图 7.17(b)所示。

7.3.2　水平斜二测

若以 H 面或 H 面的平行面作为轴测投影面,所得的斜轴测投影称为水平斜二测。这种轴测图适宜用于绘制一幢房屋的水平剖面、一个区域的总平面或设备系统施工图。

1.水平斜二测的轴间角与轴向伸缩系数

在水平斜二测图中,轴间角 $\angle X_1 O_1 Y_1 = 90°$, $\angle X_1 O_1 Z_1 = 120°$, $\angle Y_1 O_1 Z_1 = 150°$。坐标轴 $O_1 X_1$ 与 $O_1 Y_1$ 的轴向伸缩系数等于 1, $O_1 Z_1$ 的轴向伸缩系数等于 0.5,即 $p=q=1,r=0.5$,轴 $O_1 Z_1$ 为铅垂方向,如图 7.18 所示。

2.水平斜二测的画法

物体的水平斜二测的作图步骤、方法与正面斜二测基本相同。由于水平面平行于投影面,$\angle X_1 O_1 Y_1 = 90°$, $p=q=1$,物体上凡平行于投影面的图形均反映真实形状和大小,所以作图非常方便,只要先画出实形的 H 面投影,然后自各点向上作垂线,根据轴向伸缩系数 r 量取 Z 向尺寸的 1/2,相连即可。

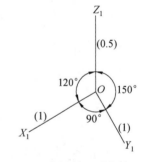

图 7.18　水平斜二测的轴间角与轴向伸缩系数

【例 7.6】　如图 7.19(a)所示,已知建筑物的两面投影,求作水平斜二测轴测图。

【解】　该建筑物是主楼和附楼咬接而成的,底层地面形状为两个矩形连接。将底层地面作为投影面,然后按上述投影原理和画图方法很容易画出水平斜二测轴测图。

①在正投影图上确定坐标系,以主楼的右后墙角为坐标原点,如图 7.19(a)所示。

②作水平斜二测轴测轴,如图 7.19(b)所示。

③在 $X_1 O_1 Y_1$ 坐标面上画出建筑物底面的实形(相当于将水平投影逆时针旋转 30°),如图 7.19(b)所示。

④在主楼的 4 个墙角向上作垂线,从 7.19(a)图的正面投影中量取主楼高度的 1/2,连接各点即得主楼的顶面,如图 7.19(c)所示。

⑤用同样的方法可以画出附楼的投影,要特别注意咬接部分的准确,如图 7.19(d)所示。

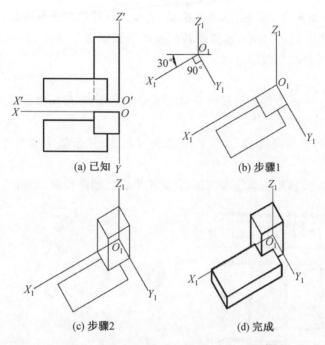

(a) 已知　　　　　　(b) 步骤1

(c) 步骤2　　　　　　(d) 完成

图 7.19　建筑物水平斜二测轴测图的画图步骤

⑥检查清理,加粗可见轮廓线,完成全图,如图 7.19(d)所示。

【例 7.7】　如图 7.20 所示,已知建筑群的规划平面图,其中各建筑物的高度为:1 号楼主楼高 6 个单位长、对接附楼高 5 个单位长、咬接附楼高 4 个单位长,2 号楼裙楼高 3 个单位长、主楼高 8 个单位长,3 号楼高 6 个单位长。用水平斜二测法画建筑群的鸟瞰图。

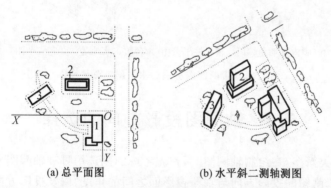

(a) 总平面图　　　　　　(b) 水平斜二测轴测图

图 7.20　用水平斜二测画建筑群的鸟瞰图

【解】　按照水平斜二测的画法,参照上述例题的步骤,逐栋画出轴测图。

①在正投影图上确定坐标系,以 1 号楼的右后墙角为坐标原点,如图 7.20(a)所示。

②作水平斜二测轴测轴。

③作 1 号楼轴测图。

④作 2 号楼轴测图,注意 2 号楼在地面上的定位。

⑤作 3 号楼轴测图,注意 3 号楼的朝向,定位时要先找两端点坐标。

⑥检查清理,加深可见轮廓线,渲染配景,完成区域建筑群轴测图。

【例7.8】　如图7.21所示,已知一幢房屋的立面图及平面图,作其被水平截面剖切后余下部分的水平斜二测投影。

【解】

①先画断面。实际上是把房屋的平面图逆时针旋转30°后画出其断面,如图7.21(b)所示。

②过各端点向下画高度线,作出内外墙角、门、窗、柱子等主要构件的轴测图,如图7.21(c)所示。

③画台阶、水池、室外勒脚线等细部,完成水平斜二轴测投影,如图7.21(d)所示。

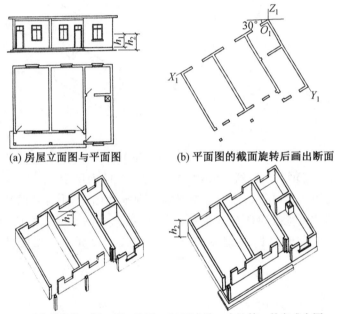

(a) 房屋立面图与平面图　　　　(b) 平面图的截面旋转后画出断面

(c) 画内外墙角、门、窗、柱子　　(b) 画台阶、水池等,并完成全图

图7.21　带断面的房屋的水平斜二测轴测图

7.4　轴测图投影方向的选择

轴测图的种类繁多,在绘制轴测图时,首先考虑的是选用哪种轴测图来表达物体。由于正等测图、斜二测图的投影方向与轴测投影面之间的角度,以及投影方向与坐标面之间的角度均有所不同,甚至物体本身的特殊形状均影响图示效果,所以在选择时应该考虑保证画出的图样要有较强的立体感,不要有太大的变形以至不符合日常的视觉形象。其次,还要考虑从哪个方向去观察物体,才能使物体最复杂的部分显示出来。总之,要求图形明显、自然,作图方法力求简便。

7.4.1　轴测图的直观性分析

影响轴测图直观性的因素有两个:一是形体自身的结构;二是轴测投射方向与各形体

的相对位置。

在作轴测图表达一个形体时,为使直观性好,表达清楚,应注意以下 4 点:

①要避免被遮挡,如图 7.22 所示。

②要避免转角处交线与投影成一直线。

③要避免平面体投影成左右对称的图形。

④要避免有侧面的投影积聚为直线,如图 7.23 所示。

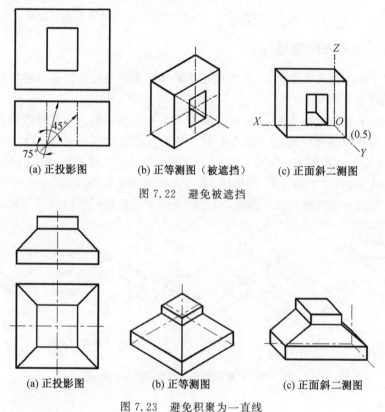

(a) 正投影图　　　　　　(b) 正等测图（被遮挡）　　　　(c) 正面斜二测图

图 7.22　避免被遮挡

(a) 正投影图　　　　　　(b) 正等测图　　　　　　(c) 正面斜二测图

图 7.23　避免积聚为一直线

7.4.2　轴测类型的选择

(1)在正投影图中,如果物体的表面有与正面、平面方向成 45° 的斜线,就不应采用正等测图,这是因为这个方向的线在轴测图上均积聚为一直线,平面的轴测图就无法显示,如图 7.23(b) 所示。

(2)正等测图的 3 个轴间角和轴向伸缩系数均相等,故平行于 3 个坐标平面的圆的轴测投影(椭圆)的画法相同,且作图简便。因此,具有水平或侧平圆的立体宜采用正等测图,如图 7.24 所示。

(3)凡平行于 V 面的圆或曲线,其 V 面轴测投影反映实形,故采用正面斜二测作图较为方便,如图 7.25 所示。

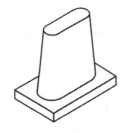

图 7.24　桥墩正等测图

图 7.25　花格正面斜二测图

7.1.3　投影方向的选择

在决定了轴测图的类型之后,还需要根据物体的形状特征选择恰当的投影方向,使需要表达的部分最为明显。

之前所讲的轴测投影方向,大多都是从左前上至右后下的。在这种观看角度下,各类轴测图侧重表达的是物体的左、前、上表面。其实各类轴测图还可以向另外 3 种方向投射,以便侧重表达其他相应的表面。在图 7.26 中,表示了形体在 4 种不同投射方向下的正等测图的效果。对"上小下大"的形体,不适合作仰视的轴测图,而应作俯视的轴测图。究竟从哪个角度才能把形体表达清楚,应根据具体情况选用不同的投射方向。

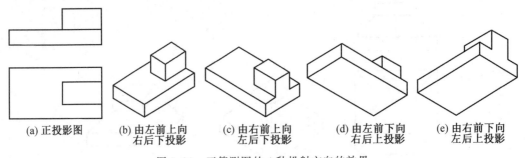

(a) 正投影图　　(b) 由左前上向　　(c) 由右前上向　　(d) 由左前下向　　(e) 由右前下向
　　　　　　　　　右后下投影　　　左后下投影　　　右后上投影　　　左后上投影

图 7.26　正等测图的 4 种投射方向的效果

7.5　三维图绘制

【例 7.9】　如图 7.27(a)所示,已知台阶的正投影图,分别用手工和 AutoCAD 绘制其正等轴测图。

【解】　台阶由两侧栏板和三级踏步组成。一般先逐个画出两侧栏板,然后再画踏步。本例采用"装箱法""切割法""端面法"3 种方法完成。

手工作图步骤:

①在正投影图上确定坐标系。

②作正等轴测轴。

③画侧栏板。先根据右侧栏板的长、宽、高画出右侧栏板所在的长方体,如图 7.27(b)所示;以 O_1Z_1 轴上 z_1 高度处为起点,沿 O_1Y_1 方向量取 y_2,在前面沿 O_1Z_1 方向量 z_2,并分别引线平行于 O_1X_1,画出两斜边,得右侧栏板,如图 7.27(c)所示。这个长方体像是一个把侧栏板装在里面的箱子,所以称这种方法为装箱法;同时,切去三棱柱块又

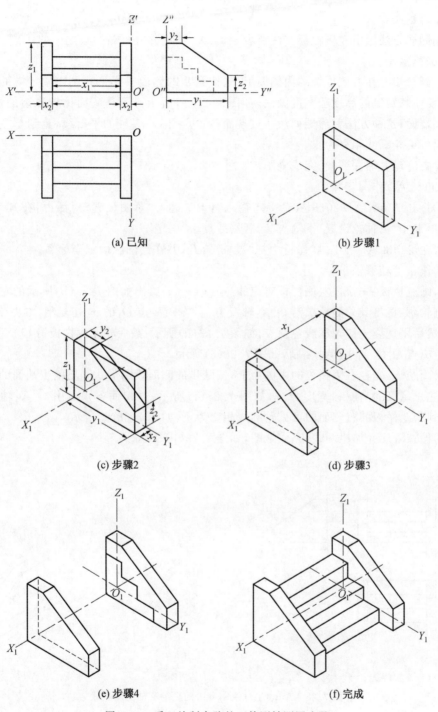

(a) 已知　　　　　　　　　　　　　(b) 步骤1

(c) 步骤2　　　　　　　　　　　　　(d) 步骤3

(e) 步骤4　　　　　　　　　　　　　(f) 完成

图 7.27　手工绘制台阶的正等测轴测图步骤

使用了切割法。

用同样方法画出左侧栏板。注意要沿 O_1X_1 方向量出两侧栏板之间的距离 x_1，如图 7.27(d)所示。

④画踏步。在右侧栏板的内侧面上，先按踏步的侧面投影形状画出踏步端面的正等测图，要注意每级的高度和宽度画法，如图 7.27(e)所示。凡是底面比较复杂的棱柱，都应先画端面，这种方法称为端面法。过端面各顶点引 O_1X_1 轴的平行线，直到与左栏板的内侧面可见轮廓线相交为止。

检查清理并加深图线，完成全图，如图 7.27(f)所示。

AutoCAD 作图步骤：

①打开 AutoCAD 2018，在命令行输入"OS"，进入"草图设置"对话框，在其"极轴追踪"选项卡中"极轴角设置"下输入"30"，然后点击"确定"。

②在 AutoCAD 2018 状态行中把"极轴"打开，并在绘图区确定坐标系。

③作正等轴测轴。

④画侧栏板：先根据左侧栏板对应的 y_1、y_2、z_1、z_2 绘出如图 7.28(b)所示的左侧栏板的外侧轮廓；再将其外侧轮廓沿 O_1X_1 轴反方向，在距离点 O_1 的 x_2 处复制，如图 7.28(c)所示；然后用直线连接轮廓线各顶点，如图 7.28(d)所示；最后将左侧栏板沿 O_1X_1 轴反方向在距离点 O_1 的 x_1+x_2 处复制，如图 7.28(e)所示。

⑤画踏步：先在右侧栏板的内侧面上，按踏步的侧面投影形状画出踏步端面的正等测图，要注意每级的高度和宽度画法，如图 7.28(f)所示；过端面各顶点引 O_1X_1 轴的平行线，直到与左栏板的右侧面的可见轮廓线相交为止，如图 7.28(g)所示。

⑥检查清理并加粗图线，完成全图，如图 7.28(h)所示。

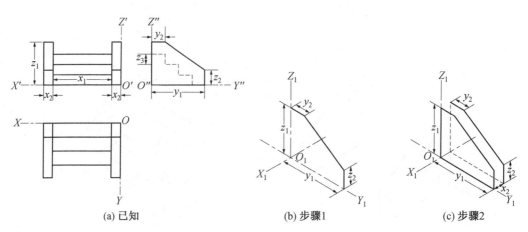

(a) 已知　　　　(b) 步骤1　　　　(c) 步骤2

图 7.28　AutoCAD 绘制台阶的正等测轴测图步骤

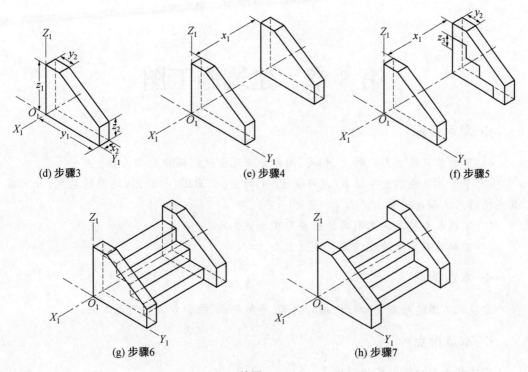

(d) 步骤3　　　　　　　　　(e) 步骤4　　　　　　　　　(f) 步骤5

(g) 步骤6　　　　　　　　　　　　(h) 步骤7

续图 7.28

第8章　建筑施工图

（1）了解建筑施工图的种类、作用、图示方法及图纸的编排要求。

（2）了解建筑施工图中首页、总平面图、平面图、立面图、剖面图、详图的构成，并掌握其包括的内容和读图方法。

（3）掌握各类建筑施工图的绘制步骤及绘制方法。

（4）了解单层厂房的组成及其读图方法。

❖ **本章重点**

建筑施工图的种类、作用、包括的内容、编排要求、绘制方法和读图方法。

❖ **本章难点**

建筑施工图的绘制及读图方法。

8.1　建筑施工图的作用与内容

8.1.1　概述

建筑按使用功能不同分为工业建筑、农业建筑和民用建筑 3 大类。工业建筑包括冶金工业、机械工业、化学工业、电子工业、纺织工业、食品工业等的各种厂房、仓库、动力间等；农业建筑包括谷仓、饲养场、温室等；民用建筑则包括居住建筑（住宅、宿舍、公寓）、公共建筑（学校、医院、商场、宾馆、体育馆、影剧院等）。所有的建筑都是设计后画在图纸上再建造出来的。

房屋建筑图是用来表达房屋内外形状、大小、结构、构造、装饰、设备等情况的图纸，是指导房屋施工的依据，也是进行定额预算和使用、维修的依据。

8.1.2　房屋各组成部分及作用

一般情况下，房屋的主要组成部分如下：

（1）基础：房屋最下部的承重构件，起着支承整个建筑物的作用。

（2）墙体：房屋的承重和维护构件，承受来自屋顶和楼面的荷载并传给基础，同时能遮挡风雨对室内的侵蚀。其中外墙起围护作用，内墙起分隔作用。

（3）楼（地）面：房屋中水平方向的承重构件，同时在垂直方向将房屋分隔为若干层。

（4）楼梯：房屋垂直方向的交通设施。

（5）门窗：具有连接室内外交通及通风、采光的作用。

（6）屋顶：既是房屋最上部的承重结构，又是房屋上部的围护结构。主要起防水、隔热和保温的作用。

上述为房屋的基本组成部分，除此以外房屋结构还包括台阶、阳台、雨篷、勒脚、散水、雨水管、天沟等建筑细部结构和建筑配件，在房屋的顶部还有上人孔，以供上屋顶检修，如图 8.1 所示。

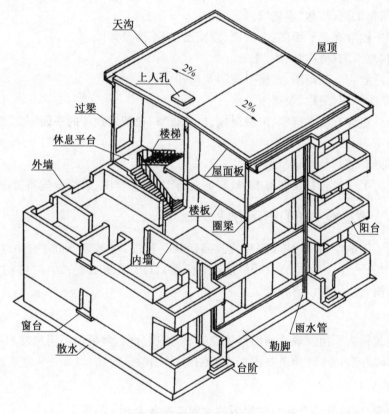

图 8.1　房屋的组成部分

8.1.3　房屋建筑施工图的用途和内容

房屋建筑施工图是表示建筑物的总体布局、外部造型、内部布置、细部构造做法、内外装饰，满足其他专业对建筑的要求和施工要求的图样，是建造房屋和概/预算工作的依据。房屋建筑施工图的内容包括图纸目录、总平面图、建筑设计说明、门窗表、各层建筑平面图、各朝向建筑立面图、剖面图和各种详图。在工程中用来指导房屋施工的图纸被称为房屋的施工图。

8.1.4　施工图分类及编排顺序

按图纸的内容和作用不同，一套完整的房屋施工图通常应包括如下内容：

（1）图纸目录。

图纸目录通常包括图纸目录和设计总说明两部分内容。其中图纸目录应先列新绘制的图纸，后列选用的标准图或重复利用图；设计总说明一般应包含施工图的设计依据、本工程项目的设计规模和建筑面积、本项目的相对标高与总图绝对标高的对应关系、室内室外的做法说明、门窗表等内容。

（2）总图。

总图通常包括一项工程的总体布置图。

（3）建筑施工图（简称"建施"）。

建施图一般应有总平面图、平面图、立面图、剖面图及详图。

（4）结构施工图（简称"结施"）。

结施图一般应有基础图、结构平面图及构件详图。

（5）设备施工图（简称"设施"）。

设施图一般应有给水排水、采暖通风、电气设备、通信监控等的平面布置图、系统图和详图。

（8）装饰施工图。

装饰施工图一般应有装饰平面图、装饰立面图、装饰详图、装饰电气布置图和家具图。

8.1.5　建筑施工图的图示方法

建筑施工图的绘制应遵守《房屋建筑制图统一标准》（GB/T 50001—2017）、《总图制图标准》（GB/T 50103—2010）及《建筑制图标准》（GB/T 50104—2010）等的有关规定。在绘图和读图时应注意以下几点：

1. 线型

房屋建筑图为了使所表达的图形重点突出，主次分明，常使用不同宽度和不同型式的图线，其具体规定可参考《建筑制图标准》（GB/T 50104—2010）。

2. 比例

建筑专业、室内设计专业制图选用的比例应符合表8.1的规定。

表 8.1　比例

图　名	比　例
建筑物或构筑物的平面图、立面图、剖面图	1：50、1：100、1：150、1：200、1：300
建筑物或构筑物的局部放大图	1：10、1：20、1：25、1：30、1：50
配件及构造详图	1：1、1：2、1：5、1：10、1：15、1：20、1：25、1：30、1：50

3. 尺寸标注

（1）除标高和总平面图上的尺寸以"米"为单位外，在房屋建筑图上的其余尺寸均以"毫米"为单位，故可不在图中注写单位。

（2）建筑物各部分的高度尺寸可用标高表示。标高符号的画法及标高尺寸的书写方法应按照《房屋建筑制图统一标准》的规定执行，如图 8.2 所示。

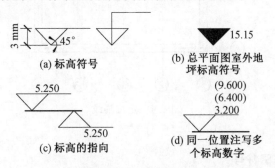

图 8.2 标高符号

（3）标高的分类。房屋建筑图中的标高应分为绝对标高和相对标高两种：所谓绝对标高是以青岛黄海平均海平面的高度为零点参照点时所得到的高差值；而相对标高则是以每一幢房屋的室内底层地面的高度为零点参照点，故书写时后者应写成±0.000。

另外，标高符号还可分为建筑标高和结构标高两类：建筑标高是指装修完成后的尺寸，它已将构件粉饰层的厚度包括在内；而结构标高应该剔除外装修的厚度，它又称为构件的毛面标高。在图 8.3 中，标高 a 表示的是建筑标高；b 表示的则是楼面的结构标高。

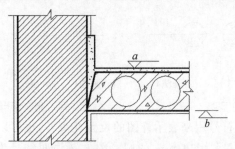

图 8.3 建筑标高和结构标高

4. 定位轴线

定位轴线是房屋施工放样时的主要依据。在绘制施工图时，凡是房屋的墙、柱、大梁、屋架等主要承重构件上均应画出定位轴线。定位轴线的画法如下：

（1）定位轴线应用细单点长划线绘制。

（2）为了区别各轴线，定位轴线应标注编号。其编号应写在直径为 8～10 mm 的细实线圆圈内，位于细单点长划线的端部。

平面图中定位轴线的编号宜标注在图的下方和左侧（图 8.14），也可在四周标注。

横向的定位轴线，应用阿拉伯数字从左向右注写；竖向的定位轴线，应用大写拉丁字母由下而上地注写（为避免与 0、1、2 混淆，通常 I、O、Z 3 个字母不能用作轴线编号）。

（3）对于一些次要的承重构件（如非承重墙），有时也标注定位轴线，但此时的轴线称为附加轴线，其编号应以分式表示。如"1/3"即表示为编号为 3 的轴线后的第一根附加轴线，"2/A"是编号为 A 的轴线后的第二根附加轴线。图 8.4 中的"1/3"就是一根附加

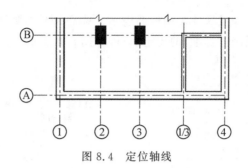

图 8.4　定位轴线

轴线。

5.索引符号和详图符号

（1）索引符号。对于图中需要另画详图表示的局部或构件，为了读图方便，应在图中的相应位置以索引符号标出。索引符号由两部分组成，一部分是用细实线绘制的直径为 10 mm 的圆圈，内部以水平直径线分隔；另一部分为用细实线绘制的引出线。具体画法如图 8.5 所示。图 8.5(c)为索引符号的一般画法，圆圈中的 2 表示详图所在的图纸编号，5 表示的是详图的编号；图 8.5(b)中的"－"则表示详图和被索引的图在同一张图纸上；图 8.6 用于剖切详图的索引，其中引出线上的"－"是剖切位置线，引出线所在的一侧即为剖切时的投影方向。

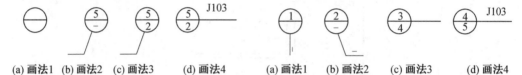

图 8.5　索引符号图　　　　　　　　　　图 8.6　用于索引剖面详图的索引符号

（2）详图符号。详图符号用来表示详图的位置及编号，也可以说是详图的图名。详图符号是用粗实线绘制的直径为 14 mm 的圆。图 8.7 说明编号为 5 的详图就出自本页。图 8.8 表示详图编号为 4，而被索引的图纸编号为 5。

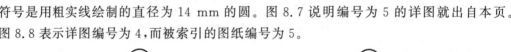

图 8.7　与被索引图样同在一张图纸　　　图 8.8　与被索引图样不同在一张图纸
　　　　　内的详图符号　　　　　　　　　　　　　　内的详图符号

8.2　图纸目录

在施工图的编排中，图纸目录、建筑设计说明、总平面图及门窗表等编排在整套施工图的前面。

8.2.1　图纸目录

当拿到一套图纸后，首先要查看图纸目录。图纸目录可以帮助我们了解图纸的总张数、图纸专业类别及每张图纸所表达的内容，使我们可以迅速地找到所需要的图纸。图纸目录有时也称"首页图",意思是第一张图纸,"建施(建筑施工图的简称)－01"即为本套图纸的首页图。

从图纸目录中可以了解下列资料:

①设计单位。如某建筑设计事务所。

②建设单位。如某房地产开发公司。

③工程名称。如某花园小区住宅楼。

④工程编号。工程编号是设计单位为便于存档和查阅而采取的一种管理方法。

⑤图纸编号和名称。每一项工程总会有许多张图纸,在同一张图纸上往往画有几个图形。因此设计人员为了表达清楚,便于使用时查阅,就必须针对每张图纸所表示的建筑物的部位给图纸起一个名称,另外再用数字编号确定图纸的编排顺序。

施工图的图纸共有建筑施工图 14 张,结构施工图(简称"结施")9 张。在图纸目录编号项的第一行,可以看到图号"建施－01"。其中:"建施"表示图纸种类为建筑施工图,"01"表示该图纸为建筑施工图的第一张;在图号对应的图名一列中,可以看到"设计说明、门窗表、材料做法表",也就是图纸表达的内容。若图号为"结施－01",则"结施"表示图纸种类为结构施工图,"01"表示该图纸为结构施工图的第一张;在对应的图名中表示图纸的内容为结构设计总说明。

目前,图纸目录的形式由各设计单位自己规定,尚没有统一的格式。但总体上包括上述内容。

8.2.2　建筑设计说明

建筑设计说明的内容根据建筑物的复杂程度有多有少,但不论内容多少,必须说明设计依据、建筑规模、建筑物标高、装修做法和对施工的要求等。下面以"建筑设计说明"为例,介绍读图方法。

1. 设计依据

设计依据包含政府的有关批文。这些批文主要有两方面的内容:一是立项,二是规划许可证等。

2. 建筑规模

建筑规模主要包括占地面积(规划用地及净用地面积)和建筑面积,这是设计出来的图纸是否满足规划部门要求的依据。

占地面积:建筑物底层外墙皮以内所有面积之和。

建筑面积:建筑物外墙皮以内各层面积之和。

3. 标高

规范规定用标高表示房屋建筑物高度。建筑设计说明中要说明相对标高与绝对标高的关系,例如,"建施－01"中"相对标高±0.000 等于绝对标高值(黄海系)1 891.15 m",这就说明该建筑物底层室内地面设计在比青岛外的黄海海平面高 1 891.15 m 的水平面上。

4. 装修做法

装修做法方面包含的内容比较多,包括地面、楼面、墙面等的做法,需要读懂说明中的各种数字、符号的含义。例如,"建施-03"中散水坡面的说明:"散水坡面详西南 J802,沿房屋周边转通"说明的是散水坡面的做法。

5. 施工要求

施工要求包含两方面的内容,一是要严格执行施工验收规范中的规定,二是对图纸中不详之处的补充说明。

8.3　总平面图

总平面图有建筑总平面图和水电总平面图之分,而建筑总平面图又分为设计总平面图和施工总平面图。本节介绍的是建筑总平面图中的设计总平面图,简称总平面图。

8.3.1　总平面图的作用和形成

1. 作用

在建筑图中,总平面图是用来表达一项工程的总体布局的图样,它通常表示了新建房屋的平面形状、位置、朝向及其与周围地形、地物的关系。总平面图是新建房屋与其他相关设施定位的依据;是土方工程、场地布置以及给排水、暖、电、煤气等管线总平面布置图和施工总平面布置图的依据。

2. 形成

在地形图上画出原有、拟建、拆除的建筑物或构筑物以及新旧道路等的平面轮廓,即可得到总平面图。以本书为例,"建施-02"(图 8.28)即为××花园小区住宅楼所在地域的建筑总平面图。

8.3.2　总平面图的表示方法

1. 比例

物体在图纸上的大小与实际大小的关系称为比例,一般注写在图名一侧;当整张图纸只用一种比例时,也可以将比例注写在标题栏内。必须注意的是,图纸上所注尺寸是按物体实际长度注写的,与比例无关。因此读图时物体大小以所注尺寸为准,不能用比例尺在图上量取。

由于总平面图包含的区域较大,在《总图制图标准》中规定(以下简称《总图标准》):总平面图的比例一般用 1:500、1:1 000、1:2 000 绘制。在实际工作中,由于各地方自然资源和规划局所提供的地形图的比例多为 1:500,故实际操作中常接触的总平面图中多采用这一比例。

2. 总平面图例

由于总平面图采用的比例较小,所以各建筑物或构筑物在图中所占的面积较小;同时根据总平面图的作用看,也无须将其画得很细。故在总平面图中,上述形体可用图例(规定的图形画法称为图例)表示,这就是《总图标准》中的总平面图例。常用的有关图例见表8.2。

表 8.2　常用的建筑总平面图例

名　称	图　例	说　明
新建建筑物		①需要时,可用▲表示出入口,在图形内右上角用点数或数字表示层数。 ②建筑物外形(一般以±0.000 高度处的外墙线为准)用粗实线表示;需要时,地面以上建筑用中粗线表示,地面以下建筑用细虚线表示
原有建筑物	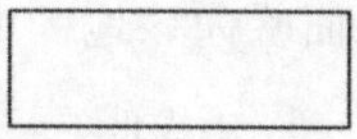	用细实线表示
计划扩建的预留地或建筑物		用中粗线表示
拆除的建筑物	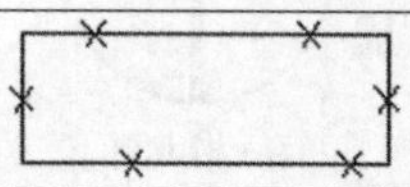	用细实线表示
填挖边坡	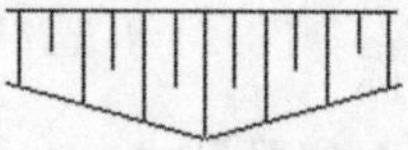	①边坡较长时,可在一端或两端局部表示。 ②下边线为虚线时表示填方
护坡	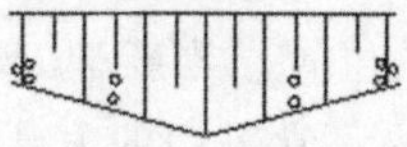	—
建筑物下面的通道	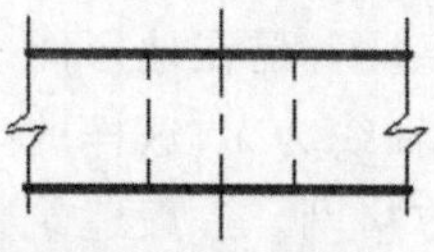	—
水池、坑槽		也可以不涂黑
围墙及大门	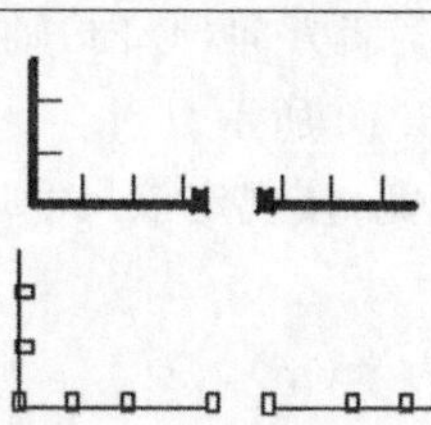	上图为实质性质的围墙,下图为通透性质的围墙,若仅表示围墙时不画大门

3. 总平面图的定位

总平面图表明新建筑物或构筑物与周围地形、地物间的位置关系,是总平面图的主要任务之一。它一般从以下 3 个方面描述:

(1)定向。

在总平面图中,指向可用指北针或风向频率玫瑰图表示。指北针的形状如图8.9(a)所示,它的外圆直径为24 mm,由细实线绘制,指北针尾部的宽度为3 mm。若有特殊需要,指北针亦可以较大直径绘制,但此时其尾部宽度也应随之改变,通常应使其为直径的1/8。

风由外面吹过建设区域中心的方向称为风向。风向频率是在一定时间内某一方向出现风向的次数占总观察次数的百分比,用公式表示为

$$风向频率 = \frac{某一风向出现的次数}{总观察次数} \times 100\%$$

风向频率是用风向频率玫瑰图(简称风玫瑰图)表示的,如图8.9(b)所示,图中细线表示的是16个罗盘方位,粗实线表示常年的风向频率,虚线则表示夏季6、7、8共3个月的风向频率。注意:在风玫瑰图中所表示的风向,是从外面吹向该地区中心的。

(2)定位。

定位即确定新建建筑物的平面尺寸。新建建筑物的定位一般采用两种方法,一是按原有建筑物或原有道路定位;二是按坐标定位。采用坐标定位又分为采用测量坐标定位和建筑坐标定位两种。

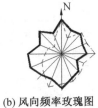

(a)指北针　　(b)风向频率玫瑰图

图8.9　指北针和风向频率玫瑰图

①根据原有建筑物定位。以周围其他建筑物或构筑物为参照物进行定位是扩建中常采用的一种方法。实际绘图时,可标出新建筑物与其他附近的房屋或道路的相对位置尺寸。

②根据坐标定位。以坐标表示新建建筑物或构筑物的位置。当新建筑物所在地形较为复杂时,为了保证施工放样的准确性,可使用坐标定位法。常采用的方法有:

a.测量坐标。国土管理部门提供给建设单位的红线图,是在地形图上用细线画成交叉十字线的坐标网,南北方向的轴线为X,东西方向的轴线为Y,这样的坐标称为测量坐标。坐标网常采用100 m×100 m或50 m×50 m的方格网。一般建筑物的定位标记有两个墙角的坐标。

b.施工坐标。施工坐标一般在新开发区,房屋朝向与测量坐标方向不一致时采用。

施工坐标是将建筑区域内某一点定为点"0",采用100 m×100 m或50 m×50 m的方格网,沿建筑物主墙方向用细实线画成方格网通线,横墙方向(竖向)轴线标为A,纵墙方向的轴线标为B。施工坐标与测量坐标的区别如图8.10所示。

通常,在总平面图上应标注出新建筑物的总长和总宽,按规定该尺寸以米为单位。

(3)定高。

在总平面图中,用绝对标高表示高度数值,其单位为米(m)。

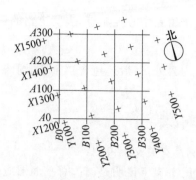

图 8.10　坐标网格

注:图中 X 为南北方向轴线,X 的增量在 X 轴线上;Y 为东西方向轴线,Y 的增量在 Y 轴线上。

A 轴相当于测量坐标网中的 X 轴,B 轴相当于测量坐标网中的 X 轴

8.3.3　总平面图的主要内容

1.建筑红线

各地方国土管理局提供给建设单位的地形图为蓝图,在蓝图上用红色笔划定的土地使用范围的线称为建筑红线。任何建筑物在设计和施工中均不能超过此线。如"建施－02"总平面图(图 8.28)所示,第一幢房屋西北方向边线处已标出的红线即为建筑红线。

2.区分新旧建筑物

从表 8.3 可知,在总平面图上将建筑物分成 4 种情况,即新建的建筑物、原有的建筑物、计划扩建的预留地或建筑物、拆除的建筑物。当我们阅读总平面图时,要区分哪些是新建的建筑物、哪些是原有的建筑物。在设计中,为了清楚表示建筑物的总体情况,一般还在图形中右上角以点数或数字表示楼房层数。当总图比例小于 1∶500 时,可不画建筑物的出入口。

3.标高

标注标高要用标高符号,标高符号的画法如图 8.2 所示。

标高数字以米(m)为单位,一般图中标注到小数点后第三位;在总平面图中注写到小数点后第二位。零点标高的标注方式是"±0.000";正数标高不注写"＋"号,例如"＋3 m"应标注成"3.000";负数标高在数值前加一个"－"号,例如"－0.6 m"标注成"－0.600"。

4.等高线

地面上高低起伏的形状称为地形,地形用等高线来表示。等高线是用 4.1.3 节中介绍的标高投影的方式画出的单面正投影。从地形图上的等高线可以分析出地形的高低起伏状况,等高线的间距越大,说明地面越平缓;相反,等高线的间距越小,说明地面越陡峭。从等高线上标注的数值可以判断出地形是上凸还是下凹;数值由外圈向内圈逐渐增大,说明此处地形是上凸;相反,数值由外圈向内圈减小,则此处地形为下凹。

5.道路

由于比例较小,总平面图只能表示出道路与建筑物的关系,不能作为道路施工的依

据。一般在总平面图中标注出道路中心控制点,表明道路的标高及平面位置即可。

6. 其他

总平面图除了表示以上内容外,一般还包含挡土墙、围墙、绿化等与工程有关的内容,读图时可结合表 8.3 阅读。

8.3.4　总平面图的阅读

(1)熟悉图名、比例、图例及有关文字说明。

熟悉图名、比例、图例及有关文字说明是阅读总平面图应具备的基本知识。

(2)了解工程名称、工程性质、用地范围、地形地貌和周围环境。

上述要点中,工程性质是指建筑物的用途,是商店、教学楼、办公楼、住宅还是厂房等;了解周围环境的目的在于弄清周围环境对该建筑的不利影响。

(3)查看室内外地面标高。

从标高和地形图可知道建造房屋前建筑区域的原始地貌。

(4)了解房屋的平面位置和定位依据。

确定新建筑物的位置是总平面图的主要作用,从中可了解房屋平面位置和定位依据。

(5)朝向和主要风向。

(6)道路交通及管线布置情况。

(7)道路与绿化。

道路与绿化是主体工程的配套工程。从道路可了解建成后的人流方向和交通情况,从绿化可以看出建成后的环境绿化情况。

8.4　平面图

8.4.1　概述

1. 建筑平面图的形成

按照制图标准可知,除了屋顶平面图以外,建筑平面图应是一个水平的全剖面图。其形成方法如下:

假想用一个水平剖切平面沿门、窗洞口将房屋切开,移去剖切平面及其以上部分,将余下的部分向下作正投影,此时所得到的全剖面图即称为建筑平面图,简称平面图。

2. 建筑平面图的用途

建筑平面图主要用来表示房屋的平面布置,在施工过程中,它是放线、砌墙、安装门窗及编制概/预算的重要依据。施工备料、施工组织都要用到平面图。

3. 建筑平面图的分类

根据剖切平面的位置不同,建筑平面图可分为以下几类:

(1)底层平面图。

底层平面图又称为首层平面图或一层平面图,它是所有建筑平面图中首先绘制的一张图。绘制此图时,应将剖切平面选放在房屋的一层地面与从一楼通向二楼的休息平台之间,且尽量通过该层上所有的门窗洞口,如"建施-03"(图 8.29)所示。

(2)标准层平面图。

由于房屋内部平面布置的不同,所以对于多层或高层建筑而言,应该每一层均有一张平面图。其名称就用本身的层数来命名,如"建施-04"(图 8.30)的"二层平面图"所示。但在实际的建筑设计中,多层或高层建筑往往存在许多相同或相近平面布置形式的楼层,因此在实际绘图时,可将这些相同或相近的楼层合用一张平面图来表示。这张合用的图称为"标准层平面图",有时也可用其相对应的楼层数命名,如"建施-05"(图 8.31)的"三~六层平面图"所示。

(3)顶层平面图。

顶层平面图也可用相应的楼层数命名,如"建施-06"(图 8.32)的"七层平面图"所示。

(4)屋顶平面图和局部平面图。

除了上述平面图外,建筑平面图还应包括屋顶平面图和局部平面图。其中屋顶平面图是将房屋的顶部单独向下所作的俯视图,主要用来描述屋顶的平面布置及排水情况,如"建施-07"(图 8.33)所示。而对于平面布置基本相同的中间楼层,其局部的差异无法用标准层平面图来描述,此时则可用局部平面图表示。

(5)其他平面图。

在多层和高层建筑中,若有地下室,则还应有地下负一层、负二层……等平面图。

8.4.2 图例及符号

由于建筑平面图的绘图比例较小,所以其上的一些细部构造和配件只能用图例表示。有关图例画法应按照《建筑制图标准》中的规定执行。一些常用的构造及配件图例如图 8.11 所示。

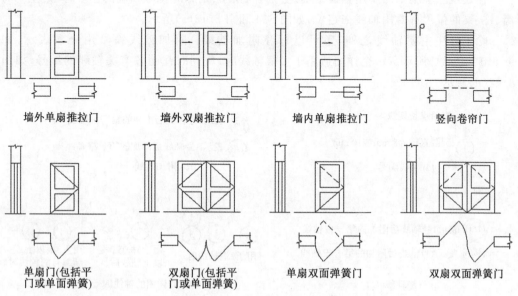

| 墙外单扇推拉门 | 墙外双扇推拉门 | 墙内单扇推拉门 | 竖向卷帘门 |

| 单扇门(包括平门或单面弹簧) | 双扇门(包括平门或单面弹簧) | 单扇双面弹簧门 | 双扇双面弹簧门 |

图 8.11 常用的构造及配件图例

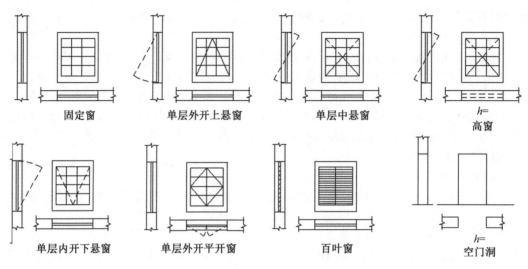

固定窗　　　　单层外开上悬窗　　　　单层中悬窗　　　　*h=*
　　　　　　　　　　　　　　　　　　　　　　　　　　　高窗

单层内开下悬窗　　　　单层外开平开窗　　　　百叶窗　　　　*h=*
　　　　　　　　　　　　　　　　　　　　　　　　　　　　空门洞

续图 8.11

8.4.3　底层平面图

底层平面图是房屋建筑施工图中最重要的图纸之一。下面以"建施－03"所示底层平面图为例,介绍底层平面图的主要内容。

1.图名、比例、图例及文字说明

图名、比例、图例及文字说明如"建施－03"所示。

2.纵横定位轴线、编号及开间、进深

在建筑工程施工图中用轴线来确定房间的大小、走廊的宽窄和墙的位置,凡是主要的墙、柱、梁的位置都要用轴线来定位,如图 8.4 和图 8.12(a)所示。

除了标注主要轴线之外,还可以标注附加轴线。附加轴线编号用分数表示,如图 8.12 (b)(c)所示。一个详图适用于多根轴线时,应同时注明各有关轴线的编号,如图 8.12(d)所示。

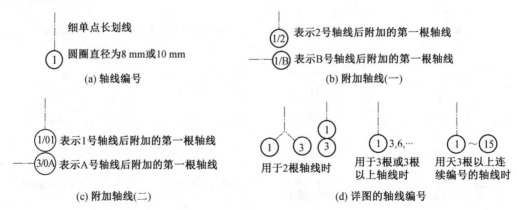

图 8.12　轴线编号

如"建施－03"底层平面图所示,其横向定位轴线有①～⑬等 13 根主要轴线,纵向定位轴线有Ⓐ~Ⓕ等 6 根轴线。建筑物横向定位轴线之间的距离称为开间,如①和②之间;纵向定位轴线之间的距离称为进深,如Ⓔ和Ⓕ之间。

3. 房间的布置、用途及交通联系

平面布置是平面图的主要内容,着重表达各种用途房间与走道、楼梯、卫生间的关系。房间用墙体分隔,如"建施-03"底层平面图所示。从该图可以看出,①~④轴线是一套四室两厅一厨一卫的 C 户型平面布置图,通过楼梯间进户,一梯两户,左右对称。

④和⑩轴线各有一双跑楼梯。建筑平面图比例较小,楼梯在平面图中只能示意其投影情况,楼梯的制作、安装详图详见楼梯详图或标准图集。在平面图中,表示的是楼梯设在建筑中的平面位置、开间和进深,以及楼梯的上下方向、上一层楼的步数。

4. 门窗的布置、数量、开启方向及型号

在平面图中,只能反映出门、窗的平面位置、洞口宽度及与轴线的关系。门窗应按图 8.11所示常用建筑配件图例进行绘制。在施工图中,门用代号"M"表示,窗用代号"C"表示,如"M1"表示编号为 1 的门,而"LC2"则表示编号为 2 的铝合金窗。门窗的高度尺寸在立面图、剖面图或门窗表中查找,本例中门窗规格见"建施-01"中门窗工程说明。门窗的制作和安装需查找相应的详图。

在平面图中门洞位置处若画成虚线,则表示此门洞为没安装门的洞口,如卫生间前室宽为 700 mm 的门洞;窗洞位置处若画成虚线,则表示此窗为高窗(高窗是指窗洞下口高度高于 1 500 mm,一般为 1 800 mm 以上的窗)。按剖切位置和平面图的形成原理,高窗在剖切平面上方,并不能够投射到本层平面图上,但为了施工时阅读方便,国标规定把高窗画在所在楼层并用虚线表示。门窗代号及其含义举例如下:

M0920——门宽 900 mm,高 2 000 mm;

GM1824——钢门宽 1 800 mm,高 2 400 mm;

JM——卷门;

MC——门带窗;

C1518——窗宽 1 500 mm,高 1 800 mm;

LC1518——铝合金窗宽 1 500 mm,高 1 800 mm。

5. 房屋的平面形状和尺寸标注

平面图中标注的尺寸分内部尺寸和外部尺寸两种,主要反映建筑物中门窗的平面位置及墙厚、房间的开间进深、建筑物的总长和总宽等。

内部尺寸一般用一道尺寸线表示墙与轴线的关系、房间的净长、净宽以及内墙门窗与轴线的关系。

外部尺寸一般标注三道尺寸。最里面一道尺寸表示外墙门窗的大小及与轴线的平面关系,也称门窗洞口尺寸;中间一道尺寸表示轴线尺寸,即房间的开间与进深尺寸;最外面一道尺寸表示建筑物的总长、总宽,即从一端外墙皮到另一端外墙皮的尺寸。

从"建施-03"底层平面图中可以看出:该住宅楼的客厅、主卧室、次卧室、小卧室及厨卫的平面形状均为长方形,其主卧室的开间×进深＝3 300 mm×4 800 mm,客厅的开间×进深＝3 900 mm×6 600 mm,其余房间的开间和进深同理;进户门及卧室门均为

M1,厨房门为 LM2,卫生间门为 M2。

其内部尺寸:①⑬⑧⑥⑥等轴线的墙厚为 370 mm,⑧轴线墙厚为 240 mm;①⑧两轴线与墙的关系为左厚 250 mm,右厚 120 mm;

其外部尺寸:①和②轴线间主卧室依次有 900 mm、1 500 mm、900 mm 3 个门窗洞口的细部尺寸;②和③轴线间客厅的开间×进深=3 900 mm×6 600 mm;①～⑬轴线墙外皮间的总长度为 40 100 mm;⑧～⑥轴线墙外皮间的总宽度为 13 270 mm。

其楼梯间的开间×进深=2 400 mm×5 100 mm,由底层上到二层共有 18 步,由±0.000 下到-0.600 m 共有 4 步,每一步的踏面宽为 300 mm,踢面高为 150 mm。

在房屋建筑工程中,各部位的高度都用标高来表示。除总平面图外,施工图中所标注的标高均为相对标高。在平面图中,因为各房间的用途不同,房间的高度不都在同一个水平面上,如“建施-03”底层平面图中,±0.000 表示客厅、主卧室、次卧室等房间的地面标高,-0.600 表示室内楼梯间起点地面的标高。

6. 房屋的细部构造和设备配备情况

房屋的细部构造和设备配备情况包括房屋内部的壁柜、吊柜、厨房设备、搁板、水池、墙洞以及各种卫生设备,以及房屋外部的台阶、花池、散水、明沟、雨水管等的布置。附属设施只能在平面图中表示出平面位置,具体画法应查阅相关的详图或标准图集,如“建施-03”中,卫生间内的浴缸、马桶、洗面盆等。

7. 房屋的朝向及剖面图的剖切位置、索引符号等

建筑物的朝向在底层平面图中用指北针表示。建筑物主要入口在哪面墙上,就称建筑物朝哪个方向。如“建施-03”底层平面图所示,指北针朝上,建筑物的主要入口在⑥轴线上,说明该建筑朝北,也就是人们常说的“坐南朝北”。本例中住宅楼的剖切位置Ⅲ—Ⅲ在④和⑤轴线间。靠⑥轴线处的散水及明沟的做法用详图索引符号标出:详西南 J802。

8. 墙厚(柱的断面)

建筑物中墙、柱是承受建筑物垂直荷载的重要结构,墙体又起着分隔房间的作用,为此它们的平面位置、尺寸大小都非常重要。从底层平面图中我们可以看到,外横墙和外纵墙墙厚分别为 370 mm 和 240 mm。

8.4.4　其他各层平面图和屋顶平面图

除底层平面图外,在多层或高层建筑中,一般还有标准层平面图、顶层平面图、屋顶平面图、局部平面图和地下室平面图。标准层平面图和顶层平面图所表示的内容与底层平面图相比大同小异,屋顶平面图主要表示屋顶上的情况和排水情况。下面以标准层平面图和屋顶平面图为例进行介绍。

1. 标准层平面图

标准层平面图与底层平面图的区别主要体现在以下几个方面:

(1)房间布置。标准层平面图的房间布置与底层平面图房间布置的不同之处必须表示清楚。“建施-04/05/06”等平面图中的所有房间布置均与底层平面图的布置相同。

(2)墙体的厚度(柱的断面)。由于建筑材料强度或建筑物的使用功能不同,建筑物墙

体厚度或柱截面尺寸往往不一样(顶层小、底层大),墙厚或柱变化的高度位置一般在楼板的下皮。

"建施—04"与"建施—03"的内外墙厚均相同,其外横墙和外纵墙墙厚分别为370 mm和 240 mm;而"建施—05""建施—06"的所有外横墙和外纵墙墙厚均变为 240 mm。

(3)建筑材料。建筑材料的强度要求、材料的质量好坏在图中无法体现,但是在相应的说明中必须叙述清楚,该说明详见第 9 章。

(4)门与窗。标准层平面图中门窗设置与底层平面图往往不完全一样,在底层建筑物的入口处一般为门洞或大门,而在标准层平面图中相同的平面位置处,一般情况下都改成了窗。如"建施—03"中第一、二单元的入口处均为门洞,而"建施—04/05/06"中相同的平面位置处均变为 LC5 的窗。

(5)表达内容。标准层平面图不再表示室外地面的情况,但要表示下一层可见的阳台或雨篷。楼梯表示为有上有下的方向。如"建施—04"中其楼梯间处就表示了入口处的雨篷。"建施—04/05"中的楼梯方向有上有下。而"建施—06"中的楼梯只有下的方向。

2. 屋顶平面图

屋顶平面图主要表示 3 个方面的内容,如"建施—07"所示屋顶平面图。

(1)屋面排水情况。屋面排水情况包括排水分区、分水线、檐沟、天沟、屋面坡度、雨水口的位置等。如"建施—07"中的排水坡度有 2%、1%、0.5%等。

(2)突出屋面的物体分布情况。突出屋面的物体分布情况包括电梯机房、楼梯间、水箱、天窗、烟囱、检查孔、管道、屋面变形缝等的位置。如"建施—07"中 600×600 屋面检修孔。

(3)细部做法。除图 8.33 中Ｆ轴线屋面检修孔详西南 J202 标准图集的做法外,屋面的细部做法还包括高出屋面墙体的泛水、天沟、变形缝、雨水口等。

8.4.5　平面图的阅读与绘制

1. 阅读底层平面图方法及步骤

从图纸目录中,可以查到底层平面图的图号为"建施—03",如图 8.29 所示。底层平面图涉及的内容最全面,为此,我们阅读建筑平面图时,首先要读懂底层平面图。读底层平面图的方法及步骤如下:

(1)首先查看图名与比例。底层平面图比例为 1∶100、图名为"建施—03",确定为所找的图纸。

(2)查阅建筑物的朝向、形状、主要房间的布置及相互关系。从底层平面图中的指北针可以看出该建筑为坐南朝北,房间均为一字型,通过楼梯间相连。

(3)复核建筑物各部位的尺寸。复核的方法是将细部尺寸加起来看是否等于轴线尺寸,再将轴线尺寸和两端轴线外墙厚的尺寸加起来看是否等于总尺寸。

(4)查阅建筑物墙体(柱)采用的建筑材料时要结合设计说明阅读。这部分内容可能编排在建筑设计说明中,也可能编排在结构设计说明中。本例编排在结构设计说明中,其墙体材料为实心黏土砖,详见第 9 章。

(5)查阅各部位的标高。查阅标高时主要查阅房间、卫生间、楼梯间和室外地面标高。

(6)核对门窗尺寸及樘数。核对的方法是检查图中实际需要的数量与门窗表中的数量是否一致。

(7)查阅附属设施的平面位置。附属设施的平面位置包括厨房中的洗菜池和灶台,卫生间内的浴缸、马桶、洗面盆的平面位置等。

(8)阅读文字说明,查阅对施工及材料的要求。对于这个问题要结合建筑设计说明阅读,如"建施—01"中的建筑设计说明。

2. 阅读其他各层平面图的注意事项

在熟练阅读底层平面图的基础上,阅读其他各层平面图要注意以下几点:

(1)查明各房间的布置是否同底层平面图一样。由于本例建筑是住宅楼,标准层和底层平面图的布置完全一样。若是沿街建筑或公共建筑,房间的布置将会有很大的变化。

(2)查明墙身厚度是否同底层平面图一样。本例建筑中外墙的厚度有变化,由底层、二层的 370 mm 和 240 mm 全部变为 240 mm。内墙的厚度无变化,均为 240 mm。

(3)门窗是否同底层平面图一样。该建筑中门窗变化仅有一处:底层楼梯间的门洞变为二至七层的 LC5 窗。除此之外,在民用建筑中底层外墙窗一般还需要增设安全措施(如窗栅等)。

(4)采用的建筑材料是否同底层平面图一样。在建筑中,房屋的高度不同,对建筑材料的质量要求也不一样。

(5)注意楼面、卫生间及楼梯休息平台的标高变化。

(6)不再表示剖切符号和散水。

3. 阅读屋顶平面图的要点

阅读屋顶平面图主要注意两点:

(1)屋面的排水方向、排水坡度及排水分区。

(2)阅读时结合有关详图,弄清分仓缝、女儿墙泛水、高出屋面部分的防水、泛水做法。

4. 平面图的绘制

(1)准备绘图工具及用品。

(2)选比例、定图幅、画图框和标题栏。

(3)进行图面布置。根据房屋的复杂程度及大小,确定图样的位置。注意留出注写尺寸、符号和有关文字说明的空间。

(4)画铅笔线图。用铅笔在绘图纸上画成的图称为一底图,简称"一底"。

①画出定位轴线。

定位轴线是建筑物的控制线,故在平面图中,凡是承重的墙、柱、大梁、屋架等都要画轴线,如图 8.13(a)所示,并按规定的顺序进行编号。

②画出全部墙厚、柱断面和门窗位置。

此时应特别注意构件的中心是否与定位轴线重合。画墙身轮廓线时,应从轴线处分别向两边量取。由定位轴线定出门窗的位置,然后按图 8.11 的规定画出门窗图例,如图 8.13(b)所示。若表示的是高窗、通气孔、槽等不可见的部分,则应以虚线绘制。

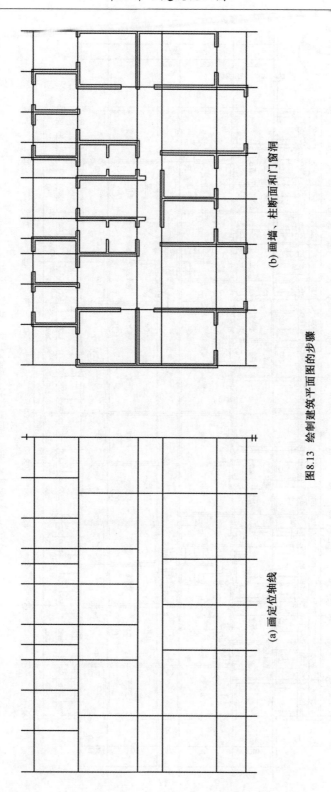

(b) 画墙、柱断面和门窗洞

(a) 画定位轴线

图 8.13　绘制建筑平面图的步骤

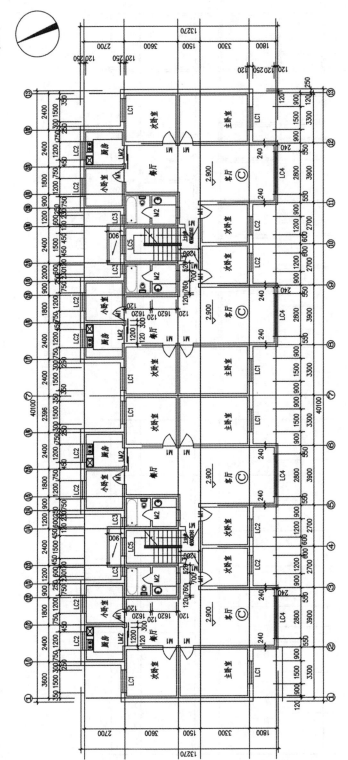

(c) 画构配件和细部，画出符号和标注尺寸、编号、说明

续图8.13

③画其他构配件的轮廓。

所谓其他构配件,是指台阶、坡道、楼梯、平台、卫生设备、散水和雨水管等,如图8.13(c)所示。

以上 3 步用较硬的铅笔(H 铅笔或 2H 铅笔)轻画。

(5)检查后描粗加深有关图线。

在完成上述步骤后,应仔细检查,及时发现错误。然后按照《建筑制图标准》的有关规定,描粗加深图线(用较软的 B 铅笔或 2B 铅笔绘制)。

线型要求:剖到的墙轮廓线画粗实线;可见的台阶、楼梯、窗台、雨篷、门扇等画中粗实线;楼梯扶手、楼梯上下引导线、窗扇等画细实线;定位轴线画细单点长划线。

(6)标注尺寸、注写定位轴线编号、标高、剖切符号、索引符号、门窗代号及图名比例和文字说明等内容,如图 8.13(c)所示。一般用 HB 的铅笔。

(7)复核。图完成后需仔细校核,及时更正,尽量做到准确无误。

(8)上墨(描图)。用描图纸盖在"一底"图上,用黑色的墨水(绘图墨水、碳素墨水)按"一底"图描出的图形称为底图,又称"二底"。

以上只是绘制建筑平面图的大致步骤,在实际操作时,可按房屋的具体情况和绘图者的习惯加以改变。

8.5　立面图

8.5.1　形成、数量、用途及名称

1.建筑立面图的形成

从房屋的前、后、左、右等方向直接作正投影,只画出其上的可见部分(不可见的虚线轮廓不画)所得的图形,称为建筑立面图,简称立面图。"建施－08/09/10"(图 8.34～8.36)即为房屋的立面图。

2.建筑立面图的数量

立面图的数量是根据建筑物各立面的形状和墙面装修的要求而决定的。当建筑物各立面造型不一样、墙面装修各异时,就需要画出所有立面图。当建筑物各立面造型简单,可以通过主要立面图和墙身剖面图表明次要立面的形状和装修要求时,可省略该立面图不画。

3.建筑立面图的用途

建筑立面图是设计工程师表达立面设计效果的重要图纸。在施工中是外墙面造型、外墙面装修、工程概/预算、备料等的依据。

4.建筑立面图的命名

在建筑施工图中,立面图的命名方式较多,常用以下 3 种:

(1)按立面的主次命名。

通常规定,房屋主要入口或反映建筑物外貌主要特征所在的面称为正面,当观察者面

向房屋的正面站立时,从前向后所得的正投影图是正立面图;从后向前的则是背立面图;从左向右的称为左侧立面图;而从右向左的则称为右侧立面图。

(2)按房屋的朝向命名。

建筑物朝向比较明显的,也可按房屋的朝向来命名立面图。规定:建筑物立面朝南面的立面图称为南立面图,同理还有北立面图、西立面图和东立面图。

(3)按轴线编号命名。

根据建筑物平面图两端的轴线编号命名,如①~⑬、Ⓐ~Ⓕ立面图。

以上3种命名方式,目前首选按轴线编号命名。无定位轴线的建筑物可按平面图各面的朝向确定名称。

8.5.2　建筑立面图的主要内容

建筑立面图的主要内容如下:

(1)图名、比例。

(2)定位轴线。

(3)建筑物外形轮廓。建筑物外形轮廓包括门窗的形状、位置及开启方向,室外台阶、花池、勒脚、窗台、雨篷、阳台、檐口、墙面、屋顶、烟囱、雨水管等的形状和位置。

(4)各主要部位的相对标高。如室内外地面、各层楼面、檐口、女儿墙压顶、雨篷及总高度。

(5)立面图中的尺寸。立面图中的尺寸是表示建筑物高度方向的尺寸,一般用3道尺寸线表示。最外面一道为建筑物的总高,即从建筑物室外地面到女儿墙压顶(或檐口)的距离;中间一道尺寸线为层高,即上下相邻两层楼地面之间的距离;最里面一道为细部尺寸,表示室内外地面高差、防潮层位置、窗下墙的高度、门窗洞口高度、洞口顶面到上一层楼面高度、女儿墙或挑檐板高度。

(6)外墙面的分格。如"建施-08"中①~⑬立面图所示,该建筑外墙面的分格线以横线条为主,竖线条为辅;利用通长的窗檐进行横向分格,利用凹凸墙面进行竖向分格。

(7)外墙面的装修。外墙面装修一般用索引符号表示具体做法(具体做法需查找相应的标准图集)或在图上直接引出标注。"建施-08"①~⑬立面图中直接标出了其外墙材料:勒脚用灰色涂料;水平分格线条和檐口线用白色涂料;屋顶外边缘用浅棕灰色涂料;其余墙面用米黄色涂料。

8.5.3　立面图的阅读与绘制

1.立面图的阅读

阅读立面图时应对照平面图阅读,查阅立面图与平面图的关系,这样才能建立起立体感,加深对平面图、立面图的理解。

(1)了解图名和比例。

根据"建施-08"的图名:①~⑬立面图,再对照"建施-03"的底层平面图可知,该图是第三幢住宅楼的背立面图,绘图比例为1:100。

(2)了解建筑物的体型和外部形状。

本例住宅楼为七层平顶建筑,外形是长方体。

(3)了解门窗的类型、位置及数量。

该住宅楼背立面底层有 3 种规格(LC1、LC2、LC4)共 12 樘窗;窗均为推拉窗。二~七层背立面每层窗的规格和数量均同底层一致。

(4)查阅建筑物各部位的标高及相应的尺寸。

室外地坪标高为-0.600 m,屋檐顶面标高为 21.200 m,由室外地坪至屋檐总高为 21.8 m,层高 2.9 m,其他标高如"建施-08"所示。

(5)了解其他构配件。

房屋下部作有勒脚,檐口四周作有斜面,楼梯间入口处作有雨篷。

(6)查阅外墙面各细部的装修做法,如窗台、窗檐、雨篷、勒脚等。

(7)其他。

结合相关的图纸,查阅外墙面、门窗、玻璃等的施工要求。

2. 立面图的绘制

一般在绘制好各层平面图的基础上,对应平面图来绘制立面图。绘制方法及步骤大体同平面图,具体步骤如下:

(1)选取和平面图相同的绘图比例及图幅。

(2)画铅笔线图(用较硬的 H 铅笔或 2H 铅笔)。

①画室外地坪线、两端的定位轴线、外墙轮廓线和屋顶/檐口线,并画出首尾轴线和墙面分格,如图 8.14(a)所示。

②确定细部位置。内容包括定门窗洞口位置线、窗台、雨篷、窗檐、阳台、檐口、墙垛、勒脚、雨水管等。对于相同的构件,只画出其中的一到两个,其余的只画外形轮廓,如图 8.14(b)所示。

(3)检查后加深图线(用较软的 B 铅笔或 2B 铅笔)。为了立面效果明显、图形清晰、重点突出、层次分明、立面图上的线型和线宽一定要区分清楚。

线型要求:地坪线画加粗实线($1.4b$);外轮廓线(天际线)画粗实线;墙轮廓线、门窗洞轮廓线画中粗线;门窗分格线、墙面分格线、雨水管等画细实线。

(4)标注标高、尺寸,填写图名、比例;注明各部位的装修做法,如图 8.14(c)所示。

(5)校核。

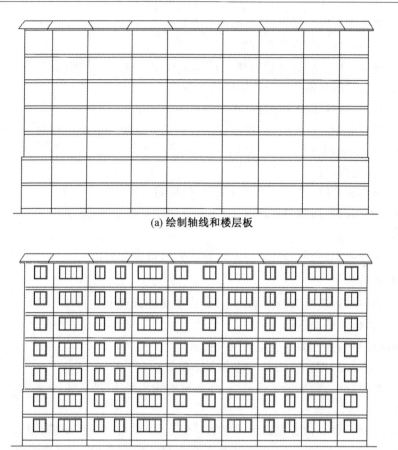

(a) 绘制轴线和楼层板

(b) 绘制外轮廓线和门窗等细部

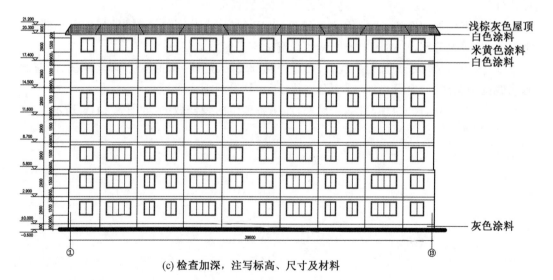

(c) 检查加深，注写标高、尺寸及材料

图 8.14 立面图的绘制步骤

8.6　剖面图

从前面章节提到的平面图和立面图中,可以了解到建筑物各层的平面布置以及立面的形状,但无法得知层与层之间的联系。建筑剖面图就是用来表示建筑物内部垂直方向的结构形式、分层情况、内部构造以及各部位高度的图样。

8.6.1　形成、剖切位置选择、数量及用途

1. 形成

建筑剖面图实际上是垂直剖面图。假想用一竖直剖切平面,垂直于外墙将房屋剖开,移去剖切平面与观察者之间的部分,作出剩余部分的正投影图即称为剖面图。

2. 剖切位置选择

剖面图的剖切部位应根据图纸的用途或设计深度,在平面图上选择能反映全貌、构造特征以及有代表性的部位剖切,一般应通过门窗洞口、楼梯间及主要入口等位置。

3. 数量

剖面图的数量应根据建筑物内部构造的复杂程度和施工需要而定。

4. 用途

剖面图同平面图、立面图一样,是建筑施工图中最重要的图纸之一,表示建筑物的整体情况。剖面图用来表达建筑物内部的竖向结构和特征(如结构形式、分层情况、层高及各部位的相互关系),是施工、概/预算及备料的重要依据。

8.6.2　剖面图的有关图例和规定

1. 比例

剖面图一般应与平面图和立面图的比例相同,以便和它们对照阅读。

2. 定位轴线

在剖面图中应画出两端墙或柱的定位轴线及其编号,以明确剖切位置及剖视方向。

3. 图线

剖面图中的室外地坪线用加粗实线画出。剖切到的部位如墙、柱、板、楼梯等用粗实线画出,未剖到但可见的部位用中粗实线画出,其他(如引出线等)用细实线画出。基础用折断线省略不画,另由结构施工图表示。

4. 多层构造引出线

多层构造引出线应通过被引出的各层。文字说明可注写在横线的上方,也可注写在横线的端部;说明的顺序应由上至下,并与被说明的层次一致。如果层次为横向排列,则由上至下的说明顺序与由左至右的构造层次相互一致,多层构造引出线如图 8.15 及"建施-11"(图 8.37)中屋顶的构造做法所示。

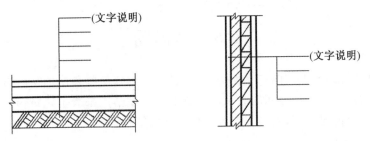

图 8.15　多层构造引出线

5.建筑标高与结构标高

建筑标高与结构标高示例如图 8.3 所示。

6.坡度

建筑物倾斜的地方如屋面、散水、残疾人专用通道、车道等,需用坡度来表示倾斜的程度。图 8.16(a)是坡度较小时的表示方法,箭头指向下坡方向,2%表示坡度的高宽比;图 8.16(b)(c)是坡度较大时的表示方法。图 8.16(c)中直角三角形的斜边应与坡度平行,直角边上的数字表示坡度的高宽比。

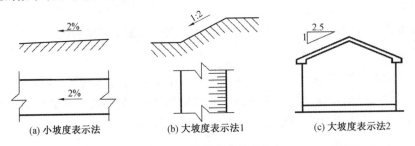

(a) 小坡度表示法　　　　(b) 大坡度表示法1　　　　(c) 大坡度表示法2

图 8.16　坡度的表示方法

下面以"建施－11"为例,介绍剖面图的主要内容、阅读方法与绘制步骤。

8.6.3　主要内容

剖面图的主要内容如下:

(1)图名和比例。

(2)房屋内部的分层、分隔情况。本例建筑高度方向共分 7 层,进深方向分隔情况是Ⓓ~Ⓔ为楼梯间,其余为住宅的次卧室、小卧室和客厅的外墙面。

(3)尺寸标注。剖面图的尺寸标注一般有外部尺寸和内部尺寸之分。外部尺寸沿剖面图高度方向标注 3 道尺寸,所表示的内容同立面图一致。内部尺寸应标注内门窗高度、层间高度、隔断、吊顶、内部设备等的高度。

(4)标高。在建筑剖面图中应标注室内外地坪、楼面、楼梯平台面、窗台、檐口、女儿墙、雨篷、花饰等处的建筑标高,屋顶的结构标高。

(5)檐口的形式和排水坡度。檐口的形式有两种,一种是女儿墙,另一种是挑檐。

(6)索引符号。剖面图中不能详细表示清楚的部位应标注索引符号,表明详图的编号及所在位置。如"建施－11"中Ⅲ—Ⅲ剖面图标注的西南 J402(栏杆和扶手做法)和西南

J506(雨篷处的做法)。

(7)其他。其他包括表示各层楼地面、屋面、内墙面、顶棚、踢脚、散水、台阶等的构造做法。表示方法可采用多层构造引出线标注,若为标准构造做法,则标出做法的编号。

8.6.4　剖面图的阅读与绘制

1. 剖面图的阅读

剖面图的阅读应包含如下内容:

(1)结合底层平面图阅读,对应剖面图与平面图的相互关系,建立起房屋内部的空间概念。

(2)结合建筑设计说明或材料做法表阅读,查阅地面、楼面、墙面、顶棚的装修做法。

(3)查阅各部位的高度。

(4)结合屋顶平面图阅读,了解屋面坡度、屋面防水、女儿墙泛水、屋面保温、隔热等的做法。

2. 剖面图的绘制

一般做法是在绘制好平面图、立面图的基础上绘制剖面图,并采用相同的图幅和比例。其步骤如下:

(1)确定定位轴线和高程控制线的位置。其中高程控制线主要指室内外地坪线、楼层分隔线、檐口顶线、楼梯休息平台线、墙体轴线等,如图 8.17(a)所示。

(2)画出内外墙身厚度、楼板、屋顶构造厚度,再画出门窗洞高度、过梁、圈梁、防潮层、挑出檐口宽度、梯段及踏步、休息平台、台阶等的轮廓,如图 8.17(b)所示。

(3)画未剖切到但可见的构配件的轮廓线及相应的图例,如墙垛、梁(柱)、阳台、雨篷、门窗、楼梯栏杆、扶手。

(4)检查后按线型标准的规定加深各类图线。

(5)按规定标注高度尺寸、标高、屋面坡度、散水坡度、定位轴线编号、索引符号等;注写图名、比例及从地面到屋顶各部分的构造说明,如图 8.17(c)所示。

(6)复核。

以上各节介绍的图纸内容都是建筑施工图中的基本图纸,表示全局性的内容,比例较小。

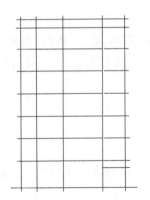

(a) 画定位轴线、室内外地坪线、楼层分隔
　　线、楼梯休息平台线以及檐口顶线等

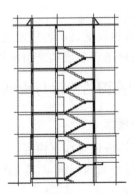

(b) 画剖切到的墙身、楼板、结构层、
　　门窗洞、楼梯等主要构件

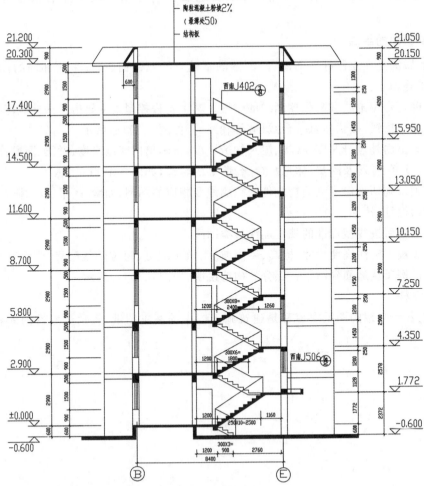

(c) 画可见的雨篷、扶手等其他构配件，描清细部，标注尺寸、符号、编号及说明

图 8.17　剖面图的绘制步骤

8.7　建筑详图

为了将某些局部的构造做法、施工要求表示清楚,需要采用较大的比例绘制成详图。详图的内容很多,表示方法各异。各地方都将大量常用的内容和常规做法编制成标准图集,供各工程选用。在不能选用到合适的标准图集进行施工时,需要重新画出详图,把具体的做法表达清楚。

8.7.1　概述

房屋建筑平面图、立面图、剖面图是全局性的图纸,因为建筑物体型较大,所以常采用缩小比例尺绘制。一般性建筑常用 1：100 的比例尺绘制,对于体型特别大的建筑,也可采用 1：200 的比例。用这样的比例在平、立、剖面图中无法将细部做法表示清楚,因此凡是在建筑平、立、剖面图中无法表示清楚的内容,都需要另绘详图或选用合适的标准图。详图的比例常采用 1：1、1：2、1：5、1：10、1：20、1：50 等几种。

详图与平、立、剖面图的关系是用索引符号联系的。索引符号、局部剖切索引符号及详图符号如图 8.5~8.8 所示。

一幢房屋施工图通常需绘制以下几种详图:外墙剖面详图、楼梯详图、门窗详图及室内外一些构配件的详图,如室外的台阶、花池、散水、明沟、阳台等;室内的厕所、卫生间、壁柜、搁板等。下面以墙身剖面图(外墙身详图)和楼梯详图为例介绍建筑详图的阅读方法。

8.7.2　外墙身详图

外墙身详图的剖切位置一般设在门窗洞口部位。它实际上是建筑剖面图的局部放大图样,一般按 1：20 的比例绘制。外墙身详图主要表示地面、楼面、屋面与墙体的关系,同时也表示排水沟、散水、勒脚、窗台、窗檐、女儿墙、天沟、排水口、雨水管的位置及构造做法,如图 8.18 所示。

1. 用途

外墙身详图与平、立、剖面图配合使用,是施工中砌墙、室内外装修、门窗立口及概算、预算的依据。

2. 外墙身详图的基本内容

外墙身详图的基本内容如下:

(1)墙厚及墙与轴线的关系。从图 8.18 中可以看到,墙体为砖墙,一、二层墙厚为 370 mm;墙的中心线距外墙 250 mm、距内墙 120 mm;三至七层墙厚为 240 mm,墙的中心线与轴线重合。

(2)各层楼梁、板的位置及与墙身的关系。从图 8.18 中可以看出该建筑的楼板、屋面板采用的是现浇钢筋混凝土板。

(3)各层地面、楼面、屋面的构造做法。该部分内容一般要与建筑设计说明和材料做法表共同表示。本工程要结合"建施－01"的建筑设计说明阅读。

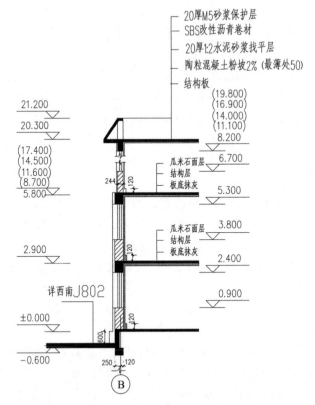

图 8.18　外墙身详图(1∶20)

（4）各主要部位的标高。在建筑施工图中标注的标高称为建筑标高,标注的高度位置是建筑物某部位装修完成后的上表面或下表面的高度。它与结构施工图(见第9章)的标高不同,结构施工图中的标高称为结构标高,它标注结构构件未装修前的上表面或下表面的高度。

（5）门窗立口与墙身的关系。在建筑工程中,门窗框的立口有3种方式,即平内墙面、居墙中、平外墙面。图8.18中门窗立口采用的是平内墙面的做法。

（6）各部位的细部装修及防水防潮做法。图8.18中显示了散水、防潮层、窗台、窗檐、天沟等的细部做法。

3.读图方法及步骤

外墙身详图的读图方法及步骤如下:

（1）掌握墙身剖面图所表示的范围。读图时结合"建施－11"中Ⅲ—Ⅲ剖面图,可知该墙身剖面图是Ⓑ轴上的墙,但是Ⓔ轴与Ⓑ轴对应,又未再画详图,说明此图也代表Ⓔ轴上的墙。

（2）掌握图中的分层表示方法。如图8.18中楼面和屋面是采用分层表示方法,画图时文字注写的顺序与图形的顺序对应。这种表示方法常用于地面、楼面、屋面和墙面等装修做法。

（3）掌握构件与墙体的关系。楼板大体分为装配式和现浇式两种。装配式楼板与墙体的关系一般有靠墙和压墙两种。图 8.18 中为现浇楼板。

（4）结合建筑设计说明或材料做法表阅读，掌握细部的构造做法。

4. 注意事项

（1）在 ±0.000 或防潮层以下的墙称为基础墙，施工做法应以基础图为准。在 ±0.000 或防潮层以上的墙，施工做法以建筑施工图为准，并注意连接关系及防潮层的做法。

（2）地面、楼面、屋面、散水、勒脚、女儿墙、天沟等的细部做法应结合建筑设计说明或材料做法表阅读。

（3）注意建筑标高与结构标高的区别。

8.7.3　楼梯详图

1. 概述

楼梯详图的组成及主要内容概括如下：

（1）楼梯的组成。楼梯一般由楼梯段、平台、栏杆（栏板）和扶手 3 部分组成，如图 8.19 所示。

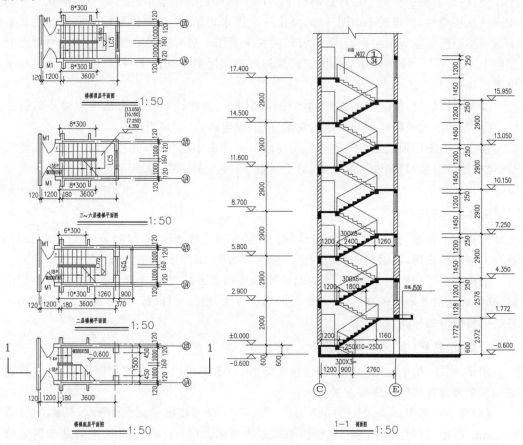

图 8.19　楼梯详图（1∶50）

①楼梯段。楼梯段指两平台之间的倾斜构件,它由斜梁或板及若干踏步组成,踏步分踏面和踢面两部分。

②平台。平台是指两楼梯段之间的水平构件,根据位置不同又有楼层平台和中间平台之分,中间平台又称为休息平台。

③栏杆(栏板)和扶手。栏杆扶手设在楼梯段及平台悬空的一侧,起安全防护作用。栏杆一般用金属材料做成,扶手一般由金属材料、硬杂木或塑料等做成。

(2)楼梯详图的主要内容。要将楼梯在施工图中表示清楚,一般要有3个部分的内容,即楼梯平面图,楼梯剖面图和踏步、栏杆(板)及扶手详图等。

下面以图8.19楼梯详图为例,介绍楼梯详图的阅读和绘制。

2. 楼梯平面图

楼梯平面图的形成同建筑平面图一样,假设用一水平剖切平面在该层往上行的第一个楼梯段中剖切开,移去剖切平面及以上部分,将余下的部分按正投影的原理投射在水平投影面上所得到的图,称为楼梯平面图。因此,楼梯平面图是房屋平面图中楼梯间部分的局部放大。图8.19中,楼梯平面图采用的是1:50的比例绘制。

楼梯平面图一般分层绘制,底层平面图是剖在上行的第一跑上,因此除表示第一跑的平面外,还能表明楼梯间一层休息平台下面小房间或进入楼层单元处的平面形状。中间相同的几层楼梯,同建筑平面图一样,可用一个图来表示,这个图称为标准层平面图。最上面一层平面图称为顶层平面图。所以,楼梯平面图一般有底层平面图、标准层平面图和顶层平面图3个。而本例住宅楼由于二层与三至六层的平面图不一致,故有4个楼梯平面图图样。

需要说明的是,按假设的剖切面将楼梯剖切开,折断线本应该为平行于踏步的折断线,为了与踏步的投影区别开,《建筑制图标准》规定画为45°斜折断线。

楼梯平面图用轴线编号表明楼梯间在建筑平面图中的位置,并注明楼梯间的长宽尺寸、楼梯跑(段)数、每跑(段)的宽度、踏步步数、每一步的宽度、休息平台的平面尺寸及标高等。

3. 楼梯剖面图

假想用一铅垂剖切平面,通过各层的一个楼梯段将楼梯剖切开,向另一未剖切到的楼梯段方向进行投射,所绘制的剖面图称为楼梯剖面图,如图8.19的1—1剖面图所示。

楼梯剖面图的作用是完整、清楚地表明各层梯段及休息平台的标高,楼梯的踏步步数、踏面的宽度及踢面的高度,各种构件的搭接方法,楼梯栏杆(板)的形式及高度,楼梯间各层门窗洞口的标高及尺寸。

4. 踏步、栏杆(板)及扶手详图

踏步、栏杆、扶手这部分内容与楼梯平面图、剖面图相比,采用的比例要大一些,其目的是表明楼梯各部位的细部做法。

(1)踏步。如图8.19中楼梯详图(二层、三~六层楼梯平面图)所示,踏面的宽为300 mm,踢面的高为161 mm,在楼梯平面图中表示为@300×161。楼梯间踏步的装修若无特别说明,一般都是与地面的做法相同(在公共场所,楼梯踏面要设置防滑条)。在图

8.19 中,踏步的具体做法详见西南 J402。

(2)栏杆、扶手。图 8.19 中栏杆、扶手的做法详见西南 J402。

除以上内容外,楼梯详图一般还包括顶层栏杆立面图、平台栏杆立面图和顶层栏杆楼层平台段与墙体的连接。

5. 阅读楼梯详图的方法与步骤

(1)查明轴线编号,了解楼梯在建筑中的平面位置和上下方向。

(2)查明楼梯各部位的尺寸,包括楼梯间的大小、楼梯段的大小、踏面的宽度、休息平台的平面尺寸等。

(3)按照平面图上标注的剖切位置及投射方向,结合剖面图阅读楼梯各部位的高度,包括地面、休息平台、楼面的标高及踢面、楼梯间门窗洞口、栏杆、扶手的高度等。

(4)弄清栏杆(板)、扶手所用的建筑材料及连接做法。

(5)结合建筑设计说明,查明踏步(楼梯间地面)、栏杆、扶手的装修方法。内容包括踏步的具体做法、栏杆、扶手(金属、木材等)及其油漆颜色和涂刷工艺等。

6. 楼梯详图的绘制

在这里只介绍楼梯平面图和楼梯剖面图的绘制,具体如下:

(1)楼梯平面图的绘制。

①将各层平面图对齐,根据楼梯间的开间、进深画出墙身轴线,如图 8.20(a)所示。

②确定墙体厚度、门窗洞的位置、平台宽度、梯段长度及栏杆的位置。楼梯段长度的确定方法:楼梯段长度等于踏面宽度乘踏面数,踏面数为踏步数减 1。

③用等分平行线间距的方法分楼梯踏步,然后画出踏步面(简称踏面),如图 8.20(b)所示。

④加深图线,线型要求与建筑平面图一致。

⑤画箭头、标注上下方向,注写标高、尺寸、图名、比例及文字说明,如图 8.20(c)所示。

⑥检查。

(2)楼梯剖面图的绘制。

①根据楼梯底层平面图中标注的剖切位置和投射方向,画墙身轴线,楼地面、平台和梯段的位置,如图 8.21(a)所示。

②画墙身厚度、平台厚度、楼梯横梁的位置,如图 8.21(b)所示。

③分楼梯踏步。水平方向同平面图分法,竖直方向按实际步数绘制,得到的梯段踏面和踢面轮廓线如图 8.21(b)所示。

④画细部,如楼地面、平台地面、斜梁、栏杆、扶手等。

⑤加深图线,线型要求同建筑剖面图一致。同时注写标高、尺寸及文字,如图 8.21(c)所示。

⑥检查。

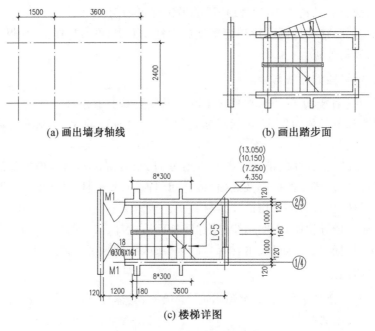

(a) 画出墙身轴线　　　　　　　　(b) 画出踏步面

(c) 楼梯详图

图 8.20　楼梯平面图的绘制

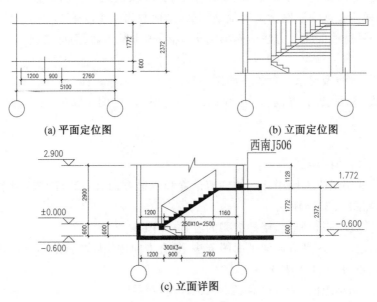

(a) 平面定位图　　　　　　　　(b) 立面定位图

(c) 立面详图

图 8.21　楼梯剖面图的绘制

8.8　工业厂房

8.8.1　概述

工业厂房施工图的用途、内容和图示方法与前面叙述的民用房屋施工图类似。但是由于生产工艺、条件不同,使用要求方面各有各的特点,因此施工图所反映的某些内容或图例符号有所不同。现以某厂装配车间为例,介绍单层工业厂房的组成部分及单层工业厂房建筑施工图的内容和特征。

单层工业厂房大多数采用装配式钢筋混凝土结构,主要构件有以下几部分,如图8.22所示。

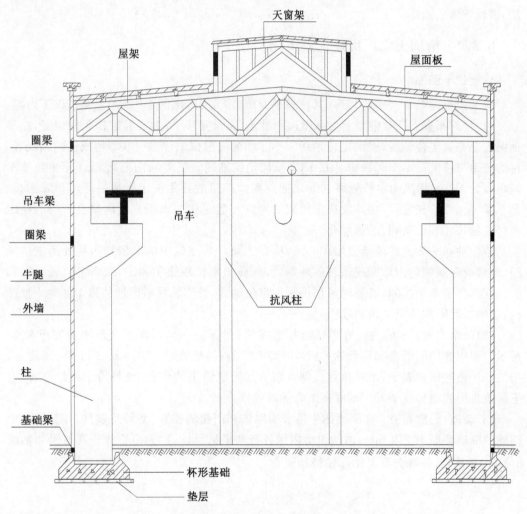

图 8.22　单层工业厂房的组成及名称

(1)屋盖结构。屋盖结构起承重和围护作用,其主要构件有屋面板、屋架,面板安装在天窗架和屋架上,天窗架安装在屋架上,屋架安装在柱子上。

　　(2)柱子。柱子用以支承屋架和吊车梁,是厂房的主要承重构件。

　　(3)吊车梁。有吊车的厂房,为了吊车的运行要设置吊车梁。吊车梁两端搁置在柱子的牛腿上。

　　(4)基础。基础用以支承柱子和基础梁,并将荷载传给地基。单层厂房的基础多采用杯形基础,柱子安装在基础的杯口内。

　　(5)支撑。支撑包括屋盖结构的垂直和水平支撑以及柱子间支撑,其作用是加强厂房的整体稳定性和抗震性。

　　(6)围护结构。围护结构主要指厂房外墙及与外墙连在一起的圈梁、抗风柱。

　　装配式钢筋混凝土结构的柱、基础、连系梁或系杆、吊车梁及屋顶承重结构等都是采用预制构件,并且采用标准构件较多。各有关单位编制了一些标准构件图集,包括节点做法,供设计施工选用。

8.8.2　单层工业厂房建筑施工图

1. 建筑平面图

　　该装配车间是单层单跨厂房,其建筑平面图(图 8.23,比例 1:200)显示了以下内容:

　　(1)柱网布置。厂房中为了支承屋顶和吊车,需设置柱子;为了确定柱子的位置,在平面图上要布置定位轴线,横向定位轴线①～⑧和纵向定位轴线Ⓐ～Ⓑ即构成柱网,表示厂房的柱距与跨度。本车间柱距是 6 m,即横向定位轴线间距离(如①②轴线间距离);该车间跨度为 18 m,即纵向定位轴线ⒶⒷ之间距离。厂房的柱距决定屋架的间距和屋面板、吊车梁等构件的长度;厂房跨度决定屋架的跨度和起重机的轨距。我国单层厂房的柱距与跨度的尺寸都已系列化、标准化。

　　定位轴线一般是柱或承重墙中心线,而在工业厂房建筑中的端墙和边柱处的定位轴线,常常设在端墙的内墙面或边柱的外侧处,如横向定位轴线①和②,纵向定位轴线Ⓐ和Ⓑ。在两个定位轴线间,必要时可增设附加定位轴线,如Ⓐ轴线后附加的第 1、2、3、4 根轴线;⑦轴线后附加的第 1 根轴线。

　　(2)吊车设置。车间内设有梁式悬挂起重机(吊车)一台,吊车画法及图例如图 8.23所示。图中选用的吊车起重量为 5 kN,即 $Q=5$ kN;吊车轨距为 16.5 m,即 $L_K=16.5$ m,用虚线所画的图例表示;用粗单点长划线表示起重机轨道的位置,也是吊车梁的位置,上下起重机用的钢梯置于⑥⑦轴线间的Ⓐ轴线纵墙内缘。

　　(3)墙体、门窗布置。在平面图中需表明墙体和门窗的位置、型号及数量。图 8.23 中四周的围护墙厚为 240 mm;两端山墙内缘各有两根抗风柱,柱的中心线分别与附加轴线 ①/Ⓐ、③/Ⓐ相重合,外缘分别与①⑧轴线相重合。

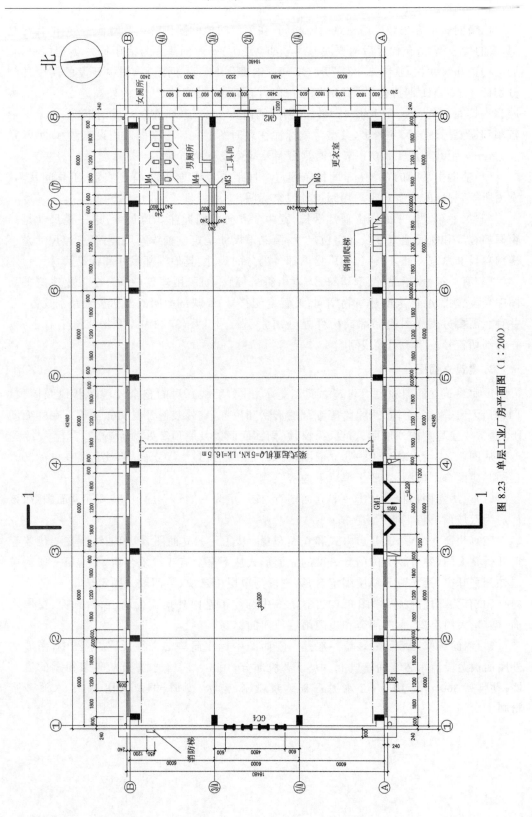

图 8.23　单层工业厂房平面图（1：200）

　　门窗的表示方法和民用建筑门窗相同,在表示门窗的图例旁边注写代号,门的代号是M,窗的代号是C,在代号后面要注写序号如 M1、C1……同一序号表示同一类型门窗,它们的构造和尺寸相同(图 8.23 所示 GC——钢窗、GM——钢门)。图中开设的两个外门分别标注了 GM1 钢折叠门、GM2 钢推拉门,门的入口设有坡道,室内外高差 200 mm;内门有工具间和更衣室的门为 M3,男、女厕所的门为 M4。纵墙方向开设的钢窗,由于图形较小和需要标注的尺寸较多,其型号就标注在立面图上。厂房室外四周设有散水,散水宽600 mm。距⑧轴线 1 200 mm 的西侧山墙外缘还设有消防梯。

　　(4)辅助生活间的布置。车间的东侧每个柱距内为辅助建筑,有更衣室、工具间及男、女厕所等,它们的墙身定位均用附加轴线来标明。

　　(5)尺寸布置。平面图上通常沿长、宽两个方向分别标注 3 道尺寸:第一道尺寸是门窗洞的宽度和窗间墙宽度及其定位尺寸;第二道尺寸是定位轴线间尺寸;第三道尺寸是厂房的总长和总宽。此外,还包括厂房内部各部分的尺寸,其他细部尺寸和标高尺寸。

　　(6)有关符号(指北针、剖切符号、索引符号等)。同民用建筑一样,在工业建筑平面图中需设置指北针,表明建筑物朝向;设置剖切符号,反映剖面图的剖切位置及剖视方向;并且在需要另画详图的局部或构件处画出索引符号。图 8.23 中,指北针位于右上角,1—1剖切符号位于③④轴线间。

　　2.建筑立面图

　　厂房建筑立面图和民用建筑立面图基本相同,反映厂房的整个外貌形状以及屋顶、门、窗、天窗、雨篷、台阶、雨水管等细部的形状和位置,室外装修及材料做法等。在立面图上,通常要注写室内外地面、窗台、门窗顶、雨篷底面以及屋顶等处的标高。

　　从图 8.24 可以看到①～⑧立面图,8.25 可以看到⑧～Ⓐ立面图,比例均为 1∶200。读图时应配合平面图,主要了解以下内容:

　　(1)厂房立面形状。从①～⑧立面图看,该厂房为一矩形立面;从⑧～Ⓐ立面图看,该厂房为双坡顶单跨工业厂房。

　　(2)门、窗立面形式,开启方式和立面布置。从①～⑧立面图看,Ⓐ轴线所在的位置有对开折叠大门,并有较大的门套。窗的立面形式从下至上有 4 段组合窗,下起第一段为单层外开平开窗,第二段为单层固定窗,第三段为单层中悬窗,第四段为固定窗。

　　(3)有关部位的标高。图 8.24、图 8.25 中标注了室内外地面标高、窗台顶面、窗眉底面、檐口、大门上口、大门门套和边门雨篷顶面的标高。

　　(4)墙面装修。墙面的装修一般是在立面图中标注简单的文字说明,本例中,南墙的外墙面被两段清水砖墙间隔成上、中、下 3 段部分,用 1∶1∶4 水泥石灰砂浆粉刷的混水墙;勒脚高 300 mm,用 1∶2 水泥石灰砂浆粉刷;窗台、窗眉、檐口采用 1∶2 水泥砂浆粉刷。

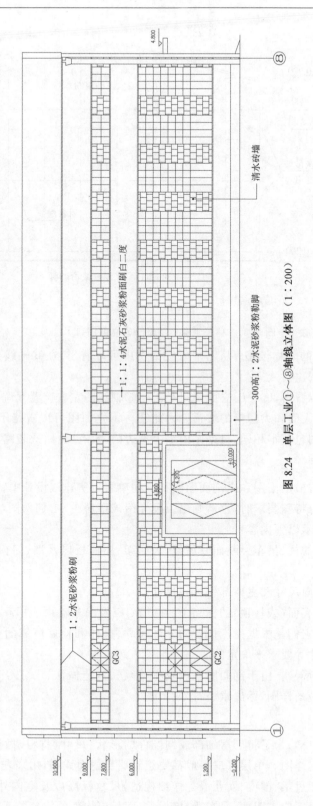

图 8.24　单层工业①~⑧轴线立体图（1：200）

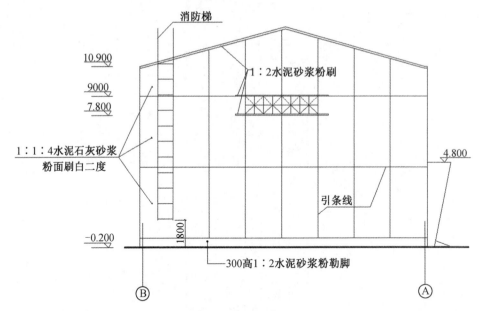

图 8.25　单层工业厂房Ⓑ～Ⓐ立面图(1∶200)

(5)突出墙面的附加设施。从①～⑧立面图中可以看出,在Ⓑ轴线处设有消防梯、⑧轴线处设有边门雨篷。

从平面图可以看出,⑧～①立面图只是①～⑧轴线的左右位置互调,与①～⑧立面图基本相同,但没有大门和大门口的坡道。因此⑧～①立面图可以省略不画。东山墙立面图和西山墙立面图也基本相同,只是东山墙上有边门,没有爬梯,故省略不画。

3.建筑剖面图

建筑剖面图有横剖面图和纵剖面图两种。在单层厂房建筑设计中,纵剖面一般不画,但在工艺设计中有特殊要求时,也需画出。现介绍该厂房1—1剖面图(图 8.26),此图为横剖面图,主要表示以下内容:

(1)厂房内部的柱、吊车梁断面及屋架、天窗架、屋面板以及墙、门窗等构配件的相互关系。

(2)各部位竖向尺寸和主要部位标高尺寸。

(3)屋架下弦底面(或柱顶)的标高 10.000 m,以及吊车轨顶的标高 8.200 m,是单层厂房的重要尺寸,它们是根据生产设备的外形尺寸、操作和检修所需的空间、起重机的类型及被吊物件尺寸等要求来确定的。

(4)详图索引符号。由于剖面图比例较小,形状、构造做法、尺寸等表达不够清楚,和民用建筑一样需另画详图,标出索引符号。

4.建筑详图

和民用建筑一样,为了将厂房细部或构配件的形状、尺寸、材料、做法等表示清楚,需要用较大比例绘制详图。单层厂房一般都要绘制墙身剖面详图,用来表示墙体各部分,如门、窗、勒脚、窗套、过梁、圈梁、女儿墙等详细构造,尺寸标高以及室内外装修等。单层工业厂房的外墙剖面还应表明柱、吊车梁、屋架、屋面板等构件的构造关系和联结,如图8.26

所示。其他节点详图如屋面节点、柱节点详图从略。

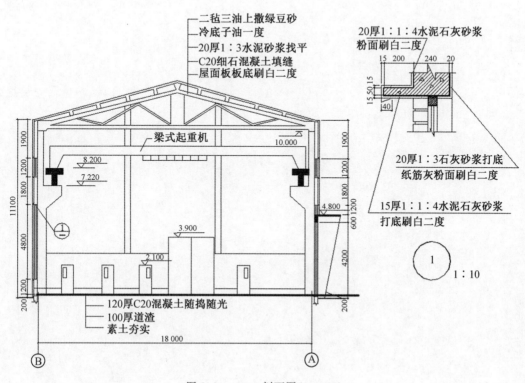

图 8.26　1—1 剖面图(1∶200)

5.建筑结构施工图集

下面引用某省备战国赛建筑识图制图竞赛图集(图 8.27～8.40),便于教师和学生使用活页式教材自行排布和练习识图、制图。

建筑设计总说明

1.设计依据
1.1 建设单位与我方签订的工程设计合同。
1.2 甲乙双方研讨磋商所形成和制定的相关技术标准。
1.3 项目设计中双方来往信函件。
1.4 建设方提供的工程设计的具体要求。
1.5 政府相关部门提供的用地标准及规程等资料。
1.6 国家颁布的现行有关规范、规程及市有关标准与规定，主要有：
《民用建筑设计统一标准》 GB 50352—2019
《无障碍设计规范》 GB 50763—2012
《建筑内部装修设计防火规范》 GB 50222—2017
《屋面工程技术规范》 GB 50345—2012
《建筑设计防火规范》 GB 50016—2014
《总图制图标准》 GB/T 50103—2010
《房屋建筑制图统一标准》 GB/T 50001—2017
《城市公共厕所设计标准》 CJJ14—2016
《工程建设标准强制性条文：房屋建筑部分》（2013年版）
以及现行的国家有关建筑设计规范、规程和规定。

2.项目概况
2.1 本工程项目名称：xxx建设工程项目。
建设地点：重庆市xx区. 建设单位：重庆市xx区xxx公司。
2.2 本工程建筑占地面积 128.1m²，建筑总面积 378.64m²。
2.3 本工程建筑层数为三层，建筑高度为12.300m。
2.4 建筑结构形式为框架混凝土结构，建筑工程等级为III级，设计使用年限50年，建筑耐火等级二级，屋面防水等级II级。
2.5 门窗、及栏杆等相关外装工程应由专业厂家进行安装制作，经业主、设计及施工图审查机构审查合格后方可订货施工。本图仅提供分格，大概样式及尺寸控制。

3.设计标高
3.1 高程定位系统：甲方提供的地形图所示的黄海高程。水平定位系统：甲方提供的地形图所示重庆市独立坐标系。
3.2 建筑物在总平面上的定位坐标为轴线交点坐标，施工时应全面放线，以确保建筑物之间及建筑物与道路之间等的间距准确无误。若现场发现图中所示坐标和尺寸与实际情况有出入时，应及时通知设计人员进行研究处理。
3.3 本工程标高±0.000相当于绝对标高261.80。由现场放线时核定，详细定位见放线平面。
3.4 本工程标高以m为单位，平面尺寸以mm为单位。施工图所注楼地面标高除特殊标注外均为结构标高。

4.墙体工程
本工程作法除图中标注及说明外均选用西南地区建筑标准设计通用图集。
4.1 墙体的基础部分和钢筋混凝土梁，柱见施工措施，应作好隐蔽工程的记录与验收；
4.2 除图中特殊注明外，填充墙体材料及墙体如下（具体部位详平面图）：

±0.000以上	使用部位	填充墙体材料及厚度
外墙		加气混凝土砌块（具体厚度详平面图）
内隔墙	普通内隔墙	200厚或100厚加气混凝土砌块
	卫生间等有水房间	1500以下为烧结页岩实心砖 1500以上为加气混凝土砌块 内墙刷聚氨酯防水涂膜H+1800高
±0.000以下	外墙	烧结页岩实心砖或自防水钢筋砼（具体厚度详结施）
	内隔墙	普通内隔墙 200厚或100厚实心砖

备注：
1. 墙体均用M5水泥砂浆砌筑；
2. 各层内外墙砌筑时，下面先砌三皮烧结页岩实心砖，宽度同该部位墙体厚度
3. 门窗洞口四周采用加气混凝土砌块砌筑，圈梁未特殊注明处，均以100mm宽或平柱；门窗洞口距结构柱（墙）边小于100mm处，用C20细石混凝土后浇，内配2?8竖筋，锚入上下板内，竖筋中设拉筋?6.5@200。

4.3 墙身防潮层：在室内地坪下约60处做20厚1:2水泥砂浆内加3-5%防水剂的墙身防潮层（在此标高为钢筋混凝土墙身时可不做）。
4.4 墙体留洞及封堵
4.4.1 砌筑墙预留孔洞见建施和设备图。
4.4.2 预留洞的封堵：砌筑墙留洞如为管道设备安装用，则待管道设备安装完毕后，用C20细石混凝土填实。变形缝处按相关图集及规范施工。
4.4.3 内墙砌至梁底并斜砖打紧。
4.4.4 不同材质的墙体交接处钉铁件加钉300mm宽、厚0.9mm的9x25孔铁丝网，外墙在梁与梁底钉250mm宽、厚0.9mm的9x25孔铁丝网。所有墙体拉接、构造柱的设置、门窗洞口构造柱措施详结施图说明。
4.4.5 构造柱的布置，所有墙体拉接，门窗洞口及构造柱措施详结施图说明；
4.5 外墙面装饰：
4.5.1 施工方做样品，设计或甲方选型确认可后方可施工。
4.5.2 外墙面砖的粘结强度应符合以下两项指标的规定
　(1) 每组试样平均粘结强度不应小于0.40MPa
　(2) 每组有一个试样的粘结强度不应小于0.40MPa，但不应小于0.3MPa
4.5.3 所有外露铁件，应于完成最终饰面之前，按照相关工艺规范进行除锈、防锈处理。金属类构件防锈廉的处理：一、除锈；二、涂抹红丹防锈漆2遍；三、刷调和漆2遍。
4.5.4 图中无预埋铁件时采用附加物M12*160不锈钢化学锚栓或附高温M8*110不锈钢化学锚栓时，单个化学锚栓拉拔力M12*160不小于12KN，钻孔深度≥125mm。M8*110不小于8KN，钻孔深度≥80mm。

5.楼地面工程
5.1 室内地面见材料及装修一览表。
5.2 室内层间完成面标高H—0.020。
5.2 室内外分坡、台阶、勒脚等详西南地区标图集。
5.3 散水宽600，散水沟等详西南地区标准图集。

6.屋面工程
6.1 屋面做法见大样图。
6.2 本工程屋面防水等级为I级，防水层合理使用年限为15年，防水层采用4厚SBS改性沥青防水卷材（聚酯胎）。
6.3 屋面排水为有组织排水。
6.4 未说明处按《屋面工程技术规范》（GB 50345—2012）强制性条文执行。

7.门窗及外装工程
7.1 窗采用塑钢中空双层密闭窗，外门为甲方定制门，外窗的气密性不应低于《建筑外窗气密性能分级及检测方法》GB/T 7107—2002规定的4级。
7.2 建筑安全玻璃应符合《建筑玻璃应用技术规程》（JGJ 113—2015）2016号建筑安全玻璃管理规定等有关要求。
7.3 易发生碰撞的建筑玻璃应在视线高度设置醒目标志或护栏等防范措施，碰撞后可能发生高处人体或玻璃坠落的，应采取可靠护栏，满足《建筑玻璃应用技术规程》JGJ113—2009第7.3.2条。

8.室内装修工程
8.1 室内装修见材料及装修一览表
9.室外工程材料及构造措施
9.1 不同种类和颜色的饰面材料在建筑立面上的分布情况详建施立面图和剖面图；外装做法详见工程做法。
9.2 外墙饰面应保证压底、找平层密实不渗水，面层粘贴牢固。外墙需做防水层，防水材料为10厚防水砂浆或5厚聚合物水泥防水砂浆，严格按照《建筑外墙防水工程技术规程》（JGJ/T 235—2011）执行，防止外墙渗漏。
9.3 一次装修选用的饰面材料在施工前先应由施工单位或材料供应商做出或提供局部样板其材质、规格、颜色经甲方和设计单位以可样板后方大面积施工并据封样进行验收。
9.4 施工单位在施工前，应对照立面图和效果图核实外墙饰面材料的分色和分布，避免出现不同种类和不同色的材质在建立立面上不应有的情况，变形缝、雨水管、冷凝水管、排水管等相应部位墙面相同，如发现施工图中的标示有不同之处时，应及时通知设计人员进行处理。
9.5 所有室外地面所用之天然石材铺装材料，均应按照相关大规范要求进行防碱、防污处理。
10.污染控制
10.1 建筑材料和装修材料必须符合《民用建筑工程室内环境污染控制标准》（GB 50325—2020）的有关规定。
10.2 建筑工程所使用的砂、石、砖、砌块、水泥、混凝土、混凝土预制构件等无机非金属建筑主体材料的放射性限量，建筑工内、外照射指数≤1.0。
10.3 建筑工程所使用的石材、建筑卫生陶瓷、石膏板、吊顶材料、无机瓷质砖粘结材料等无机非金属装修材料的放射性限量，内照射指数A类＜1.0，B类＜1.3；外照射指数A类＜1.3，B类＜1.9。
10.4 建筑工程室内用人造木板及饰面人造木板，甲醛含量或游离甲醛释放量，必须为E1，限量＜0.12(mg/m³)。

10.5 建筑工程中使用的能释放氨的阻燃剂、混凝土外加剂，氨的释放量应不大于0.10%。
10.6 工程建设前需对本区土壤进行土壤氡浓度或土壤表面氡析出率测定，并根据指标进行相应处理后方可进场施工。
10.7 本建筑工程不得使用国家禁止使用、限制使用的建筑材料。
10.8 本建筑工程室内空气污染物的活度和浓度应满足：

污染物名称	氡	游离甲醛	苯
活度、浓度限值	≤200(Bq/m³)	≤0.08(mg/m³)	≤0.09(mg/m²)

10.9 本工程建筑室内装修采用的无机非金属装修材料必须为A类，人造木板及饰面人造木板必须达到E1级要求。
10.10 本工程室内装修中使用的木地板及其它木制材料，严禁采用沥青、煤焦油类防腐、防潮处理剂。

11.消防
本建筑耐火等级二级，靠城市主干道，消防车能到达，本建筑为一般公共用房，二楼设有一部疏散楼梯，三楼设有一部疏散楼梯，所有建材均为防火材料。其中氯碳漆A级、文化石A级、塑木B1级。

12.无障碍设计
本建筑残疾人卫生间入口处为无障碍通道，无楼步，地面铺防滑铺装。残疾人卫生间地面标高与室外入口平，残疾人卫生间门向内开启，内部空间应能满足直径为1500的轮转转向空间。

13.施工时强调部分
13.1 材料的颜色、色度，色相根据样板及样品共同研究确定。在铺贴前，应对砖的规格尺寸、外观质量、色泽等进行预选。
13.2 图纸中施工做法与工程所在地习惯做法不同时，经与设计共同研究后，可按当地习惯做法进行施工。
13.3 防火门由有相应资质的专业厂家制作、安装。
13.4 施工中发现问题或业主提出修改应及时通知设计人员，共同协商。
13.5 建筑外装修的标高需要根据实际现场情况进行调整，切记对图纸生根硬套。

14.其它施工中的注意事项
14.1 门窗的具体尺寸，施工方必须根据施工现场建筑的具体尺寸，加以仔细调整，本设计只提供门窗与钢结构阳光房立面尺寸与划分，安装厂应根据建施图和现场实际情况，绘制立面分格和安装大样，玻璃门窗、的玻璃强度、抗风荷载、龙骨强度、子理件设置、防烟防雨审阅构造等等由安装厂家计算安装厂家必须按有关规范设计和安装并按照国家现行建设标准严格执行。
14.2 施工方一定事先将结构面与建筑图仔细上相校对，有问题即时与设计方解决。
14.3 外装材质、规格、颜色样品要加以审定后方可实施。
15. 未尽事宜请按现行施工规范处理，如图纸有不明之处请与设计人员联系。

门窗统计表

名称	编号	尺寸 (mm)	数量 (樘)	备 注
门	M4036	4000x3600	1	螺栓型卷帘门（甲方选样）
	M1022	1000x2200	2	中档装裹门（双向开，甲方选样）
	M0922	900x2200	4	中档装裹门（甲方选样）
	M0822	800x2200	12	中档术木装裹水门（甲方选样）
	M0822-1	800x2200	2	中档装裹水门（双向开，甲方选样）
	M1827	1800x2700	1	深灰色铝合金玻璃推拉门
	FM乙1522	1500x2200	1	甲方定购中档乙级防火装裹门
	FM乙1222	1200x2200	1	甲方定购乙级防火装裹门
	合 计		24	

图名	建筑设计总说明	编号	建施—01

图 8.27 建施—01

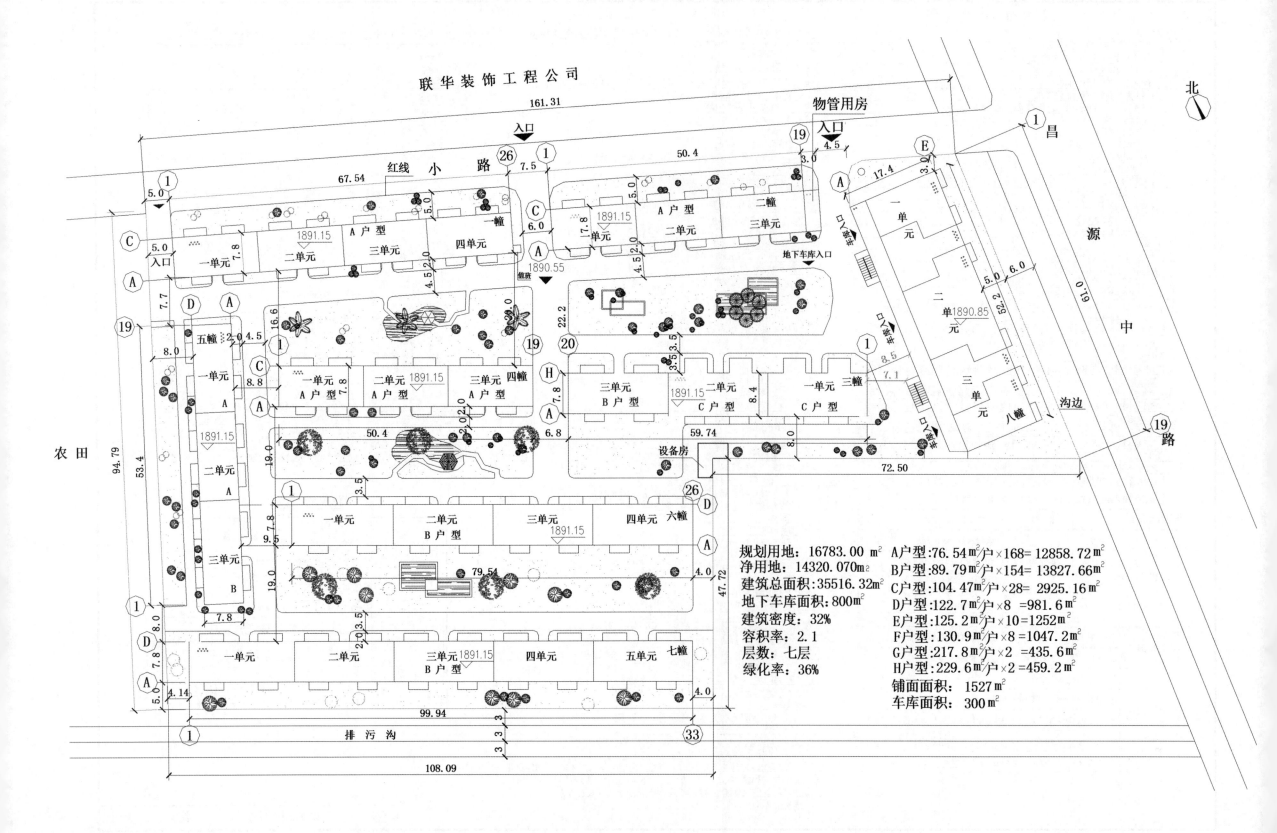

联华装饰工程公司

物管用房

北

规划用地：16783.00 m²
净用地：14320.070m²
建筑总面积：35516.32m²
地下车库面积：800m²
建筑密度：32%
容积率：2.1
层数：七层
绿化率：36%

A户型：76.54 m²/户×168＝12858.72 m²
B户型：89.79 m²/户×154＝13827.66 m²
C户型：104.47 m²/户×28＝2925.16 m²
D户型：122.7 m²/户×8 ＝981.6 m²
E户型：125.2 m²/户×10＝1252 m²
F户型：130.9 m²/户×8 ＝1047.2 m²
G户型：217.8 m²/户×2 ＝435.6 m²
H户型：229.6 m²/户×2 ＝459.2 m²

铺面面积：　1527 m²
车库面积：　300 m²

图 8.28　总平面图

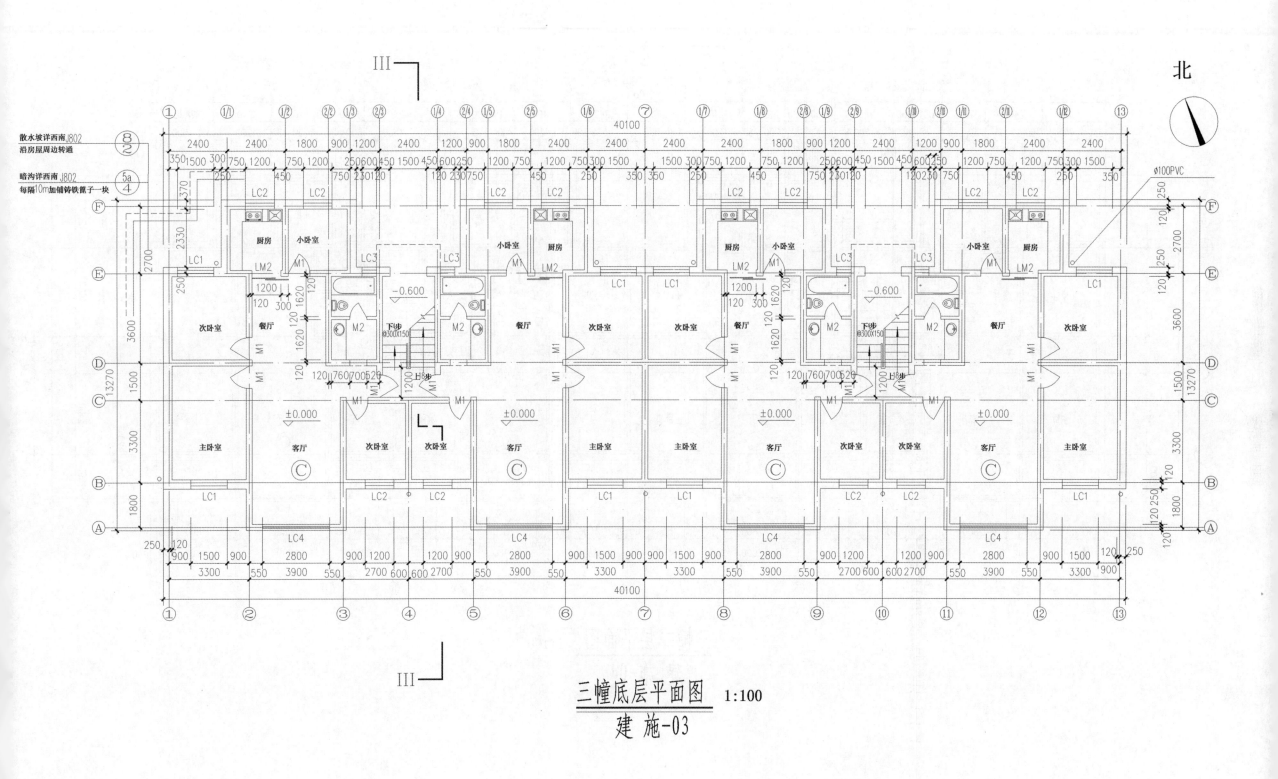

三幢底层平面图 1:100
建 施-03

图 8.29 建施－03

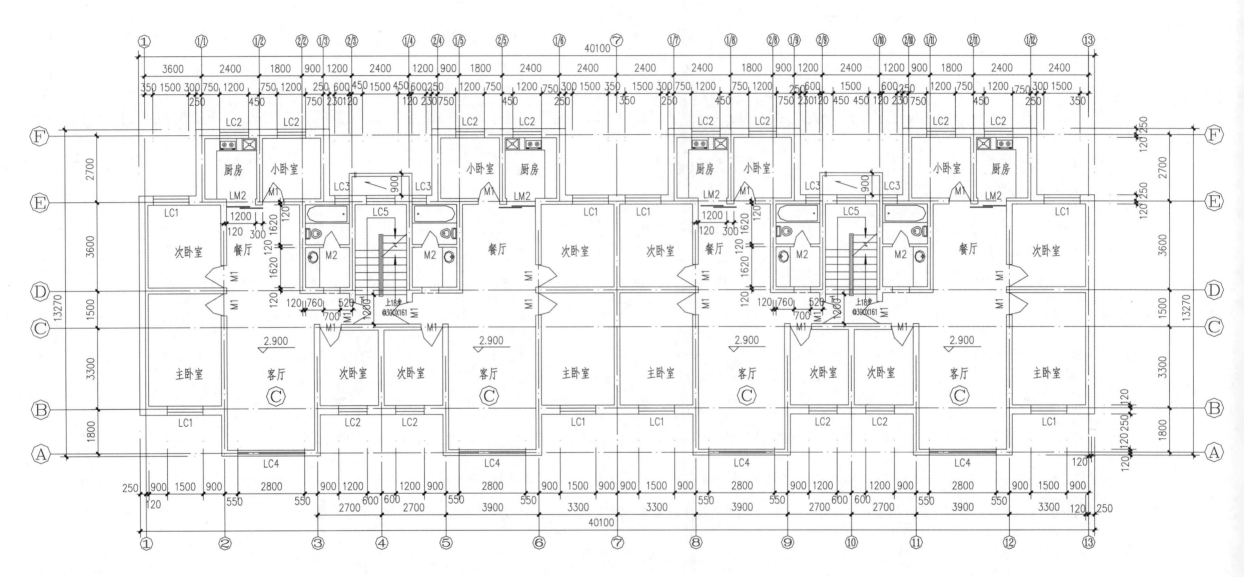

三幢二层平面图 1:100
建 施-04

图 8.30　建施—04

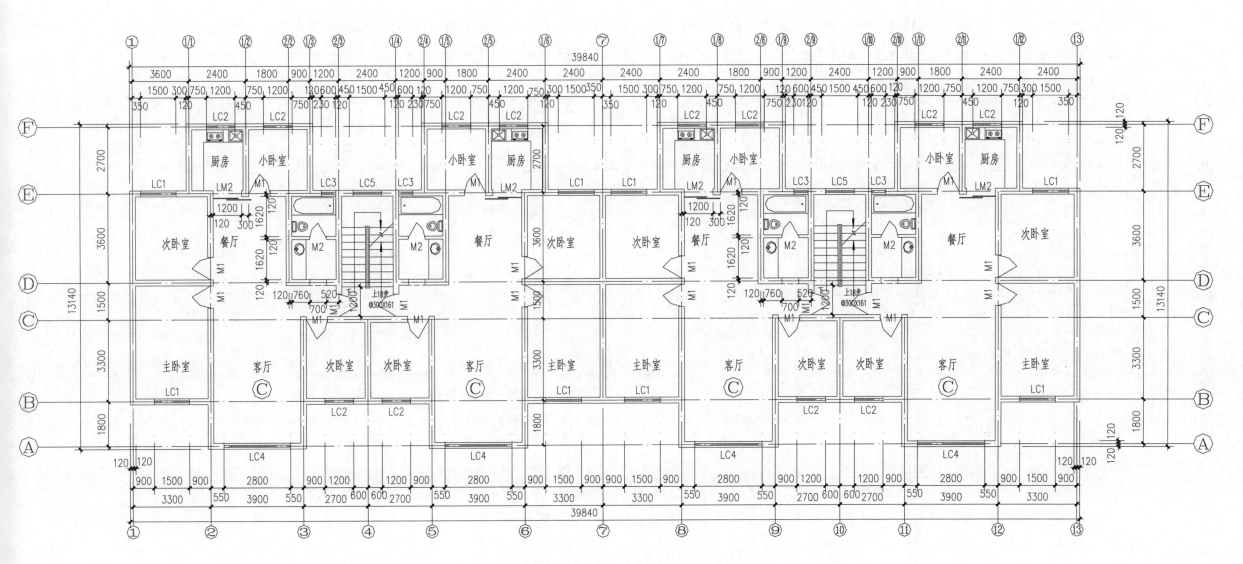

三幢三~六层平面图 1:100

建 施-05

图 8.31 建施-05

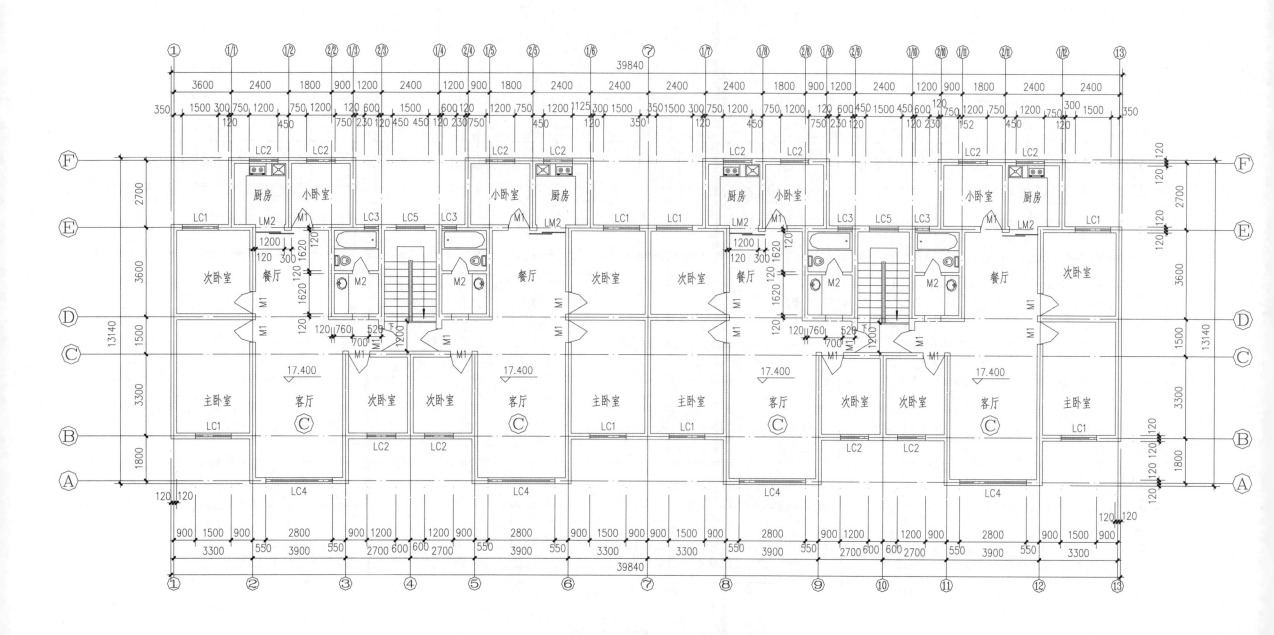

三幢七层平面图 1:100
建 施-06

图 8.32　建施-06

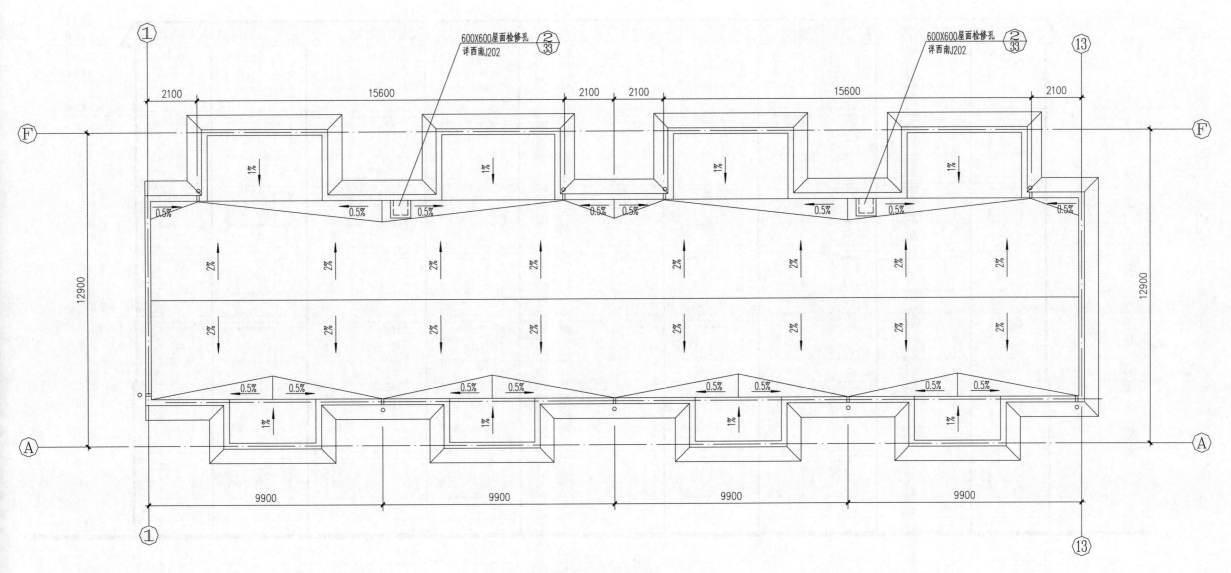

600X600屋面检修孔
详西南J202

600X600屋面检修孔
详西南J202

三幢屋顶平面图 1:100
建 施-07

图 8.33　建施－07

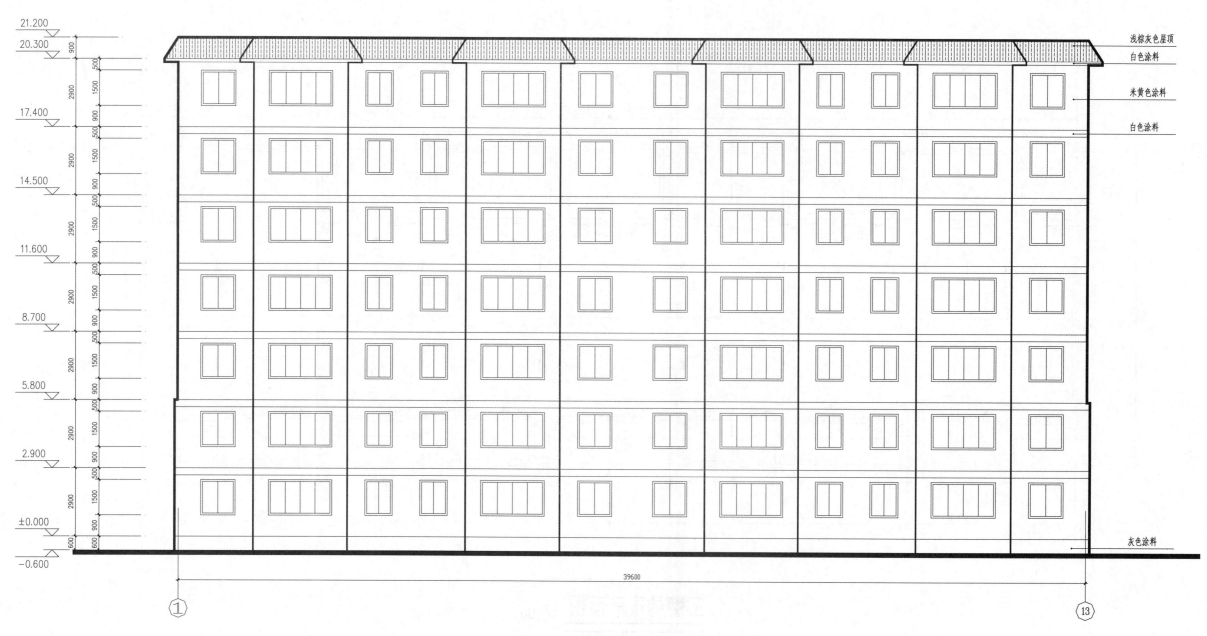

浅棕灰色屋顶
白色涂料
米黄色涂料
白色涂料
灰色涂料

21.200
20.300
17.400
14.500
11.600
8.700
5.800
2.900
±0.000
-0.600

39600

① 　 ⑬

三幢①～⑬立面图　1:100

建 施-08

图 8.34　建 施—08

三幢⑬～①立面图　　1:100

建 施-09

图 8.35　建施-09

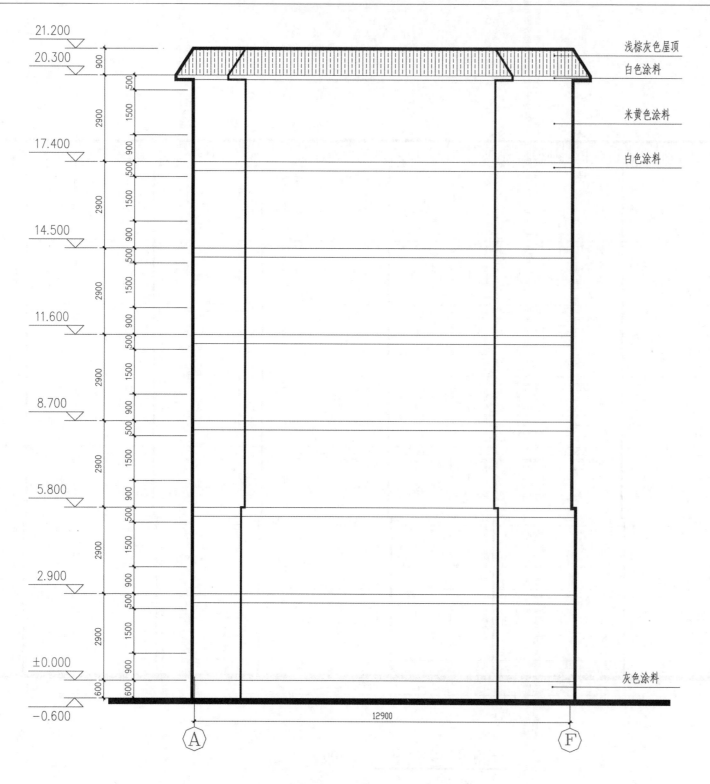

浅棕灰色屋顶

白色涂料

米黄色涂料

白色涂料

灰色涂料

12900

Ⓐ　　　　　　　Ⓕ

注
三幢Ⓕ～Ⓐ立面图做法参见三幢Ⓐ～Ⓕ立面图

三幢Ⓐ～Ⓕ立面图　　1:100

建 施-10

图 8.36　建施—10

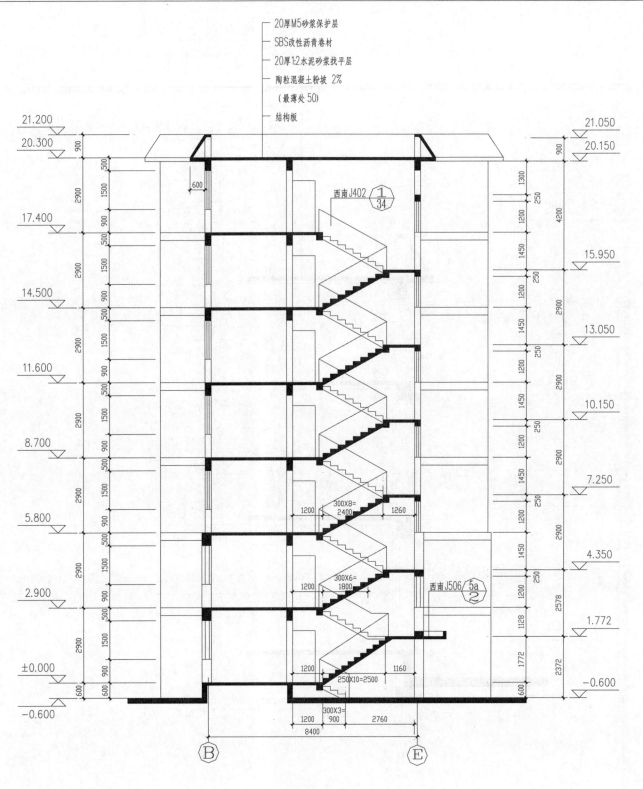

20厚M5砂浆保护层
SBS改性沥青卷材
20厚1:2水泥砂浆找平层
陶粒混凝土粉坡 2%
（最薄处 50）
结构板

西南J402 ①/34

西南J506 5a/②

300X8=2400　　1260

300X6=1800

250X10=2500

1200　　300X3=900　　2760

8400

Ⅲ-Ⅲ剖面图　1:100

建 施-11

图 8.37　建施－11

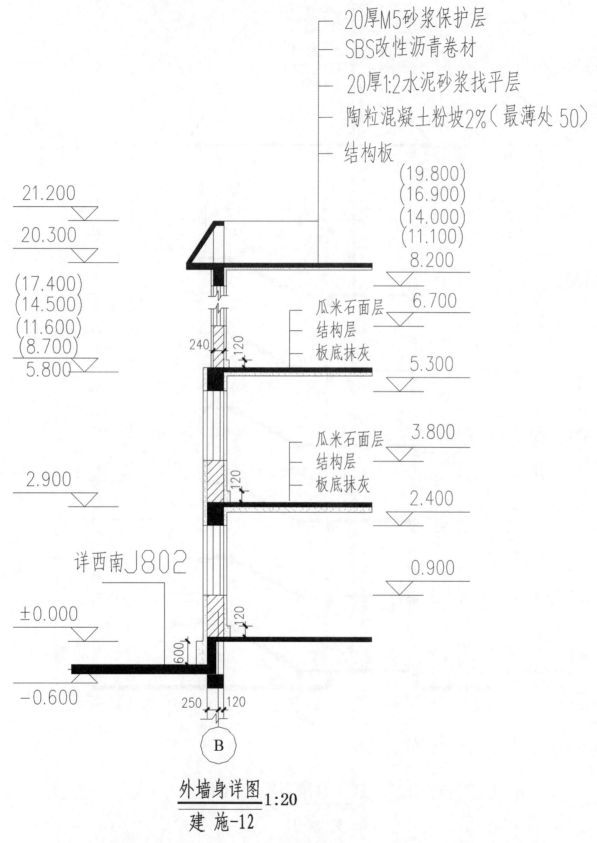

20厚M5砂浆保护层

SBS改性沥青卷材

20厚1:2水泥砂浆找平层

陶粒混凝土粉坡2%（最薄处50）

结构板

(19.800)
(16.900)
(14.000)
(11.100)
8.200

21.200

20.300

(17.400)
(14.500)
(11.600)
(8.700)
5.800

瓜米石面层
结构层
板底抹灰

6.700

5.300

240   120

瓜米石面层
结构层
板底抹灰

3.800

120

2.900

2.400

详西南J802

0.900

±0.000

120

600

−0.600

250   120

B

外墙身详图　1:20
建　施-12

图 8.38　建施-12

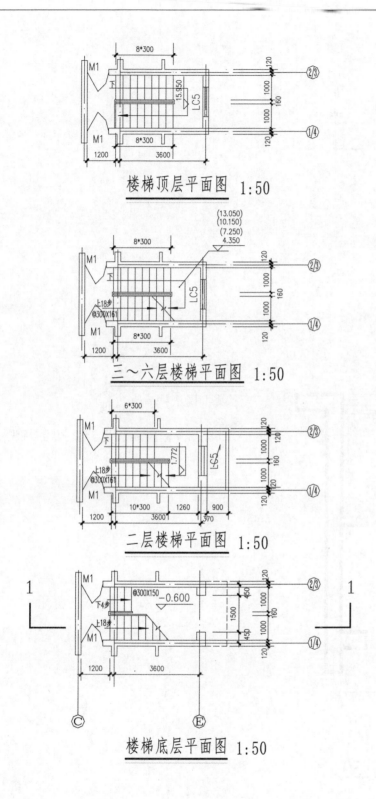

楼梯顶层平面图 1:50

三～六层楼梯平面图 1:50

二层楼梯平面图 1:50

楼梯底层平面图 1:50

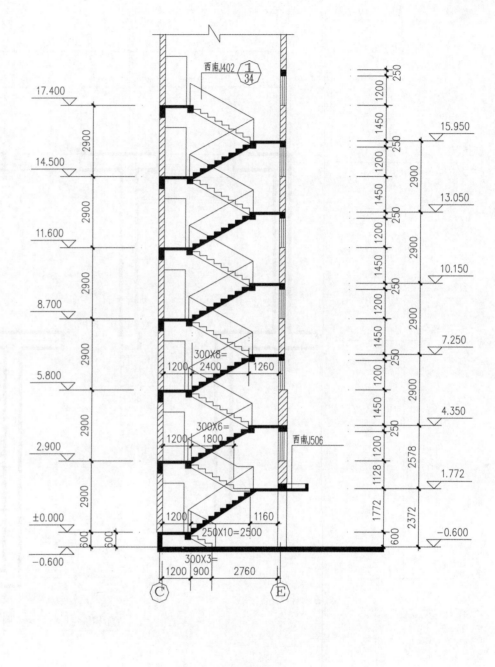

1-1 剖面图 1:50

楼 梯 详 图 1:50

建 施-13

图 8.39 建施－13

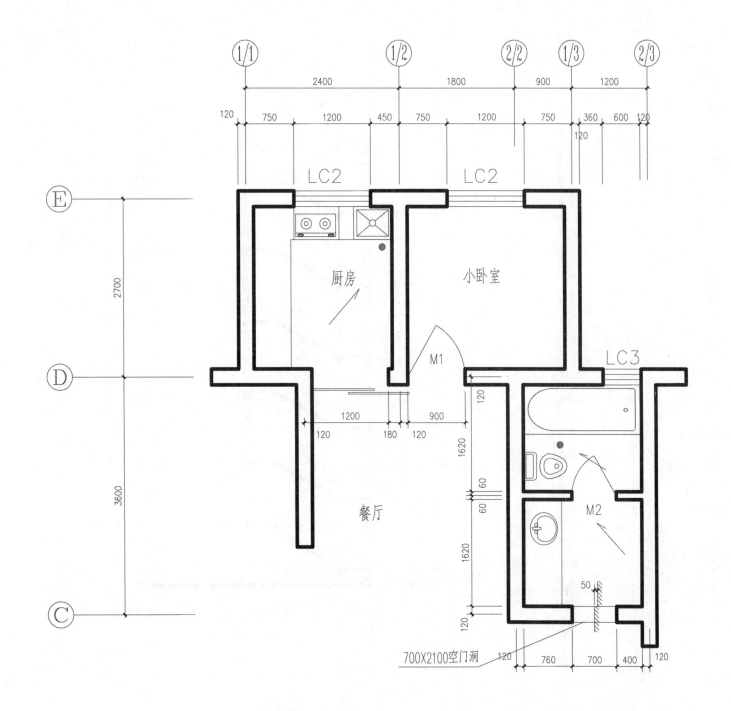

卫生间地坪详西南J507 $\frac{AB}{19}$

所有管道安装完毕后，管道与混凝土结合部用防水油膏密封。

C型厨房卫生间平面大样图 1:50
建 施-14

图 8.40 建施—14

第9章　结构施工图

❖ 学习目标

(1)了解建筑结构施工图的种类、作用、图示方法及图纸的编排要求。

(2)了解建筑结构施工图中基础图、结构平面图、构件详图的形成,并掌握其常用符号、包含的内容和读图方法。

(3)掌握各类建筑结构施工图的绘制步骤及绘制方法。

(4)了解钢结构构件的组成及其读图方法。

(5)了解混凝土结构施工图平面整体表示方法。

❖ 本章重点

建筑结构施工图的种类、作用、常用符号、包含的内容、编排要求、绘制方法和读图方法。

❖ 本章难点

建筑结构施工图的绘制、读图方法及平面设计。

9.1　结构施工图作用与内容

9.1.1　结构施工图的作用

当我们看到一栋房屋建筑的时候,首先看到的是它的外形,并能了解到它的立面及平面布置(布局),甚至能清楚地知道它各部分的建筑功能,这些都是建筑施工图(简称建施)应表达的内容。但是,支承该栋建筑物的地基和基础、将上部荷载传至基础的柱子和墙体、承受楼层荷载的楼板和梁等的情况如何却是结构施工图(简称结施)应回答的问题。简单地讲,建筑施工图表现的是建筑的外表,而结构施工图表现的是建筑的骨架。因此,结构施工图是整个设计文件中一个至关重要的部分,有了结构施工图,建设施工单位就可以根据其要求将建筑物的骨架树立起来了。

图 9.1 所示的是某栋建筑物的结构示意图,图中表示了梁、板、柱及基础在房屋中的位置及相互关系。需要说明的是,同一栋建筑中采用多种基础形式的情况不多,选用何种基础形式应视具体情况而定。

建筑物中的梁、板、柱、墙及基础(包括桩基)通称为房屋的承重构件,结构施工图的作用就是要分别说明这些构件所选用的材料品种、形状尺寸、相互关系及施工方法要求等,以图纸(加部分文字说明)的形式表示出来。结构施工图除作为施工放线、基槽开挖、构件制作和施工安装等使用外,还是编制预算和施工组织设计的依据。

常用的结构材料主要为钢材、钢筋混凝土、木材和砖石等。常见的结构形式主要有钢结构、钢筋混凝土结构、木结构和砖石(砌体)结构等。一般的房屋建筑常常是上述几种结构形式的混合体,例如承重墙为砖砌体,而楼板为钢筋混凝土板(现浇或预制)的住宅就被称作砖混结构。结构设计的主要目的就是将结构材料及结构形式等告知施工单位并付诸实施。

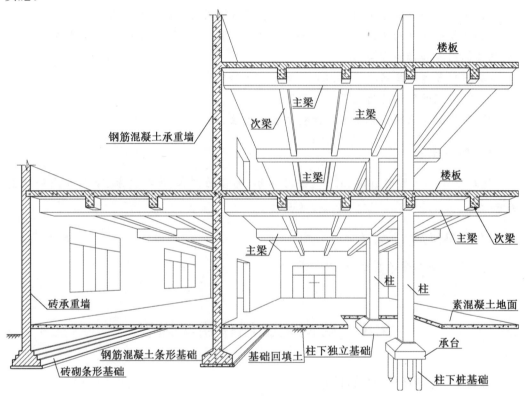

图 9.1　房屋结构示意图

建筑施工图和结构施工图虽作用不同,但二者密不可分,从某种意义上讲,结构施工图是建筑施工图的继续和细化。尤其在方案或初步设计阶段,两方面专业人员应相互讨论和沟通,以便为房屋选择合理的结构材料和结构形式。

对于同一套图纸来说,结构施工图和建筑施工图反映的是同一栋建筑物,因此当它们涉及建筑物的同一部位时应协调一致。例如,它们应具有相同的定位轴线和编号,相同的平面尺寸和墙体(构件)定位尺寸、相吻合的层高和标高等。

9.1.2　结构施工图的内容

绘制结构施工图的主要目的是告知施工单位如何将结构设计的意图转化为现实。因此,作为一个结构设计者或结构施工图的绘制者应从读图人或图纸使用者的角度出发考虑问题,即图纸内容应尽力保证全面性和唯一性,杜绝自相矛盾或含糊不清的表述,并且便于读图和使用。

结构施工图的内容必须符合由中华人民共和国住房和城乡建设部颁发的《建筑工程设计文件编制深度规定(2016 版)》(建质函〔2016〕247 号)中的有关要求。结构施工图主要包括图纸目录、结构设计总说明和设计图纸 3 部分。

1. 图纸目录

图纸目录是结构施工图文件的总纲,有了图纸目录,便可直接查找到所需的图纸内容。通常情况下一栋建筑物各方面的设计图纸合编一个图纸目录,此时结构施工图可不另编图纸目录。

2. 结构设计总说明

结构设计总说明一般放在图纸目录之后和施工图纸之前,它是结构设计带有全局性的文字说明,也可附有少量的图例,以便在后附的施工图中共用。

结构设计总说明主要应包括以下内容:

(1)建筑工程的一般性描述,主要包括建筑物名称、建设地点、建筑规模(即建筑面积、层数、各层层高及总高)、地下室层数及基础埋深、各部分建筑功能的简单介绍、采用的主要结构形式等。

(2)建筑物±0.000 相对标高和绝对标高的关系、首层地面的室内外高差、图纸中的标高、尺寸的单位。

(3)本工程结构设计的主要依据,包括所涉及的国家现行标准规范和规程名称、依据的工程地质勘察报告、建设方所提出的符合法规与结构有关的书面要求、已批准的建筑方案或设备工艺条件文件等。

(4)地基情况描述(来源于地质勘察报告)和地基处理方法说明(该部分内容也可放在基础施工图中描述)。

(5)所用材料的类型、规格、强度等级及其他特殊要求。

(6)所采用的经过鉴定的计算机程序名称。

(7)对建筑物使用的要求,包括对使用荷载、维护、维修的要求。

(8)选用标准图集的名称。

(9)对不同的结构形式,应提出特殊的要求,例如对砌体结构应提出施工质量控制等级;对钢筋混凝土结构应提出钢筋保护层厚度、锚固和搭接长度;对钢结构应提出防锈要求;对木结构应提出防腐要求;对地基基础应说明设计等级;对人防结构应说明抗力等级等。此外,对位于地震区的建筑物,还应说明场地类别、地基液化等级、抗震设防类别和设防烈度、钢筋混凝土结构的抗震等级等。

3. 结构设计图纸

(1)结构平面图。

结构平面图与建筑平面图相对应,它是房屋结构中各种承重构件总体平面布置的图样,对于建筑平面上所表示的与承重结构无关的内容(例如隔墙)等在结构平面上可不必画出。结构平面图一般包含以下 3 种:

①基础平面图。当采用桩基时还应有桩基平面布置图。

②楼层结构平面图。需要注意的是建筑施工图和结构施工图在名称上的不同,例如建施图的"一层平面图"是指一层的地面,而结施图的"一层平面图"往往是指一层的顶板结构。为不致混淆,结构平面图常常另注明标高位置。

③屋顶平面图。

(2)构件详图。

一般情况下结构平面图中标出了各结构构件的名称和位置,各构件的详细形状和尺寸应通过构件详图才能完全表示清楚。有时可在结构平面图中注上剖面符号或大样符号,而另外大比例画出剖面或大样。

构件详图主要包括梁、板、柱、墙及基础(包括桩基)等组成房屋的结构构件详图。上述各种构件之间的连接关系往往也需要通过节点详图的形式才能表达清楚。

(3)构件标准图。

对于常用的结构,常编有大量的标准图集可供使用,这就节省了大量的设计工作量。例如符合模数的开间可采用预制空心板作为楼板,标准跨度柱距的厂房可采用标准屋架和大型屋面板等。此时,只需在结构平面图中注上构件代号,而在说明中指出标准图集号即可。必要时也可通过计算对所采用的标准图局部加以修改,以节省设计工作强度和降低工程造价。

9.2 结构施工图常用符号

9.2.1 构件名称代号

在结构施工图中,较少直接用汉字标注构件名称,而常采用构件代号表示构件的名称,这种代号一般采用汉语拼音。对于常用的构件,一般是以各构件名称汉语拼音的第一个字母的大写形式表示。在《建筑结构制图标准》(GB/T 50105—2010)附录中,列出了常用的构件代号,见表9.1。

表 9.1 常用的构件代号

序号	名　称	代号	序号	名　称	代号
1	板	B	10	吊车安全走道板	DB
2	屋面板	WB	11	墙板	QB
3	空心板	KB	12	天沟板	TGB
4	槽形板	CB	13	梁	L
5	折板	ZB	14	屋面梁	WL
6	密肋板	MB	15	吊车梁	DL
7	楼梯板	TB	16	单轨吊车梁	DDL
8	盖板或沟盖板	GB	17	道轨连接梁	DGL
9	挡雨板或檐口板	YB	18	车挡	CD

续表 9.1

序号	名　称	代号	序号	名　称	代号
19	圈梁	QL	37	承台	CJ
20	过梁	GL	38	设备基础	SJ
21	连系梁	LL	39	桩	ZH
22	基础梁	JL	40	挡土墙	DQ
23	楼梯梁	TL	41	地沟	DG
24	框架梁	KL	42	柱间支撑	ZC
25	框支梁	KZL	43	垂直支撑	CC
26	屋面框架梁	WKL	44	水平支撑	SC
27	檩条	LT	45	梯	T
28	屋架	WJ	46	雨篷	YP
29	托架	TJ	47	阳台	YT
30	天窗架	CJ	48	梁垫	LD
31	框架	KJ	49	预埋件	M
32	刚架	GJ	50	天窗端壁	TD
33	支架	ZJ	51	钢筋网	W
34	柱	Z	52	钢筋骨架	G
35	框架柱	KZ	53	基础	J
36	构造柱	GZ	54	暗柱	AZ

注：①一般结构构件可直接采用上表中的代号；如设计中另有特殊要求，可另加代码符号，但应在图上说明。

②预应力构件可在上述代号前加"Y－"，如 YKB 表示预应力空心板。

③在构件代号后若另加数字可表示有区别的同类构件，如 KL－1、KL－2 表示框架梁 1 和框架梁 2 有不同之处。

9.2.2　常用材料种类及符号

结构施工图中涉及结构材料时常用符号进行表示。目前，在国家颁布的各种现行规范、规程和标准中大部分均设有"术语和符号"一章，并对这些术语和符号进行了较为详细的注解，例如：

（1）在砌体结构中，MU10 表示砖或砌块的强度等级为 10 MPa；M5 表示砂浆的强度等级为 5 MPa。

（2）在钢筋混凝土结构中，C30 表示混凝土的强度等级为 30 MPa。

常用钢筋按其强度和品种分成不同的等级，并分别用不同的直径符号表示：

ϕ——Ⅰ级钢（即 Q235 光圆钢筋），抗拉强度设计值为 210 N/mm^2；

Φ——Ⅱ级钢（如 16 锰人字纹钢筋），抗拉强度设计值为 310 N/mm^2；

　　⚛——Ⅲ级钢(如 25 锰硅人字纹钢筋),抗拉强度设计值为 360 N/mm²。

　　在钢筋混凝土构件中的钢筋标注分为两种情况,即标注钢筋的直径和根数,以及标注钢筋的直径和间距,如图 9.2、9.3 所示。

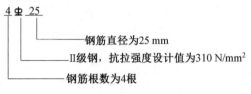

图 9.2　标注钢筋的直径和根数

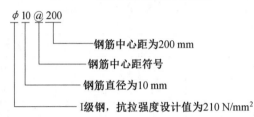

图 9.3　标注钢筋的直径和间距

　　此外,还可在上述钢筋符号前加注数字代码,以区别钢筋名称,例如⑤4⚛25、⑥⚛10@200 分别表示⑤号筋和⑥号筋。

　　(3)在钢结构中,Q235 表示屈服点为 235 N/mm² 的钢材;Q345 表示屈服点为 345 N/mm² 的钢材;E43 表示焊条型号;4M16 表示直径为 16 mm 的螺栓共 4 个。

　　在结构施工图中利用常用符号可节省大量的绘图工作量,并保证图面整齐、简洁。对结构设计者来说,只有熟悉了这些符号,才能读懂结构施工图。需要说明的是,上述提到的符号只是很小一部分,读者只有通过阅读有关规范和书籍,才能进一步掌握结构施工图中各种符号的意义并灵活运用。

9.3　基础图

9.3.1　基础的分类

　　所谓基础就是位于建筑物下部(一般埋于地面以下)支承房屋全部荷载的结构构件。常见的基础形式如下:

　　(1)条形基础。条形基础一般位于承重墙下,也有采用柱下条基的情况。条基分为单向条基(即各条基相平行)和双向条基(又称十字交叉条基)。图 9.1 中可见墙下条形基础。

　　(2)独立基础。独立基础一般位于柱子下部,其平面形状大部分为矩形,也可采用圆形等。图 9.1 中可见独立矩形基础。

　　(3)筏板基础。筏板基础基本像一个倒过来的楼盖板,又称为满堂红基础,其中的板称为基础板,而肋梁称为基础梁;有时可不设梁,直接采用平板基础。

　　(4)箱形基础。箱形基础形状像一个箱子,往往利用房屋地下室的底板、顶板、侧墙做成一个开有门窗洞口的箱子,一般在高层建筑中使用。

(5)桩基础。桩基础形状像一根或多根柱子,利用桩与周边土的摩擦力或桩端阻力支承上部荷载。有时桩基与上述其他类型的基础形成联合基础,共同工作。

9.3.2 基础平面图

基础平面图是基础图中最主要的内容,它来源于建筑施工图中的首层平面图或地下室平面图,并在定位轴线等方面完全协调一致。基础平面图是假想用一个水平面将建筑物的上部结构和基础剖开后,向下俯视所看到的水平剖面图。第 8 章建筑施工图中介绍的 3 幢住宅楼的基础平面图如图 9.4 所示。

1.基础平面图的主要内容

基础平面图的主要内容如下:

(1)图名、比例。

(2)定位轴线及编号;轴线间尺寸及总尺寸。

(3)基础构件(包括基础板、基础梁、桩基)的轮廓及与定位轴线的尺寸位置关系。

(4)基础构件的代号名称。

(5)基础详图在平面上的剖切位置及编号。

(6)基础与上部结构的关系。

(7)需要时可在基础平面图中画出指北针,便于施工放线及读图。

(8)基础施工说明(有时需另外说明地基处理方法)。当在结构设计总说明中已表示清楚时,此处可不再重复。

图 9.4 所表示的是砖混结构墙下条形基础的平面。图中基础轮廓线用细实线画出,墙体轮廓线用中粗实线画出,涂黑的是钢筋混凝土构造柱。图中主要表示了条形基础的布置、构造柱的分布、条形基础的平面尺寸和定位轴线的关系、墙体厚度和定位轴线的关系、构造柱的定位和名称编号及配筋详图等。该条形基础需另外通过详图才能完全表达清楚,故图中注明了剖切符号名称(A—A)和剖切位置。

文字说明中所注的混凝土强度等级表明,条形基础材料为钢筋混凝土。当需另外以文字表达其他内容时,也可以在该说明中补充。

2.基础平面图的绘制方法

基础平面图的绘制方法如下:

(1)首先画出与建筑平面图中定位轴线完全一致的轴线和编号。

(2)被剖切到的基础墙、柱轮廓线应画成粗实线,基础底面的轮廓线应画成细实线,大放脚的水平投影省略不画。

(3)基础平面上不可见的构件可采用虚线绘制。例如既要表示基础底板又要表示板下桩基布置时,桩基应采用虚线。

(4)基础平面图一般采用 1∶100 的比例绘制,与建筑施工图一致。

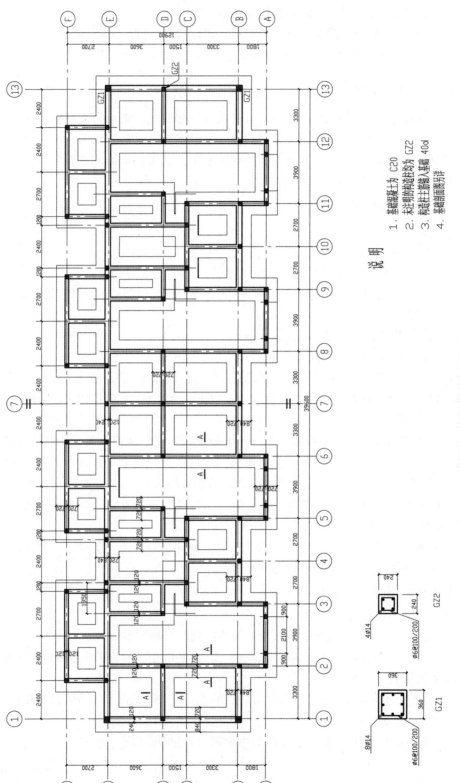

图 9.4　基础平面图（1∶100）

（5）在基础上的承重墙、柱子（包括构造柱）应用中粗线或粗实线表示，并对其进行填充或涂黑，而在承重墙上留有管洞时，可用虚线表示出来。

（6）基础底板的配筋应用粗实线画出。

（7）基础平面上的构件和钢筋等应用上述的构件代号和钢筋符号标出。

（8）基础平面中的构件定位尺寸必须清楚，尤其是分尺寸必须注全。

（9）在基础平面图中，当平面对称时可画出对称符号，图中内容可按对称方法简化，但为了放线需要，基础平面一般要求全部画出。

9.3.3　基础详图

1.基础详图的类型

基础详图来源于基础平面图，它是平面图的细化和补充。基础详图主要有以下几种类型：

（1）基础剖面图。

在基础平面图中标出剖面名称和位置后，此处应按平面图剖面符号画出大样。在筏形基础中常以剖面的形式表示板厚、配筋、标高等。本例所用基础为钢筋混凝土条形基础，其 $A—A$ 剖面如图 9.5 所示。

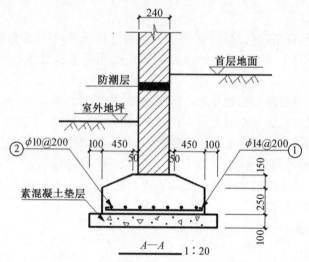

图 9.5　3 幢墙下钢筋混凝土条形基础详图

基础垫层一般为 100 mm 厚素混凝土，每边扩出基础边缘 100 mm，基础垫层在基础平面图中一般不画出。除钢筋混凝土条形基础外，也有用砖块砌筑的条形基础，其剖面大样如图 9.6 所示。此种条形基础（简称条基）一般采用阶梯式大放脚，大放脚每一阶梯的宽高比一般为 1∶1.5。这种条基一般被称为刚性基础，阶梯的宽高比视条基选材的不同有所变化。刚性条基一般要求设置基础圈梁，具有调整基础反力分布、增加房屋整体性、抵抗墙体开裂的作用。此外基础圈梁一般位于室外地面以下，还具有墙体防潮层的作用。

钢筋混凝土条基主要依靠基础板的抗弯性来传递上部荷载，一般基础板较薄；而砌体刚性条基主要依靠材料的抗压性来传递荷载，故一般较厚。

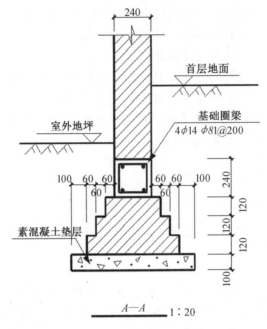

图 9.6　墙下砌体条形基础详图

（2）基础构件详图。

在基础中，可能有基础板、基础梁，甚至可能设有桩基，这些结构构件已在基础平面图（或桩基平面布置图）中用构件代号的形式表示出来，但远未达到施工的要求，应有另外的构件详图进行补充。

图 9.7 是柱下钢筋混凝土独立基础详图，有时柱下独立基础也可做成台阶式。柱下独立基础一般采用基础板下双向配筋。独立基础的高度（厚度）由冲切计算来确定，并满足柱子主筋锚固的需要。独立基础下一般做成 100 mm 厚素混凝土垫层。

（3）基础平面图的局部放大。

当基础平面图所采用的比例太小或局部较为复杂时，也可采用局部放大的方法绘出详图，以便于施工阅读。

2. 基础详图内容

基础详图内容如下：

（1）图名（或详图的代号、独立基础的编号、剖切编号）、比例。

（2）涉及的轴线及编号（若为通用详图，圈内可不标注编号）。

（3）基础断面形状、尺寸、材料及配筋等。

（4）基础底面标高及与室内外地面的标高位置关系。

（5）防潮层或基础圈梁的位置和做法。

（6）详图施工说明。

3. 基础详图的绘制方法

基础详图的绘制方法如下：

（1）轴线及编号要求同基础平面图一致。

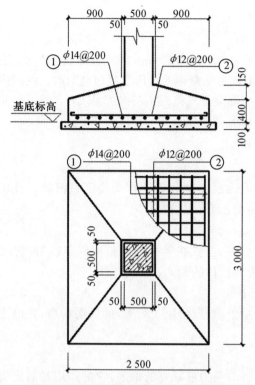

图 9.7　柱下钢筋混凝土独立基础详图

（2）剖面轮廓线一般为中粗实线，钢筋为粗实线。对于钢结构，因其壁厚较小，可采用细实线绘制。

（3）在表示钢筋配置时，混凝土应按透明的方式绘制，其余材料按图例要求进行必要的填充。

（4）对于剖面详图，可仅画出剖到的部位。

（5）详图的比例一般为 1：10 或 1：20。

9.4　结构平面图

房屋的上部结构平面图包括楼层结构平面图和屋顶结构平面图，其中楼层结构平面图是假想沿楼板面将房屋水平剖开后所作的楼层水平投影，而屋顶结构平面图就是屋顶面的结构俯视图。

9.4.1　钢筋混凝土基本知识

在现代建筑中，大量使用的混凝土主要是由水泥、砂子、石子和水按照一定的比例混合，并经过搅拌、振捣和养护而成的人造石材。因为这种材料的抗压能力较强而抗拉能力相对较弱，故人们根据构件的受力情况在其中配置一定数量的钢筋，形成了一种被称为钢筋混凝土的结构构件。钢筋混凝土由于发挥了混凝土的抗压性能和钢筋的抗拉性能，被广泛地用作建筑物的梁、板、柱等结构构件。

对某些仅承受压力的构件，如房屋基础下的垫层或某些设备基础，可仅用混凝土制作而不配钢筋,称为素混凝土。

1. 混凝土的强度等级

混凝土强度等级是根据边长为 150 mm 的立方体试块在规定的标准养护条件下养护 28 天(称作龄期),并用标准方法测得的抗压强度而确定的。例如强度等级 C20 表示抗压强度为 20 N/mm²。目前混凝土规范列出的共有从 C7.5 到 C80 的 16 个等级,结构设计者可根据构件要求的不同分别采用不同的强度等级。

2. 钢筋的分类及作用

(1)受力筋。

受力筋是根据构件内力经结构分析计算所确定的钢筋。当其承受拉力时称为受拉筋,当其承受压力时称为受压筋。

(2)箍筋。

箍筋也是受力筋的一种,主要在梁柱等细长构件中使用,它的作用是承受剪力或扭矩,并和纵向钢筋一起形成构件的骨架。

(3)架立筋。

架立筋是一般位于梁上(悬臂梁位于梁下)的纵向钢筋,它的主要作用是和纵向受力筋及箍筋形成钢筋骨架。

(4)分布筋。

分布筋是位于板内并与受力筋垂直的钢筋,它的作用是固定受力筋的位置并形成钢筋网片。

(5)其他钢筋。

在钢筋混凝土构件中因为构造要求、固定其他连接件的需求或施工需要而设置有各种用途的钢筋,例如预埋件的锚固筋、柱的水平拉结筋、梁侧沿纵向的腰筋、吊环等。

图 9.8 和图 9.9 为钢筋混凝土简支梁和悬臂梁的受力图和配筋图。简支梁的最大弯矩位于跨中,且为下部受拉上部受压;而悬臂梁的最大弯矩位于支座处,其上部为受拉区,而下部为受压区。因混凝土材料的抗压强度较高而抗拉强度较低,所以在构件中的受拉区域配置钢筋来抵抗拉应力。因此,简支梁的钢筋配于下部,而悬臂梁的钢筋配于上部。

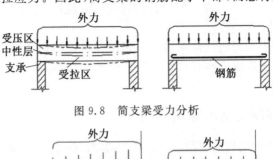

图 9.8　简支梁受力分析

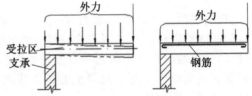

图 9.9　悬臂梁受力分析

钢筋混凝土梁板的配筋示意图如图 9.10 所示。

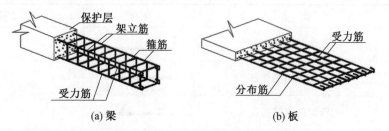

(a) 梁　　　　　　　　　　　(b) 板

图 9.10　钢筋混凝土梁板的配筋示意图

3. 钢筋的表示方法及图例

为了增加钢筋与混凝土的黏结力,一般情况下对于光面钢筋(Ⅰ级钢)均应在端部做成弯钩形状;而对于螺纹或人字纹钢筋,因黏结力较好,一般端部可不作弯钩。常见的钢筋和箍筋弯钩型式及画法如图 9.11 所示;位于板下部的钢筋的画法如图 9.12 所示;位于板上部的钢筋的画法如图 9.13 所示。

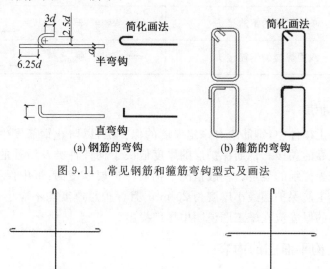

(a) 钢筋的弯钩　　　　　　　　(b) 箍筋的弯钩

图 9.11　常见钢筋和箍筋弯钩型式及画法

图 9.12　位于板下部的钢筋的画法　　　图 9.13　位于板上部的钢筋的画法

在绘制结构图时,钢筋一般采用粗实线表示,并用黑圆点表示它的横断面,表 9.2 为常见的钢筋图例。

表 9.2　常见的钢筋图例

编号	名　称	图例	说明
1	钢筋横断面	•	—
2	无弯钩的钢筋端部		左图中下方为长短筋投影重叠时的短筋端部
3	带半圆形弯钩的钢筋端部		—

续表 9.2

编号	名　称	图例	说明
4	带直钩的钢筋端部		—
5	带丝扣的钢筋端部		—
6	无弯钩的钢筋搭接		—
7	带半圆弯钩的钢筋搭接		—
8	带直钩的钢筋搭接		—
9	套管接头（花篮螺丝）		—
10	接触对焊（闪光焊）的钢筋接头		
11	单面焊接的钢筋接头		
12	双面焊接的钢筋接头		

4. 钢筋的保护层

在钢筋混凝土构件中,钢筋应有一定厚度的保护层,以防止钢筋发生锈蚀,并使钢筋与混凝土进行可靠的黏接。钢筋保护层的厚度取决于构件种类及所处的使用环境等,现行规范对此有较为详细的规定。一般情况下钢筋保护层厚度为:板中保护层最小厚度为15 mm,梁、柱中主筋保护层最小厚度为 25 mm,且保护层厚度均不应小于受力钢筋的直径。构件保护层的厚度应在施工图说明中详细提出。

9.4.2　结构平面图的内容

和基础平面图类似,结构平面图主要包括以下内容:

(1)图名、比例。

(2)定位轴线及编号,轴线间尺寸及总尺寸。

(3)结构构件(包括板、梁、柱、承重墙等)的轮廓线与定位轴线的尺寸位置关系。

(4)结构构件的名称代号,包括构造柱、圈梁、楼梯、雨篷、过梁、楼板和墙上留洞等。

(5)现浇楼板的厚度、配筋及符号标注。

(6)详图的剖切位置及编号。

(7)楼层的结构标高。

(8)文字说明。

图 9.14 是前述砖混结构标准层的结构平面图。图中对称轴左侧表示了预制楼板的布置和现浇板的配筋,而右侧表示了墙体的厚度、定位及梁的配筋情况。其中,预制楼板的符号意义如图 9.15 所示。

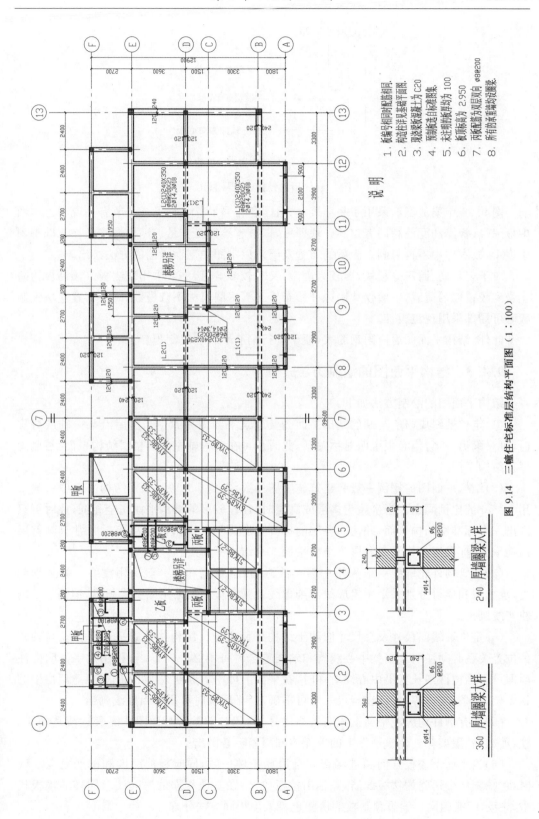

图 9.14　三幢住宅标准层结构平面图（1：100）

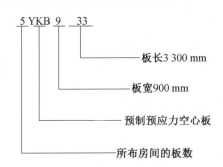

图 9.15　预制楼板的符号意义

图 9.14 中梁的配筋采用了平面表示方法,各符号的意义详见 9.7 节有关说明。本图中板编号、板厚和配筋相同者仅画一块即可,以节省绘图工作量。因构造柱已在基础平面中表示,故本图中不再另画。圈梁的布置及要求以本图中剖面详图的方法绘出。

对于卫生间、厨房等板块,因较为潮湿,又有较多管道,一般采用现浇板。预制板为防止受到较重墙的荷载,一般仅从墙边开始布置。当房间尺寸不合模数、无法布置整块预制板时可局部采用现浇板带。

此外,结构平面图后应附钢筋表,便于进行钢筋下料和编制预算。

9.4.3　结构平面图的绘制方法

结构平面图的绘制方法如下:

(1)定位轴线应与所绘制的基础平面图及建筑平面图一致。当房屋沿某一轴线对称时,可只画出一半,但必须说明对称关系,此时也可在对称轴左侧画楼层结构平面,右侧画屋顶结构平面。

(2)结构平面图的比例一般和建筑施工图一致,常为 1：100,单元结构平面中一般采用 1：50 的比例画出。当房屋为多层或高层时,往往较多的结构平面完全相同,此时可只画出一个标准层结构平面,并注明各层的标高名称即可。一般的多层房屋常常只画首层结构平面、标准层结构平面和屋顶结构平面 3 个结构平面图。

(3)建筑物外轮廓线一般采用中粗实线画出,承重墙和梁一般采用虚线。为区别起见,承重墙和梁可分别采用中粗虚线和细虚线。预制板一般采用细实线画出,钢筋应采用粗实线画出。

(4)定位轴线间尺寸及总尺寸应注于结构平面之外。结构构件的平面尺寸及与轴线的位置关系必须注明。当梁中心线均和轴线重合时可不必一一标出,只在文字说明内注明即可。当构件细长且沿中心线对称时,在平面上可用粗点划线画出(例如工业厂房中的钢屋架、檩条、支撑等)。门窗洞口一般可不画出,必须画时可用中粗虚线画出。

(5)所有构件均应在平面上注明名称代号,尤其对于需另画详图才能表达清楚的梁、柱、剪力墙、屋架等。建筑平面上的填充墙和隔墙不必画出。

(6)当平面上楼板开间和进深相同且边界条件一致,同时板的厚度和配筋完全一致时,可只画一个房间的楼板配筋,并标出楼板代号,在其他相同的房间注上同样的楼板代号,表示配筋相同。铺设预制板的房间也可采用相同方法处理。

(7)对于楼梯间和雨篷等,因应画详图才能表达清楚,故在结构平面上可只画外轮廓线,并用细实线画出对角线,注上"T-另详"和"YP-另详"等字样。

(8)有时楼板配筋或楼板开洞较为复杂时,在 1∶100 的原结构平面上难以表达清楚(如卫生间、厨房、电梯机房等小房间结构平面)时,可只标出楼板代号,并采用局部放大的方法用详图表达清楚。

(9)结构平面图中可用粗短实线注明剖切位置,并注明剖切符号,然后另画详图以说明楼板与梁和竖向构件(墙、柱等)之间的关系。

(10)楼板的配筋位置应表达清楚。一般板下配筋均伸至支座中心线而不必标出,但板支座负筋必须注明和轴线的位置关系。当结构平面复杂时,可只标钢筋代号,而在钢筋表中另外注明(现浇楼板一般应画钢筋表)。

(11)结构平面上所注的标高应为结构标高,即楼板上皮的标高(为建筑标高减去面层厚度,一般建筑标高为整尺寸,而结构标高为零尺寸)。标高数字以 m 为单位,且保留到小数点后第 3 位,以精确到 mm。屋顶结构标高(板上皮标高)一般和建筑标高一致,所以顶层层高可能为零尺寸。

(12)结构平面上的文字说明一般包括楼板材料强度等级、预制楼板的标准图集代号、楼板钢筋保护层厚度等,还包括结构设计者需要表达的其他问题。

9.5　构件详图

上述结构平面图表示了组成房屋的各构件及位置关系,但这些构件的详细形状、尺寸、材料、连接关系及施工要求并不清楚,需要通过更详细的构件详图才能完全表达出来。无论建筑物规模多大、结构有多复杂,它都是由梁、板、柱、墙等基本结构构件组合而成的。如果熟悉了这些构件,绘制结构施工图的很多问题就迎刃而解。常用的结构构件主要是钢筋混凝土构件和钢结构构件,故下面主要介绍这两种材料的结构构件详图。

9.5.1　钢筋混凝土构件详图的种类及表示方法

钢筋混凝土构件详图分为模板图和配筋图两种,一般还应有钢筋表或材料表。

模板图仅在构件较为复杂时才需画出,一般情况下可不必画模板图。模板图主要用于模板的制作和安装,它主要表示构件的外形尺寸、预埋件的位置及大小、预留孔洞的尺寸及位置、构件各部位的详细尺寸及标高、构件和定位轴线的位置关系等。对于楼板,常画出楼板平面模板图;而对于梁柱,常画出立面模板图。

配筋图主要包括构件的立面图、剖面图、钢筋详图和钢筋表。配筋图的绘制是假想构件的混凝土部分为透明体,人们可以"透视"到构件内部种种钢筋的形状尺寸,并以正投影图的方式进行表达。配筋图中构件的外轮廓线一般采用细实线,钢筋采用粗实线,钢筋断面采用黑圆点,并用细引出线加小圆圈对钢筋进行详细的标注。标注的内容主要包括钢筋的顺序编号、根数、级别、直径、间距等,如图 9.16 所示。

构件剖面的数量取决于构件尺寸及配筋的复杂程度。一般情况下当配筋数量及位置有变化时均应画出其剖面图,并按顺序对剖面图进行命名和编号。通常情况下剖面图应

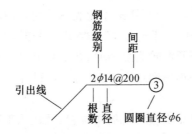

图 9.16　钢筋标注方法

尽量与立面图位于同一张图上,以便于阅读,且比例一般大于立面图。

当构件中的配筋形状较为复杂时,可对构件进行抽筋,即在构件下方对应部位画出抽筋图,以进一步标出钢筋的形状尺寸。抽筋图可结合钢筋表绘制,即当有钢筋表且钢筋形状尺寸能够表达清楚时可不画出抽筋图。

当构件对称时,构件详图可对称绘制,也可一半画模板图,一半画配筋图。

9.5.2　钢筋混凝土构件详图内容

1. 钢筋混凝土构件详图

钢筋混凝土构件详图的内容一般包括:

(1)构件名称或代号(图名)、比例。

(2)构件定位轴线编号,即构件位于整体结构的位置。

(3)构件的形状尺寸、标高位置、预埋件及预留孔洞。

(4)构件立面图、配筋及编号。

(5)构件剖面图、配筋及编号。

(6)抽筋图或钢筋表。

(7)构件必要的施工说明。

2. 钢筋混凝土板详图

钢筋混凝土板一般只画出平面图即可,但应说明板的厚度、板顶标高及与支座的关系,必要时可在平面图上局部画出剖面并涂黑。板较少采用画出立面或剖面的方式表示配筋,但在楼梯梯段等较复杂结构的板的配筋时常采用此两种方法。图 9.17 和图 9.18分别为板的平面和剖面配筋图。

板下配筋一般伸至支座中心线(伸入支座 $10d \sim 15d$),一般可不标注定位,板上负筋应标注定位尺寸。板的构造分布筋(例如板负筋的固定构造钢筋)一般不必画出,但应在说明中交代清楚。平面图中涂黑的阴影部分表示了板的剖面、板厚、相对标高及和支座的关系等。一般来说,板较少画剖面配筋图,只有在板较为复杂且平面图难以表达清楚时才另画剖面配筋,例如楼梯梯段板等。

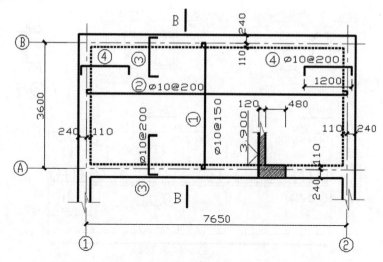

图 9.17　板平面配筋图（1：100）

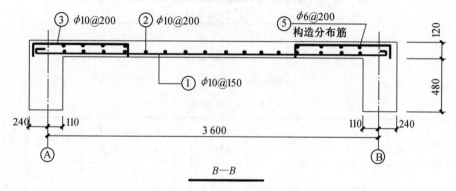

图 9.18　板剖面配筋图（1：50）

3. 钢筋混凝土梁

钢筋混凝土梁一般采用立面图和剖面图表示配筋，图 9.19 为梁配筋详图，表 9.3 为其钢筋表。

梁的配筋详图一般分为配筋立面图、剖面图、钢筋抽筋放样图以及钢筋表等。其中立面图（一般为侧视图）为其主要内容，它主要表示了梁的轮廓尺寸，钢筋配筋情况、箍筋加密区位置及长度、弯起筋的形状尺寸等，必要时还应注明标高位置。

梁剖面图是梁立面图的补充，它表达的是梁的宽度、纵向钢筋的排列方式、箍筋的肢数和形状等。

梁抽筋图和钢筋表主要为钢筋下料服务，它表示了单根钢筋的详细形状、接头位置、根数直径等，同时也作为编制工程造价耗材的依据。一般情况下当钢筋表能交代清楚时可不画梁的抽筋图。

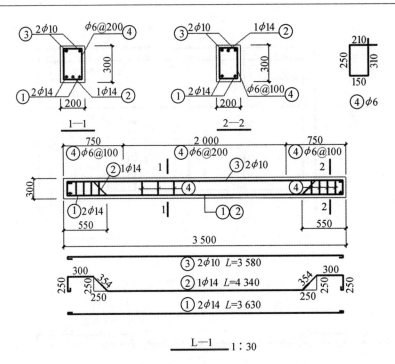

图 9.19　梁配筋详图

表 9.3　钢筋表

构件名称	构件数	钢筋编号	钢筋简图	钢筋规格	长度/mm	每件根数	总根数	质量/kg
L—1	1	1		$\phi14$	3 630	2	2	8.78
		2		$\phi14$	4 340	1	1	5.25
		3		$\phi10$	3 580	2	2	4.42
		4		$\phi6$	920	25	25	5.11
			钢筋总重					23.6

4. 钢筋混凝土柱

钢筋混凝土柱同样采用立面图和剖面图表示配筋,同时应说明柱子钢筋与基础的关系,主筋接头方法和位置、箍筋加密区及加密间距等。图 9.20 为柱配筋详图。

柱配筋详图和梁配筋图相同,柱配筋详图主要包括立面图、剖面图、抽筋图和钢筋表。立面图是其主要内容,它交代了柱立面形状尺寸,配筋情况,箍筋加密情况,钢筋接头位

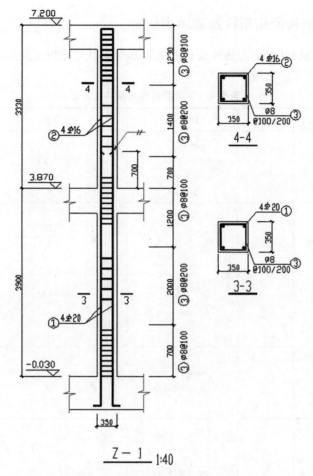

图 9.20　柱配筋详图

置,柱、梁及基础的位置关系等。钢筋接头位置应在图中详细标注。

　　柱剖面图是柱水平剖切后的俯视图,它表示了柱子的断面尺寸、钢筋位置、箍筋肢数和形状等。

　　柱子钢筋形状一般较为简单、较少画抽筋图。当柱子纵筋较多、接头位置需相互错开时(不能在同一断面设置多根钢筋接头),可另外画抽筋图。柱子钢筋表的内容和梁相同。

9.6　钢结构构件

　　钢结构是由钢板和型钢(包括角钢、工字钢、槽钢、H 型钢、方钢、扁钢、圆钢、钢管等)通过相互连接(包括焊接、铆接、普通螺栓连接、高强螺栓连接等)而成的结构。目前,随着经济的发展和钢产量的日益增加,钢结构不仅应用于工业建筑,也广泛应用于大型民用建筑,因此钢结构施工图的绘制和阅读已成为土建专业人员必须掌握的一门知识。《建筑结构制图标准》中的钢结构部分对钢结构构件有详细规定。

9.6.1　钢结构所用型材及表示方法

钢结构所用的型材主要为热轧成型的钢板和型钢以及冷加工成型的薄壁型钢。常用的型钢代号及标注方法见表 9.4。

表 9.4　常用型钢代号及标注方法

名称	代号	直观图	标注方法	说明
等边角钢	∟		$\underset{L}{\llcorner\ b \times t}$	b 为肢宽 t 为肢厚
不等边角钢	∟		$\underset{L}{\llcorner\ B \times b \times t}$	B 为长肢宽 b 为短肢宽 t 为肢厚
工字钢	I		$\underset{L}{\text{I}\ N}$	轻型工字钢 加注"Q"字 N 工字钢型号
槽钢	[		$\underset{L}{[\ N}$	轻型槽钢 加注"Q"字 N 槽钢型号
钢板	—		$\underset{L}{-b \times t}$	$\dfrac{宽 \times 厚}{板长}$
钢管	○		$\underset{L}{\phi\ d \times t}$	$\dfrac{内径}{外径 \times 壁厚}$
宽翼缘 H 型钢	HW		$\underset{L}{\text{HW}\ H \times B \times t_1 \times t_2}$	—
中翼缘 H 型钢	HM		$\underset{L}{\text{HM}\ H \times B \times t_1 \times t_2}$	—
窄翼缘 H 型钢	HN		$\underset{L}{\text{HN}\ H \times B \times t_1 \times t_2}$	—

9.6.2　钢结构的连接及标注方法

钢结构的连接方法主要为焊接、普通螺栓连接、高强螺栓连接和铆接(目前已较少使用)。

1. 焊接

焊接是钢结构中应用最为广泛的一种连接方法,它的特点在于被焊接件一般可直接连接,无须削弱构件截面,构造简单,节省材料,操作简单,生产效率高,在一定条件下可工业化自动焊接。

焊缝的形式主要有两类,即角焊缝和对接焊缝。在钢结构施工图中一般用焊缝代号标明焊缝的位置、形式、尺寸和辅助要求。焊缝代号主要由图形符号、补充符号和引出线等部分组成,如图 9.21 所示。其中图形符号表示焊缝的基本形式,如角焊用"◸"表示,双面坡口对接焊缝用"∨"表示。补充符号表示焊缝的某些特征要求,如三面围焊、周边围焊、现场焊缝等。引出线为一带箭头的细折线,箭头指向焊缝处。在引出线的上下(或左右)标注各种符号和尺寸,并且要与所指位置一致。当焊缝形成单面焊缝但箭头指向为另一面时,引出线在下方;有时引出线末端加尾部符号,用于其他说明之用,如标注焊条型号等,如图 9.22 所示。

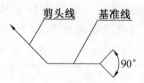

图 9.21　焊接形式的标注 1　　　　　图 9.22　焊接形式的标注 2

常用的焊缝形式及焊缝代号见表 9.5。一般焊缝仅用焊缝标注符号、带箭头的焊缝引出线及文字说明等进行表达,而不必画出焊缝大样。表中 k 表示的是焊缝高度(或厚度),它是三角形角焊缝较小直角边的尺寸;α 表示板边坡口(剖口)的角度,从图中形状标注即可看出,它分双面坡口和单面坡口;p 代表了剖口后板端厚度尺寸;b 代表了剖口后板端宽度尺寸。

表 9.5　常用的焊缝形式及焊缝代号

形式及标注方法	角焊缝				对接焊缝	塞焊缝	三面焊缝
	单面焊缝	双面焊缝	安装焊缝	相同焊缝			
形式							

续表 9.5

形式及标注方法	角焊缝				对接焊缝	塞焊缝	三面焊缝
	单面焊缝	双面焊缝	安装焊缝	相同焊缝			
标注方法	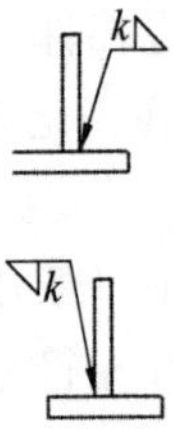	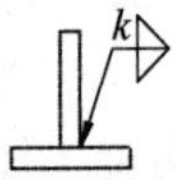	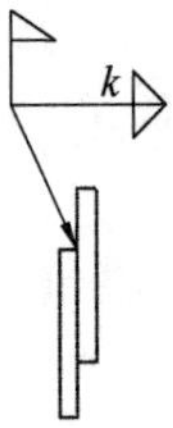	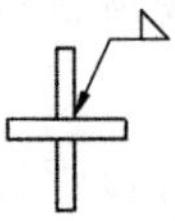	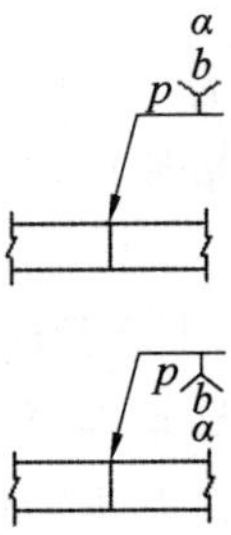	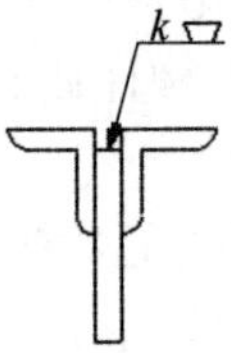	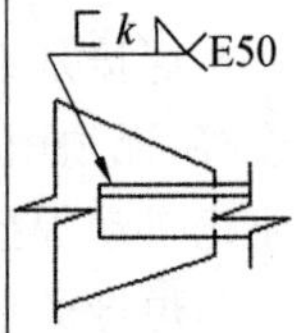 E50为对焊条附加说明

2. 螺栓连接

螺栓连接的特点是现场操作简单,安装速度快、精度高,拆装方便。螺栓连接根据受力性质的差异分为普通螺栓连接和高强螺栓连接(包括摩擦型高强螺栓和承压型高强螺栓)。螺栓连接的代号一般用大写字母 M 表示,如 M24 表示直径为 24 mm 的螺栓。螺栓连接的图例及说明见表 9.6。

表 9.6　螺栓连接的图例及说明

名称	图例	说明
永久螺栓	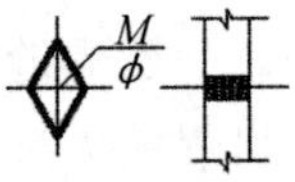	①细"十"字线表示定位线。 ②应标注螺栓孔的直径 ϕ。 ③M 表示螺栓型号。 ④采用引出线标注螺栓时,横线上标注螺栓规格,横线下标注螺栓孔直径
安装螺栓	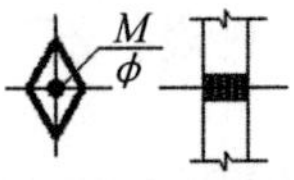	
高强度螺栓	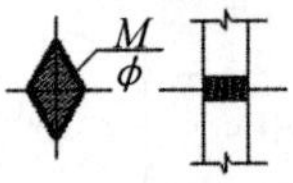	
圆形螺栓孔	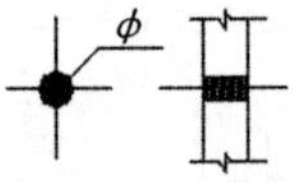	
长圆形螺栓孔	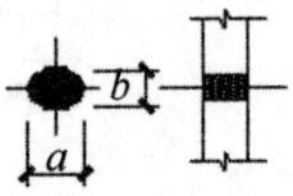	

3. 钢结构构件详图

钢结构构件一般在结构平面中仅以单线条的形式画出,并标注构件代号(名称),而在构件详图中详细画出构件的大样图及连接节点。在钢结构施工详图中除应画出构件详图外,还应画出零件大样图,以备下料、加工和安装使用。

钢结构施工图一般应列出材料表,而材料表中的下料尺寸一般为毛料尺寸,即不扣除钢板切角等。

钢结构实腹梁、柱的详图较为简单,一般仅按实际轮廓画出立面图和剖面图即可,并辅以必要的文字符号和施工说明。钢桁架、钢屋架及格构式钢构件的详图绘制较为复杂,应标注的内容也较多,同时还需画出节点大样图。图 9.23 和图 9.24 为某钢屋架施工详图和施工局部节点详图。

钢屋架施工图一般包括屋架立面图(有时为详细表示屋架上、下弦的螺孔、焊件等还画出上弦俯视图和下弦俯视图)、端视图/剖面图、屋架几何尺寸和内力图、材料表、零件放样图和说明等,其中立面图为其主要内容。因钢结构杆件细长,故立面图中杆件的轴向比例和横向比例一般不一致,常常是轴向比例为 1∶20,而横向比例为 1∶10,以便于详细表达杆件尺寸。画屋架施工图时应先按 1∶20 比例画出屋架各杆件轴线网格,再以 1∶10 比例按杆件和轴线关系画出杆件轮廓线。屋架节点的比例均为 1∶10,绘制时先根据杆端焊缝长度确定节点板的最小形状尺寸,再适当放大和取整,并使节点板形状规格化,便于施工。立面图中还应标注杆件定位、各零件名称号码等。杆件角钢或其他型钢之间的小钢板称为垫板或衬板,一般情况下仅需示意数量和位置,而不必详细标注。

屋架施工图和几何内力图均可按对称画出。

由于零件放样图为施工下料作准备,应详细标出尺寸和切角。材料表中的下料尺寸应为整尺寸,计算零件重量时应包括切出的边角料。其他内容可在图纸的附加说明中补充。

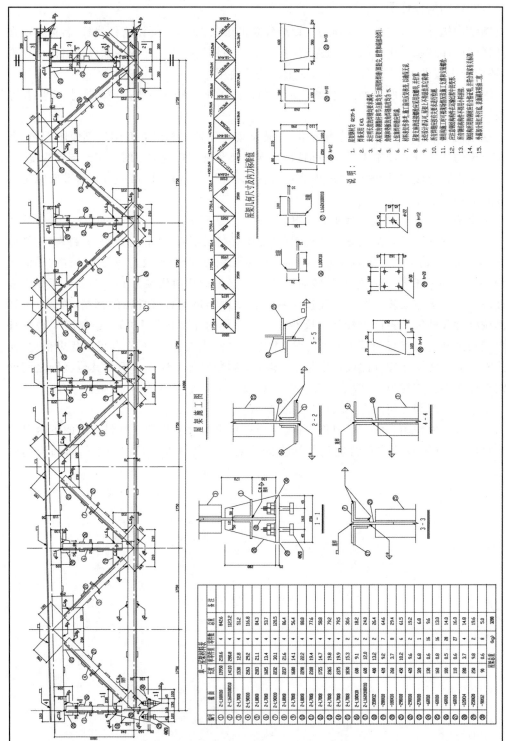

图 9.23　钢屋架施工详图

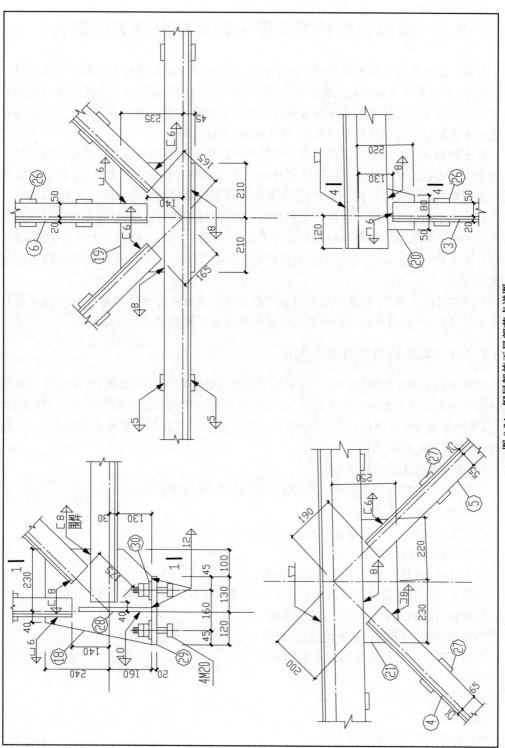

图 9.24　钢屋架施工局部节点详图

9.7　混凝土结构施工图平面整体表示方法简介

　　目前广泛使用的混凝土结构施工图平面整体表示方法对传统施工图表示方法进行了重大变革,它节省了大量的施工图绘制工作量,降低了结构施工图设计者和绘图者的劳动强度。它通过平面表示的方式将所有构件一目了然地集中统一表达出来,省去了原制图方法中多次重复绘制单个构件的弊端,便于阅读、查找和修改。

　　平面整体表示方法是将混凝土结构中的梁、柱、剪力墙等构件所有应表达的内容统一注写于一张或数张平面图上。在阅读这种施工图或绘制这种施工图之前,必须了解它的制图规则和构件的构造详图。目前,中华人民共和国住房和城乡建设部已发布了《混凝土结构施工图平面整体表示方法制图规则和构造详图》标准设计图集,其代号为22G101,该图集对平面整体表示方法的制图规则进行了较为详细的说明,并绘制了大量的构造详图。土建专业人员只要了解了这些规则和构造详图,就可以方便地阅读和绘制结构构件施工图。

　　如果在实际工程中,构件的要求与上述标准图集有出入或局部有变化,可在施工设计说明中另外提出,阅图者就可以根据这些说明清楚地了解到设计者的意图。

9.7.1　梁配筋图平面表示方法

　　梁平面表示方法(梁平法)施工图分为平面注写式和截面注写式两种,平面注写式将梁的截面和配筋等全部注写于平面上,而截面注写式将梁的截面和配筋注写于梁的剖面图上,两种方法可单独使用,也可结合使用。梁平面注写式包括集中标注和原位标注,施工时,原位标注取值优先。

　　(1)梁集中标注的内容如下:

　　①梁编号(名称),如楼层框架梁(KL)、屋面框架梁(WKL)等。

　　②梁跨数(标注于括号内)。

　　③有无悬挑梁,当一端悬挑时注 A,两端悬挑时注 B。

　　④梁截面尺寸,即宽×高。

　　⑤梁箍筋,当间距不同时用斜线"/"分隔。

　　⑥梁上通长筋或架立筋。集中标注处上部通长筋和下部通长筋可用";"号分开,上部通长筋在前,仅注一个数字时为上部通长筋。

　　⑦梁侧腰筋,注有"G"者为构造筋(双侧),注有"N"者为抗扭筋。

　　平面注写式表示梁的配筋的示例如下:

KL1(4)300×900

ϕ10 100/200 (2)

2ϕ25

G4ϕ10

　　KL1 表示梁的名称,(4)表示跨数为 4 跨,300×900 为梁的截面尺寸(宽×高);ϕ10@100/200(2)表示箍筋是Ⅰ级钢筋,直径为 10,加密区间距为 100,非加密区间距为 200,

(2)表示为双肢筋;2φ25 表示上部通长钢筋;G4φ10 表示梁的腰筋为构造钢筋,每侧 2 根 Ⅰ级钢筋,直径为 10。

(2)梁原位标注内容如下:

①上部钢筋应包括通长筋和所标支座的附加钢筋。

②钢筋为多排时用"/"分隔。

③附加箍筋和吊筋标注于相应位置,也可不标注而统一说明。

④当同排纵筋直径不同时可用","号分开。

梁原标位注示例如下:

如6φ25　2/4 表示纵筋根数为 6φ25,放置两排,上排为 2 根,下排为 4 根。

图 9.25 为一典型梁平面施工图,图中基本涉及各种梁的配筋表示方法。当梁完全相同时,可仅在一根梁上进行配筋标注,其他梁注明代号即可。梁的集中标注中,最后一项带有括号内的数字代表梁顶的相对位置标高,例如,(−0.100)表示梁顶低于所在楼层标高 100 mm。需要注意的是,梁支座原位标注的钢筋已包括了集中标注处所注明的梁上通长钢筋。

此外,有关梁主筋接头位置、钢筋锚固长度、箍筋加密区长度、箍筋形状尺寸均应符合现行有关规范的规定。事实上,当利用梁平法进行表达时,标准图集 22G101 中已对此有详细说明,绘制施工图时只需注明利用哪个具体详图即可。

9.7.2　柱平面施工图表示方法

柱平面施工图表示方法为:在同一类型的柱中选一标准柱,在原位采用局部放大的方法直接画出配筋并原位标注。柱原位标注的内容包括柱编号(名称)、截面尺寸、纵向钢筋、箍筋及其间距等。图 9.26 为柱平面施工图实例,标注的内容含义示例如下:

KZ2——框架柱名称。

650×600——柱截面尺寸。

22φ22——全部纵筋数。

φ10@100/200——箍筋直径及加密区、非加密区间距。

图 9.26 中 LZ1 表示梁上柱,它不同于框架柱,仅生根于框架梁上。有关柱子钢筋接头位置、箍筋加密区位置及长度、箍筋形状、框架柱和梁的节点构造等均应符合规范要求,绘图时不必一一画出,仅需注明按标准图集 22G101 中的某个详图施工即可。

当柱截面或配筋沿竖向变化时,可从变化位置开始分别绘制不同的柱配筋图,并说明标高位置。

9.7.3　其他构件的平面施工图表示方法

其他构件的平面施工图表示方法如下:

(1)基础梁的平面施工图和楼层梁类似,但应详细说明通长筋的位置,并注意梁上、下皮的关系。

(2)剪力墙的配筋可仿照柱子在原位放大后标注。

(3)板的施工图仍按照原表示方法绘制。

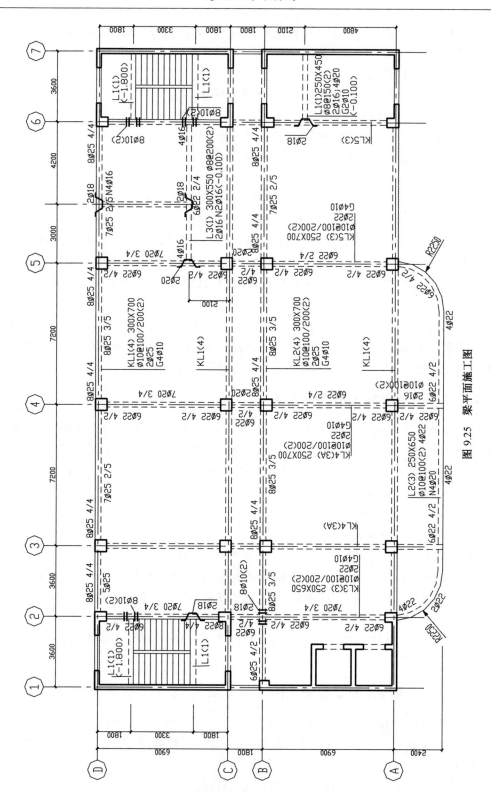

图 9.25 梁平面施工图

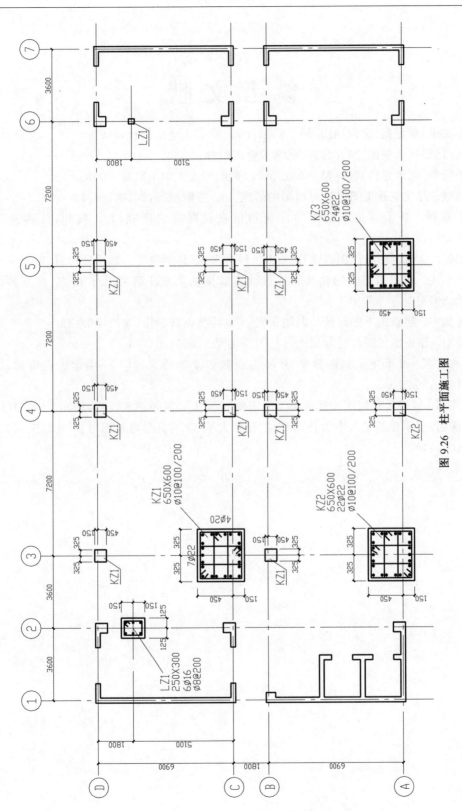

图 9.26　柱平面施工图

参 考 文 献

[1] 陈文斌,章金良.建筑制图[M].3版.上海:同济大学出版社,1997.

[2] 钱可强.建筑制图[M].北京:化学工业出版社,2002.

[3] 乐荷卿.土木建筑制图[M].2版.武汉:武汉理工大学出版社,2003.

[4] 刘敏.对建筑施工图设计与制图的研究[J].智能城市,2018(16):120-121.

[5] 丁嘉树.基于建筑施工图的建筑物信息提取方法研究[D].赣州:江西理工大学,2017.

[6] 张鹏.建筑制图与识图教学初探[J].科学大众(科学教育),2015(07):153.

[7] 万小飞.基于施工图的建筑物三维建模数据抽取方法研究[D].南京:南京师范大学,2013.

[8] 高振宇.建筑施工图设计与制图研究[J].科技创新导报,2013(06):48.

[9] 姜明.建筑施工图设计与制图[J].中华建设,2009(06):74-75.

[10] 林有兴.改革建筑制图教学 开展实训教学改革的探讨[J].中学课程资源,2008(02):102-104.

[11] 郭军.谈谈建筑制图中建筑施工图图例问题[J].高等建筑教育,2005(01):51-53.

[12] 佚名.土木建筑工人中级技术理论 教学大纲 建筑识图与制图[J].建筑工人,1986(05):44.